权威·前沿·原创

皮书系列为
"十二五""十三五"国家重点图书出版规划项目

北京科普蓝皮书

BLUE BOOK OF
BEIJING SCIENCE POPULARIZATION

北京科普发展报告
(2017~2018)

ANNUAL REPORT ON BEIJING SCIENCE POPULARIZATION
DEVELOPMENT (2017-2018)

主　　编／北京市科技传播中心
执行主编／李　群　孙　勇　高　畅

社会科学文献出版社
SOCIAL SCIENCES ACADEMIC PRESS（CHINA）

图书在版编目（CIP）数据

北京科普发展报告. 2017－2018／北京市科技传播中
心主编 . －－北京：社会科学文献出版社，2018.6
（北京科普蓝皮书）
ISBN 978－7－5201－2250－4

Ⅰ.①北…　Ⅱ.①北…　Ⅲ.①科学普及－研究报告－
北京－2017－2018　Ⅳ.①N4

中国版本图书馆 CIP 数据核字（2018）第 029346 号

北京科普蓝皮书
北京科普发展报告（2017~2018）

主　　编／北京市科技传播中心
执行主编／李　群　孙　勇　高　畅

出 版 人／谢寿光
项目统筹／周　丽　高　雁
责任编辑／高　雁　郭锡超

出　　版／社会科学文献出版社·经济与管理分社（010）59367226
　　　　　地址：北京市北三环中路甲 29 号院华龙大厦　邮编：100029
　　　　　网址：www. ssap. com. cn
发　　行／市场营销中心（010）59367081　59367018
印　　装／三河市龙林印务有限公司

规　　格／开本：787mm×1092mm　1/16
　　　　　印张：19.25　字数：290 千字
版　　次／2018 年 6 月第 1 版　2018 年 6 月第 1 次印刷
书　　号／ISBN 978－7－5201－2250－4
定　　价／89.00 元

皮书序列号／PSN B－2018－719－1/1

"北京科普蓝皮书" 编委会

主要编撰者简介

李　群　应用经济学博士后，中国社会科学院数量经济与技术经济研究所综合室主任、研究员、博士生导师、博士后合作导师，主要研究方向：经济预测与评价、人力资源与经济发展、科普评价。科技部、中组部、原人事部、全国妇联、全国总工会、北京市科委等部门有关领域的咨询专家，教育部研究生学位点评审专家及研究生优秀毕业论文评审专家，中国博士后科学基金评审专家、国家社科基金重大项目评审专家、北京市自然科学基金、科普专项基金评审专家，《数量经济技术经济研究》《南开管理评论》《中国科技论坛》《系统工程理论与实践》《数学的实践与认识》等杂志审稿专家。主持国家社科基金、国家软科学项目、中国社会科学院重大国情调研项目等课题6项，主持省部级课题29项。构建了一些学术创新模型和概念，如L-Q灰色预测模型、扰动模糊集合和评价模型，取得一定的社会反响，在经济社会领域得到了积极的应用。出版专著6部；主编4部蓝皮书；发表国内外论文、报纸理论文章、《中国社会科学院要报》等成果170余篇（部）。完成了中国社会科学院交办的多项研究任务，为制定国家政策提供了有力支撑，并产生一定的影响。曾获得省部级青年科技奖和科技进步奖、全国妇联优秀论文一等奖、特等奖，中国社会科学院信息对策研究成果多次获得三等奖、二等奖、一等奖、特等奖。2016年获得全国科普先进工作者表彰。指导博士生毕业论文获得2016年度中国社会科学院研究生院博士生优秀毕业论文一等奖。

主要代表作有：《公民科学素质蓝皮书：中国公民科学素质报告（2014）》（社会科学文献出版社，2014年）；《公民科学素质蓝皮书：中国公民科学素质报告（2015～2016）》（社会科学文献出版社，2016年）；《公民科学素质蓝皮书：中国公民科学素质报告（2017～2018）》（社会科学文献出版社，2017年）；《科普能力蓝皮书：中国科普能力评价报告（2016～2017）》（社会科学文献出版社，2016年）；《不确定性数学方法研究及其在社会科学中的应用》（中国社会科学出版社，2005年）；《人力资源对经济发展的支撑作用：从量化分析角度考量》（中国社会科学出版社，2013年）；《中国科普人才发展调查与预测》（《中国科技论坛》2015年第7期）；《基于DEA分析的中国科普投入产出效率评价研究》（《数学的实践与认识》2015年第15期）；《我国公民科学素质基准测评抽样与指标体系实证研究》（《数学的实践与认识》2013年第11期）； "Analysis of the Relationship between Chinese College Graduates and Economic Growth" [*Journal of Systems Science and Information* (UK), 2011]。

序

党的十九大胜利召开，中国特色社会主义进入了新时代。习近平新时代中国特色社会主义思想，闪烁着马克思主义的真理光芒。我国建设创新型国家和世界科技强国，北京建设具有全球影响力的科技创新中心，为科普工作提出了新的使命和新的要求。

2018 年适逢改革开放 40 周年。改革开放 40 年来，在党和政府的领导和推动下，我国科普事业发生了历史性变革、取得了历史性成就。我国颁布了《中华人民共和国科学技术普及法》《全民科学素质行动计划纲要》等一系列促进科普事业发展的法律法规和政策文件，形成了政府引导、社会参与的大好局面。可以这样说，综观世界各国，没有哪一个国家像我国一样，对科普事业这样高度重视、大力支持、政策引导。同时，我们也清醒地认识到，我国科普事业在发展中还存在许多的不平衡与不充分，如科普的理念、目标建设与世界科普发展走向之间的差距；科普的发展与公众对科普的需求之间的不适应；科普教育较多关注形式而缺乏深度教育的状况；科普的快速发展与科普创新之间的不均衡；重视在知识层面上的普及，而缺乏实现提升公众科学素养综合目标的手段和方法；从科普的视角在树立公众的科学精神与价值观上，仍显得落实不到位。

瞭望世界，当今正处在一个由信息时代走向创意时代的历史跨越期，时代要求我们培养具有决胜未来的全新思维的一代新人。

因此，在新时代，必须加强科普的理论研究，以先进的理念解决那些在科普实践中存在的新情况和新问题。公众对科普的诉求，也不仅仅是停留在科学知识层面上，而且需要有科学的精神、科学的思想与科学的方法，去生

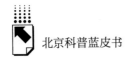

活与工作，并创造美好的未来。树立科普理念和加强目标建设，已成为推动科普登上新台阶的根本基点。

同时，也应该看到，改革开放40年来，我国的科普事业奋发进取、砥砺奋进，取得了骄人的成就。我们应该树立自尊、自信，结合实际，认真总结那些经过实践检验行之有效的成功经验，以推动科普工作在新时代踏上新征程。

《北京市科学技术普及条例》施行至今将近20年了。北京市在科普的理论创新与实践创新上做出了卓有成效的探索。从政府层面看，积极落实《北京市科学技术普及条例》《全民科学素质行动计划纲要》，发挥科普工作联席会议的统筹协调作用，制定实施规划引导、政策支持、经费投入、公共服务、环境营造、监督评估等各种措施，在组织方式上加强人员保障，在政策措施上注重项目、基地和人才协同发展，在推进手段上充分利用信息网络和互联网技术，在经费投入上加大政府科普专项经费的引导作用，有力促进了科普工作创新发展，形成了科普大协作、大融合、繁荣发展的新局面。特别是在推动科普基地和社区建设以及科普人才队伍培养，引导全社会参与科普事业、开展科普创新作品社会征集，推进高端科技资源科普化，加强科普理论研究，"请进来、走出去"推进国际科普交流等多方面，做出了富有创新性的探索实践。

本书以翔实的数据、鲜活的案例、生动的体验，把多年来北京科普工作开拓创新、勇于探索、深入实践的成果与大家分享。尤其是在对科普相关的法律法规和政策规定进行归纳梳理、量化分析的基础上，提出了体系建设和评估方法等路径，对如何以创新理念促进场馆建设、科普体制机制改革等问题，也进行了多视角的分析探究。

该书的出版是多年来北京科普工作理论、实践和经验的汇集，对推动北京和全国科普事业的理论创新与实践创新，具有一定的指导和借鉴价值。

科普事业是一个永远创新、永无止境的事业。让我们在习近平新时代中国特色社会主义思想指引下，在开创科普工作新征程的大道上，为北京建成具有全球影响力的科技创新中心，为我国建设世界科技强国、实现"两个一百年"奋斗目标，勇往直前、做出更大贡献！

李象益

＊ 本序作者：李象益，北京大学、北京师范大学教授，联合国教科文组织"卡林加科普奖"获奖者、中国自然科学博物馆协会名誉理事长、中国科技馆原馆长、前国际博协执委、北京市政府及科委科普工作顾问。

摘　要

为有效提升北京科普水平及发展潜力，找准北京科普工作中的薄弱环节，更好地服务于全国科技创新中心建设，推动地区社会经济发展，北京市科技传播中心联合中国社会科学院发布《北京科普发展报告（2017～2018）》，旨在站在大视野、大科普、国际化的高度，以建设全国科技创新中心为核心，以提升公民科学文化素质、加强科普能力建设为目标，以打造首都科普资源平台和提升"首都科普"品牌为重点，理顺北京科普发展脉络，探寻北京科普发展规律，提炼北京科普创新模式，为北京科普工作提供强有力的理论支撑。

总报告以北京科普工作为主线，系统阐述了"十二五"时期北京科普工作的主要成效，展示了北京科普工作的现状。在此基础上，分析了"十三五"时期北京科普事业面临的新形势，明确了"十三五"时期北京科普事业的发展目标及实施的八大工程。创新性地构建并测算了北京科普发展指数，为北京科普工作的开展提供了理论依据。

理论篇共五篇，分别就科普法律法规历史沿革、全国科技创新中心配套政策、科普服务全国科技创新中心的模式与思路、大科普格局和国际化建设、区域性科普发展综合评价方法展开理论研究。

专题篇共五篇，分别就新媒体、大数据、人才队伍培养、科普供给水平提升、科普产业化等北京科普热点领域开展专题研究。

案例篇共五篇，分别从社区科普场馆、驻京科研机构如何发挥科普作用，北京科普品牌建设系列工作，科普区域一体化和当前北京科普工作开展的管理制度的典型案例加以展开。

全书以北京科普工作为研究重点，从理论和实践的双重角度，全面论述

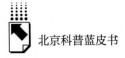
了北京科普工作取得的成效，并提出了未来发展的方向，力图为政府部门研究制定发展北京及全国科普事业的相关政策提供依据，为北京科普工作提供全面的支撑。

目　录

Ⅲ 专题篇

Ⅳ 案例篇

　皮书数据库阅读**使用指南**

总 报 告

General Report

B.1

北京科普事业发展情况分析

李群 孙勇 高畅 邓爱华 刘涛*

摘 要: 习近平总书记指出:"科技创新、科学普及是实现创新发展的
两翼,要把科学普及放在与科技创新同等重要的位置。"近年
来,北京科普事业取得了长足进步。本报告梳理了"十二
五"以来北京科普事业的发展情况和北京"十三五"时期的
科普工作部署,归纳了近年来北京科普发展的新亮点,并创
造性地构建了北京科普发展评价指标体系,设计了数据处理
方法。通过指数测算,北京的科普发展指数基本呈现逐年递

---

* 李群,应用经济学博士后,中国社会科学院基础研究学者,数量经济与技术经济研究所研究
员、博士生导师、博士后合作导师,主要研究方向:经济预测与评价、人力资源与经济发展、
科普评价;孙勇,副研究员,北京市科技传播中心副主任(主持工作),主要研究方向:科
普与传播,科技创新政策;高畅,博士,副研究员,北京市科技传播中心副主任,主要研究
方向:科技传播与普及研究,科技创新战略研究;邓爱华,硕士,北京市科技传播中心发展
研究部主任,主要研究方向:科技传播与普及研究;刘涛,中国社会科学院研究生院博士研
究生,主要研究方向:经济预测与评价、科普评价。

增态势,从 2008 年的 2.96 稳步提升至 2015 年的 4.55,年均增长率为 6.72%,稳居全国首位。根据研究结论,报告围绕建设全国科技创新中心对北京科普事业发展提出了具有针对性的政策建议。

关键词: 北京 科普能力建设 科普发展指数 科普事业发展

一 引言

习近平总书记在党的十九大报告中指出,必须加强国家创新体系建设,强化战略科技力量。北京作为我国首都,理应带头贯彻落实习近平总书记的指示精神,致力建设具有全球影响力的全国科技创新中心。这不仅是党中央赋予北京的重大战略任务,也是北京发挥自身优势、服务国家发展的重大历史使命。"科技创新、科学普及是实现创新发展的两翼,要把科学普及放在与科技创新同等重要的位置。没有全民科学素质普遍提高,就难以建立起宏大的高素质创新大军,难以实现科技成果快速转化。"习近平总书记在"科技三会"上的这一重要讲话,对于在新的历史起点上推动我国科学普及事业的发展,意义十分重大。

近年来,北京市在党中央、国务院关于加强科普工作的一系列法律法规、文件、会议精神的指引下,从制度建设、资金保障、基础投入、活动组织等方面全力推动科普能力建设。特别是在《全民科学素质行动计划纲要(2006—2010—2020 年)》的推动下,"十二五"期间,科普工作成效显著,科普事业稳定发展,科普人员队伍不断壮大,科普经费投入持续增加,科普基础设施建设不断完善,科普图书、科普期刊、科技类报纸、科普节目、科普活动等科普产出数量与质量大幅提升,科普能力建设水平明显提高,有效地支撑了北京综合科技创新水平,加快了北京向世界级科技创新城市迈进的速度。

"十三五"期间，北京的科普工作将服务于创新驱动发展战略、"一带一路"倡议、京津冀协同发展战略，精准发力，注重实效。紧紧围绕全国科技创新中心建设和北京"三城一区"的总体规划，适应科普工作新需求，从加强制度保障、打造品牌科普活动、优化科普基础设施、培育科普产业、提升科普信息化水平、助力"创新创业"等方面入手，不断强化"科普北京"的影响力和辐射力。将全国科技创新中心的前沿科研成果、关键共性技术突破、新技术新产品及时有效地科普给社会公众，大力把科普工作贯穿于各领域各环节，统筹推进，尽快建成相适应的新型科普支撑体系，为首都经济社会发展和科技创新提供重要支撑，为全国科技创新中心奠定坚实基础。

2017年是北京科技创新中心谋篇布局的一年，是协同推进的一年，是厚积薄发的一年，也是北京科普事业"十三五"时期的关键一年。为更好地服务于全国科技创新中心建设，北京市深入贯彻党的十九大精神，围绕"三城一区"的布局，根据《北京市"十三五"时期科学技术普及发展规划》的部署，系统全面推进八大科普建设工程，积极提升科普能力，促进公民科学素质提高。

为进一步提高科普政策研究水平，促进科普事业发展，北京市科学技术委员会组织专家力量，编制《北京科普事业发展报告（2017~2018）》。本报告分为四部分：第一部分为引言；第二部分梳理了"十二五"时期北京科普事业发展回顾；第三部分总结了"十三五"时期北京科普事业的发展展望；第四部分基于北京和全国科普统计数据，围绕科学普及这一概念的内涵，构建了能够客观、全面反映科普各类工作效果的指标评价体系，测算了北京科普发展指数；第五部分结合北京科普事业发展中存在的问题，提出了具有针对性的改革建议；第六部分是主要贡献及创新。报告还围绕建设全国科技创新中心的重大任务，对北京科普事业发展情况做出了归纳和评价，期冀为科普工作提供科学的决策依据。

二 "十二五"时期北京科普事业发展回顾

归纳总结"十二五"以来北京科普事业的发展成果，探究其内在发展

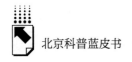

规律，对于寻找未来科普能力提升的增长点和科普体制机制创新的突破口，具有重要意义。这是实现北京科普事业持续健康发展、有效提升北京公民科学素质和北京整体科技创新能力的重要研究内容之一。对北京科普事业的发展进行经验总结，能够为更好地服务于全国科技创新中心，以及提升首都公民科学素质起到研究支撑作用。

（一）"十二五"时期北京科普事业发展成就

"十二五"时期，北京认真贯彻落实《中华人民共和国科学技术普及法》（以下简称《科普法》）、《北京市科学技术普及条例》（以下简称《科普条例》）、《北京市"十二五"时期科学技术普及发展规划纲要》和《北京市全民科学素质行动计划纲要实施方案（2011—2015年)》（以下简称《实施方案》），以提高市民科学素质为宗旨，围绕提升科普能力、培育创新精神、关注目标人群、丰富科普活动、打造科普精品等重点任务，开展了一系列工作，取得了显著成效。北京公民科学素质达标率从2010年的10.0%提高到2015年的17.56%①，超额完成"十二五"设定的12%的目标，科普工作位居全国前列，为经济社会发展和科技创新提供了重要支撑，也为创建全国科技创新中心奠定了坚实基础。

1. 科普能力显著增强

北京地区500平方米以上的科普场馆达到101个，比"十一五"时期增加36个。北京地区科技馆、科学技术博物馆建筑面积达109.78万平方米，比"十一五"时期增加41万平方米。每万人拥有科普场馆展厅面积221.28平方米，比"十一五"时期增长24.45%。创建社区科普体验厅50家，覆盖16区50余万人；创建市级科普基地326家、市级社区青年汇500家、科普活动室2000余家、科普画廊3500余个。报纸、期刊、广播电视等传统媒体传播科学知识的力度不断加大、能力不断增强，电台、电视台播出科普（技）节目时间达到9.97万小时。科普原创水平显著提高，科普图书

---

① 公民科学素质达标率来自中国科协开展的历年公民科学素质调查。

年出版种类和册数逐年增长，北京地区累计入围全国优秀科普作品 104 部，占全国的 52%。以微博、微信、移动客户端等为代表的新媒体成为科技传播的重要方式和向社会公众答疑解惑的重要渠道，有效支撑了北京科技工作。

2. 科普活动蓬勃发展

围绕全市中心工作及科技相关重大事件，依托北京科技周、全国科普日等，开展了一系列创新科普项目，培育了北京学生科技节、城市科学节、科学嘉年华、青少年科技创新大赛等诸多品牌科普活动，实施了一批科普惠农、科普益民等常规科普计划，在全市形成了良好的创新文化氛围。"翱翔计划""雏鹰计划"等培养了大量科技创新后备人才，使科教活动走在了全国前列，"翱翔计划"获首届基础教育国家级教学成果一等奖。科普（技）讲座、科普（技）专题展览、科普（技）竞赛分别达到 4.89 万次、4835 次、3035 次，均高于全国 2.81 万次、4375 次、1525 次的平均水平。

3. 科普资源日益丰富

全市进一步开发和整合首都科普资源。科普经费年度筹集额稳定增长，人均科普专项经费由"十一五"时期的 36.42 元上升至 46.01 元，增长 26.33%，远高于全国 4.68 元的平均水平。科普队伍日益壮大，逐渐向高端化、专业化发展。科普人才资源质量不断提升，科普专家李象益 2013 年获得世界科普领域最高奖项"卡林加科普奖"，这是该奖设立以来，首次有中国人获奖。以科普项目社会征集为抓手，发掘撬动社会优势科技资源，推动一大批高校院所和企事业单位面向社会开放科技资源，科研机构和院校向社会开放数量达 569 家，比"十一五"时期增加 190%。支持中科院建立了 40 多个科技资源科普化平台，众多优质资源加入科普服务的阵营。

4. 统筹协调机制不断优化

根据《科普法》《科普条例》的有关规定，结合全市科普工作实际需要，北京市加强政策引导，注重资源配置，强化部门联动，科普宏观管理体制和运行机制不断完善，形成了在科普工作联席会议框架下，市、区两级政府共同推进科普工作的格局。先后出台《实施方案》《关于加快首都科技服

务业发展的实施意见》《北京市科普工作先进集体和先进个人评比表彰工作管理办法》《北京市科普基地管理办法》等文件，完善了政策法规、表彰奖励、监测评估等相关机制。大力支持和引导一批企业、高校、科研院所和社会组织参与科普，形成了政府引导、部门协同、全社会共同参与科普工作的良好局面。

（二）"十二五"时期北京科普工作的特点

北京科普工作于"十二五"时期已逐步形成"1631"的总体工作格局，即"一个方针"：政府引导、社会参与、多元投入、注重实效；"六个机制"：政策法规杠杆机制、社会力量动员引导机制、高端科技资源科普转化机制、科普人才培育和激励机制、科普机构服务社会动员机制、科普经费和评估保障机制；"三个网络"：以中国科技馆、北京自然博物馆等200多个科普场所、科研机构和企业构成的科普基地网络，以广播电台、电视台、报刊、网站、出版社构成的媒体科普宣传网络，以科普工作联席会议各成员单位和社会组织构成的多条活动组织网络；"一条主线"：由市、区（县）政府牵头的科普工作联席会议制度为主线统筹全市科普工作。"1631"科普工作格局已成为首都科普工作和事业发展的有力保障，并使全市科普活动的规模、影响面和社会参与度日益扩大，科普能力、科普效果和公众的科学素养日益有效提升。总的来说，"十二五"时期北京科普发展主要呈现出以下特点。

1. 科普制度和规划不断完善，科普工作出现新局面

北京市委、市政府在贯彻落实国家科普法律法规和政策的同时，根据实际情况，先后制定了《北京市科学技术普及条例》《关于加强北京市科普能力建设的实施意见》《北京市"十一五"科学技术普及规划》《北京市"十二五"科学技术普及发展规划纲要》等地方法规和政策文件，并且按照国家科普统计有关要求，建立了科普统计监测工作体系，为全市科普工作开展提供了强有力的法律保障和制度支持。

通过出台高层次的发展规划，指导北京科普工作顺利开展。2016年北

京在全国率先编制并发布《北京市"十三五"科学技术普及发展规划》，并且提出了"到 2020 年，建成与全国科技创新中心相适应的国家科技传播中心"的发展目标。制定《北京市科普信息化（试点）建设实施方案》，指导北京市科普信息化工作。编制实施《首都创新精神培育工程实施方案（2016—2020 年）》，营造创新氛围，培育创新精神，加快创新文化建设。制定实施《加强首都科技条件平台建设促进重大科研基础设施和大型科研仪器向社会开放的实施意见》及实施细则、推进方案，促进 800 余个重点实验室和工程（技术）研究中心价值 220 亿元的科研仪器设备面向社会开放共享。

2. 科普组织体系完备，促进科普资源整合形成新模式

北京率先在国内设立了科普工作联席会议，目前联席会议成员单位由 41 个市属相关部门组成，16 个区（县）也建立了科普工作联席会议。2011 年，北京市全民科学素质工作领导小组办公室归入科普工作联席会议体系，进一步理顺了全市科普工作的体制和机制。这是一个"纵横交错"的科普工作体系，在首都很好地发挥了规划、指导、组织、协调的重要作用，并成为"全市科普工作一盘棋"的有力保障。

"十二五"期间，科普工作联席会议进一步加强组织协调和整合推进的功能，健全部门联席、市区联动、媒体合作、专家协同的科普工作机制。调动各部门的积极性，广泛开展群众性、社会性、经常性的科普活动。通过规划引导、平台搭建、项目征集、政策支持等途径，充分发挥政府资金的引导作用，鼓励和吸引高校、科研院所、企事业单位等社会力量参与科普工作，加强了社会化科普大格局。

支持创建天文探索、生态科学、生物化学、控制技术等 20 家中小学科学探索实验室，全市科学探索实验室达到 71 家，深度推进科技资源转化为教育资源，形成了"在科学家身边成长"的青少年后备人才培养模式。聚焦基础科学科普、高端前沿科普和新技术新产品科普，支持 50 余个科普展教具研发，丰富了学校、科技馆、社区以及科技周等科普活动的展示内容。

3. 科普人才梯队结构日趋合理，形成人才新高地

科普队伍日益壮大，逐渐向高端化、专业化发展。截至 2015 年，北京拥有科普专业人员 7324 人，大学本科及中级以上职称学历 5070 人，占全部科普人员总数的 49.06%，科普创作人员达到了 1084 人，注册科普志愿者2.41 万人，科普志愿服务总队新增 14 支队伍。

建立了一支由顶级专家引领、业务专家指导、科普专职人员参与、科普志愿者组成的专兼职结合的高素质科普人才队伍。通过科普培训、科普讲解大赛等形式，不断提升科普工作者的业务水平。市委组织部和市人力社保局举办领导干部系列讲座、公务员科学素质大讲堂等专题培训活动。

科普人才建设是科普工作开展的重要保障。"十二五"时期，随着北京科普工作的蓬勃发展，以高端科普专家人才、专兼职科普人才、科普志愿者为主体的科普人才队伍逐步发展起来，形成推动北京科普事业发展的中坚力量。

4. 营造"双创"环境，服务全国科技创新中心形成新定位

2015 年，北京共有众创空间 274 个，主要集中在首都核心区，其中朝阳区 215 个，西城区 21 个，海淀区 17 个。众创空间为新形式的科普工作开展提供人才基础和主要场地，进一步加大众创空间开发力度，让众创空间成为各类科普活动的新阵地。

北京市科学技术委员会积极鼓励各种母体企业、初创企业、投资机构、创业者参与各类"大众创业，万众创新"的开放型平台，支持社会各界力量举办科普创业沙龙、科普训练营等各类活动。截至 2015 年，共组织各类活动 1523 次，参加活动人数 94504 人次，其中海淀区、朝阳区、西城区、石景山区和大兴区各类科创活动均超过了 100 次①。

实用技术培训作为推动北京居民科学生活、科学工作的一种重要方式，在历年科普工作中都被赋予了重要地位，是提升普通劳动者科学素质，提高居民在生产生活中运用科学知识能力的主要阵地。为了更进一步地促进北京

① 北京市科学技术委员会编《北京科普统计（2016 年版）》，科学技术文献出版社，2016。

市就业良性发展，北京持续大力投入实用技术培训。2015 年，北京开展实用技术培训 1.43 万次，共 81.12 万人次参加，培训内容主要集中在教会居民在农业、卫生、生活等方面合理运用科学知识。

5. 创新科普主题活动，提升北京社区治理能力形成新动能

北京科普持续提升科普服务社区和公民健康的能力。致力于建设科技应用示范社区、创新型科普社区，100 多个社区和乡村获得资助，在社区开展普及节能灯、倡导垃圾分类科学理念等科普活动，有效提升了科技面向社区服务的支撑能力。围绕公众密切关心的健康话题，形成了世界无烟日、爱牙日、全民健身日等一批固定化的科普活动，积极实施了以"文明倡导、宝贝计划、青春健康、健康生育、生育关怀、心灵家园"为主题的惠民工程，提升了首都市民的健康水平和生活意识。围绕安全生产月、"3·23 世界气象日"、"5·12 防灾减灾日"、"国际减灾日"、"6·26 世界禁毒日"等主题科普活动月和主题科普日，广泛深入地开展与市民安全生产和安全生活密切相关的应急科普宣传、培训和演练等系列活动，带动全市安全科普宣传广泛开展，取得了较好的效果。

6. 科技精准扶贫与科学普及相结合，给精准扶贫插上科技翅膀

通过开设生产经营型、专业服务型、专业技能型新型职业农民培养课程 3 类 24 项，培训学时 1500 学时以上，累计培训人次超过 4 万人次；组织种养专家向农村基层输血，培训农村残疾人 1500 人次，入户指导 600 余次，开发"精准扶贫助残服务平台"，为残疾人送政策、送科技、送知识，使技术信息进农户、技能培训进村镇，着力提高农村贫困残疾人户家庭收入，提升其生活品质；组织社会组织开展公益活动，分赴甘孜藏族自治州 10 个县（市）进行义诊巡诊、健康培训、手术治疗等活动，切实减轻患者负担，避免因病致贫返贫；科学谋划民族乡村发展任务，为民族乡村提供市场销售、专家指导、技术成果推介等服务信息上万条，为 21 个民族村引进种植养殖新品种 100 余种，着力推进民族乡村产业结构升级。

7. 传统媒体与新媒体齐发力，提升北京科普传播能力形成新供给

报纸、期刊、广播电视等传统媒体传播科学知识的力度不断加大、能力不断增强，"十二五"时期，电台、电视台播出科普（技）节目时间达到 9.97 万小时。科普原创水平显著提高，以微博、微信、移动客户端等为代表的新媒体成为科技传播的重要方式和向社会公众答疑解惑的重要渠道，有效支撑了北京科技工作。

原创 26 集动画片《欢乐北极星》采用三维定格动画传统技艺，填补了国产电视动画创作手法空白；推出《健康加油站》《教育面对面》《养生堂》等品牌栏目和《欢乐北极星》《穿越吧少年》等原创栏目，在中央电视台、北京电视台、北京广播电台、腾讯网、优酷网等主流媒体播出，取得了良好的反响。"首都科技盛典"成为展示全国科技创新中心建设成果的重要盛会。

8. 加快促进京津冀科普协同发展形成新格局

北京进一步落实《京津冀协同发展规划纲要》，建立常态化的区域科普合作交流机制。联合开展京津冀科普之旅，推出 6 条京津冀两日、三日游线路，全方位地展现三地的科普旅游资源和旅游文化风貌，成为市民出行的新选择。联合天津市、河北省相关部门，开展科技夏令营和冬令营、"放飞梦想"、"快乐科普进校园"等主题科普活动，拓展科普渠道，建立京津冀区域科普平台。联合三地妇联开展"京津冀巾帼创业行暨妇女农业示范基地观摩对接活动"，加强巾帼现代农业科技示范基地间的交流与合作。市总工会联合津冀两地工会组织开展了首届京津冀职工职业技能大赛，促进了三地职工技能交流，畅通技能人才快速成长通道。

三 "十三五"时期北京科普事业发展展望

北京科普工作要全面贯彻党的十八大和十八届三中、四中、五中、六中全会、党的十九大以及习近平总书记视察北京重要讲话精神，深入落实《北京市"十三五"时期加强全国科技创新中心建设规划》《北京市"十三五"时期科学技术普及发展规划》，适应科普工作新需求，着力加强制度保障、打造品牌科普活动、优化科普基础设施、培育科普产业、提升科普信息化水平、助力"创新创业"，不断强化"科普北京"影响力和辐射力，这对北京科普建设提出了新任务。

（一）"十三五"时期北京科普工作面临的新形势

"十三五"时期是中国经济转型与全面深化改革的历史关节点，是全面建成小康社会的决胜阶段。习近平总书记在"科技三会"上提出"科技创新、科学普及是实现创新发展的两翼，要把科学普及放在与科技创新同等重要的位置"，为贯彻落实这一讲话精神以及扎实推进北京加强全国科技创新中心建设工作，北京科普工作应抢抓历史机遇，直面科普工作中存在的问题，助推北京科技事业全面进步，全力保障北京社会经济发展。同时通过科学知识的传播、科学方法的培养、科学态度的养成和科学精神的塑造，提升文化软实力，培育科技创新的土壤，为科技创新"固本培元"，打牢科技创新的基础，以科学普及助力科技创新，以科技创新推动科学普及。为此，亟须理顺"十三五"时期北京科普工作面临的新形势。

1. 科学素质和科普资源同发达国家仍有差距，科学素质结构性问题凸显

实施创新驱动发展战略和全国科技创新中心的城市战略定位，要求以更大的力度推进科学普及和公众科学素质达到新高度。由于当前社会参与科普的相关政策法规和激励机制尚未健全，全市科普基地建设的发展水平存在较大差异。总体说来，城区科普工作开展较好，远郊区科普工作相对较差；市级和区级科普工作开展较好，社区和农村等基层工作相对较差；针对青少年和农民的科普工作较好，针对领导干部和城市劳动者的科普工作较弱；科普工程建设不平衡，基础设施工程建设相对较好，科普资源开发与共享工程和大众传媒科技传播能力建设工程相对较弱，科普资源共建共享长效机制尚未形成，大众传播体系建设尚不完善，科普原创作品和精品创作缺乏。

2. 科普专业人才队伍建设滞后，制约科普创新和传播水平

北京科普基地学科专业人才、高水平的讲解员、设计开发研究人员、市

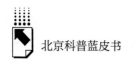

场营销员等人才缺乏，同时还存在志愿者招募困难、人员知识老化等问题。调查研究结果显示，全市有88.5%的科普基地设有专职的科普工作人员，11.5%的科普基地没有专职科普工作人员；在设有专职科普工作人员的科普基地中，专职科普工作人员占职工总数的比例普遍不高，所占比例平均值为22.9%。在调查的科普基地中，90%的科普基地表示有专门的科普策划与研发人员，所占比例均值为12.4%；10%的基地表示目前没有专门的科普策划与研发人员。科普基地人才缺口和不足的问题，直接制约了科普基地创新能力和科技传播能力的提高。

3. 科普事业科技含量和影响力仍需提升

全面深化改革、转变政府职能，要求科普创新体制机制，对科研院所、高校和高科技企业的科技资源进行深度挖掘，对前沿技术和最新成果进行推广和普及，急需科普工作提出新思路。新一代信息技术、"互联网＋"等科技传播手段日新月异，虚拟现实（VR）、增强现实（AR）、混合现实（MR）等新技术和微博、微信、移动客户端等新媒体逐渐渗透到各领域，要求以新技术、新手段、新模式开创科普工作新局面。

具有国际影响力的科普品牌较少，社会化、市场化、常态化、泛在化的科普工作局面尚未形成，京津冀协同发展战略、"一带一路"倡议等要求北京科普以区域协同的胸怀、国际合作的视野谋划科普新篇章。

4. 科普产业化水平低，财政拨款仍然是主要经费来源

科技服务业将科普列为重点产业内容，对处于起步阶段的科普产业发展提出了新要求。虽然北京市科普基地的科普投入逐年增加，且达到了一定的规模和水平，但由于企业和社会投入科普公益事业的渠道不畅，使得科普基地多元科普经费投入机制还没有真正建立起来，科普基地主要经费来源仍为政府和单位自身投入，而其他来源的经费投入所占比例非常小。即便是单位投入，大部分来源也是财政拨款。经费来源渠道的单一化，加之财政投入和单位投入科普经费的有限性，使得科普基地，特别是科普教育基地规模的进一步扩大受到了极大的限制。

（二）"十三五"时期北京科普工作发展趋势及目标

"十三五"期间北京科普发展应聚焦在民生需求、青少年需求、创新产业的需求、"互联网＋科普"的要求这几大方面，并呈现以下发展趋势：一是与社会热点契合；二是注重科普科学精神；三是主流媒体应承担传播科学的社会责任；四是科普投入社会化；五是科普与学校的科技教育紧密结合。

"十三五"时期北京科普工作发展的目标如下。

总体目标：到 2020 年，建成与全国科技创新中心相适应的国家科技传播中心，首都科普资源平台的服务能力显著增强，科普工作体制机制不断创新，科普人才队伍持续增长，科普基础设施体系基本形成，科普传播能力全国领先，创新文化氛围全面优化，科普产业初具规模，公民科学素质显著提高，"首都科普"的影响力和显示度不断提升。

具体目标：

——全市公民具备基本科学素质比例达到24%。

——科普投入显著提高，人均科普经费社会筹集额达到50元。

——每万人拥有科普展厅面积达到 260 平方米，实现存量提升，增量增效。

——建立以大科学家为代表的科普人才梯队，每万人拥有科普人员数达到 25 人，实现科普服务全覆盖。

——打造 30 部以上在社会上有影响力、高水平的原创科普作品，培育 3 个以上具有一定规模的科普产业集群。

——培育 5 个以上具有全国或国际影响力的科普品牌活动。

——首都科普资源共建共享机制形成，公众获取科普服务的渠道更加便捷。

——新技术、新产品、新模式、新理念推广服务机制建成，科普信息化、产业化程度不断提高。

——浓厚的创新文化氛围形成，公众创新意识明显增强。

（三）"十三五"时期北京科普工作的八大重点工程

"十三五"时期，北京科普工作要站在大视野、大科普、国际化的高度，坚持"政府引导、社会参与、创新引领、共享发展"的工作方针，以建设国家科技传播中心为核心，以提升公民科学素质、全力推动科普能力建设为目标。以打造首都科普资源平台和提升"首都科普"品牌为重点，为全国科技创新中心建设提供有力支撑，为实现"两个一百年"奋斗目标和中华民族伟大复兴的中国梦做出更大贡献。基于此，"十三五"时期，北京科普事业将重点实施八大工程。

1. 科普惠及民生工程

发挥大型品牌科普活动为民服务的示范带动作用。拓宽思路、拓展视野、创新形式，打造一批具有国际水准的品牌惠民科普活动，吸引国内外具有影响力的科普机构参加北京科技周、全国科普日、北京科学嘉年华、全国双创周等活动，提升示范带动作用和国际影响力。充分利用市场机制，办好城市科学节、国际科普产品博览会等一批充满活力、具有广泛影响力的社会化惠民科普活动。鼓励各区紧密结合发展规划、重点产业和特色资源等，培育一批常态化惠民科普活动。2016年科技周以"创新引领，共享发展"为主题，展示200余个互动体验项目，8万余人次到现场参观体验，10多个省市观众专程赴主场参观，3000万人次通过网络直播观看，刘延东、郭金龙、万钢等领导出席开幕式并参观主场馆。

提升主题特色科普活动效果。围绕经济社会发展重点任务和人民群众重大关切，深入开展主题特色惠民科普活动，为社会公众解疑释惑，提高公众的科学认知水平和科学生活能力。做大做强《北京创造2025》、青少年科技创新大赛、机器人竞赛、职工职业技能大赛、首都网络安全日等形式多样的市级大型科普活动。创新科普活动的内容和形式，增强活动的实效性和感染力，围绕气象、航天、知识产权、防灾减灾、博物馆、环境、地球等主题日（周），开展系列科普活动。支持各区结合自身特点和需求，开展特色主题科普活动。

加大科技惠民成果推广。围绕大气污染防治、生态环境改善、食品安全保障、重大疾病攻关、城市建设与精细化管理、生态文明宣传教育等民生科技重点工作，开展"牵手蓝天""食品安全在行动"等科普活动。以科普基地、社区科普体验厅等为重要载体，多渠道、多层次、多角度推广普及科技惠民成果，提高百姓爱科学意识、学科学能力、用科学水平。开展防灾减灾科学知识普及，着力推动防灾减灾知识技能"进社区、进学校、进企业、进农村、进家庭"，增强市民的防灾减灾意识、安全防范和紧急避险能力。

2. 科学素质提升工程

着力提升领导干部和公务员科学素质。建立规范化、标准化培训制度，编写领导干部和公务员科学素质提升教材。利用现代化信息技术手段，提升领导干部和公务员科学素质，为科学决策、科学管理提供智力支撑。

不断提升青少年科学素质。大力推进青少年创客教育，打造北京中小学生科技创客秀活动，扎实推进从幼儿教育、义务教育、高中教育到高等教育各阶段的科技教育，不断启迪好奇心、培育想象力、激发创造力。探索制定科技教育标准，为创新驱动发展战略培养后备人才。

努力提升城镇劳动者科学素质。开展创新工作室、职工技能大赛等职业培训、继续教育、技能竞赛和经常性科普教育活动，提高城镇劳动者科学素质和职业技能。建立创新创业培训和实践场所，提升社区科普能力和创业服务水平。依托城乡社区开展丰富多彩的科普活动，提升居民应用科学知识解决实际问题、改善生活质量、应对突发事件的能力，促进居民形成科学、文明、健康的生活方式。

大力提升农民科学素质。深入开展文化、科技、卫生下乡活动，注重提高活动质量。培养壮大一批农村科技特派员队伍，全面开展科技套餐配送工程。举办有针对性的农业科技培训和田间实践操作培训，探索新型职业农民培养的多种途径，提升新型农民综合素质，支持农民创新创业。

3. 科普设施优化工程

优化科普场馆服务体系。构建以综合性场馆为龙头，以专业特色科普场馆为支撑的科普服务体系。加快北京科学中心、军事科技馆、国家自然博物

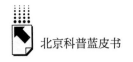

馆等重点科普场馆的建设，推动有条件的高校院所、企事业单位和社会组织建设专题特色科普场馆。加强流动科技馆内容开发，开展进企业、进农村、进学校、进军营、进社区等活动。建设数字科技馆、虚拟科技馆等，突破科普的时空局限，提升"全天候"科普服务能力。

提升科普基地服务能力。建立科普基地动态调整机制，以公众视角为导向，推动科普基地面向社会公众开放。推进环保、社科、园林绿化、地震、气象、国土等行业科普基地的建设。鼓励首都科技条件平台、高新技术企业、产业基地、孵化基地、文化创意工作室等增加科普功能，拓展科普基地的覆盖面。发挥北京科普基地联盟、北京科普资源联盟、北京博物馆学会的作用，建立馆校结合、馆馆联合的工作模式，积极开展参观者主导、符合教育规律、满足公众需求的特色科普活动，提升科普基地的服务能力。2016年北京科普基地总数达到371家，凝聚整合了全市科普资源，充分发挥了基地的教育、宣传和服务功能。

提高基层科普服务水平。依托城乡社区公共服务场所和设施，继续开展社区科普益民和科普惠农兴村计划，建立和完善社区科普体验厅、科普学校、科普活动站（室）等基层科普设施。推动科普基地与少年宫、文化馆、博物馆、图书馆等公共文化基础设施的联动，拓展科普活动渠道。加强科普楼宇、科普公园、科普小屋等公共场所建设。发挥农业科技园、绿色生态园等现代农业园区的科普教育示范作用。鼓励和支持各区科技馆完善科普设施，开展特色科普活动。

4. 科普产业创新工程

加大原创科普作品的支持力度。探索设立科普创作基金，建立科研人员、科普工作者、专业编辑联合开展科普图书创作的激励机制。创作系列科普专题片、微视频、纪录片和公益广告，并在中央电视台、北京电视台等主流媒体播出，打造《科学达人秀》、《科学脱口秀》等一批专题节目和栏目。支持原创科普动漫作品和游戏开发、开展技术和创意交流，加大传播推广力度。推动科普产品研发与创新，实施标准化战略，建设科普产品研发基地，引导社会力量研发科普展品、教具等。

加强科普产业市场培育。统筹科普产业资源，推动成立科普产业创新联盟，加强科普产业的引导管理。围绕科普产品创作、研发、推广等环节，建设一批科普产业聚集区，形成若干科普产业集群。依托高科技企业、科研院所、大专院校等建立科普产品研发中心，推动社会力量投身产业发展，推动科技创新成果向科普产品转化。充分发挥市场配置资源的决定性作用，举办科普产品博览会、交易会等，打造国际化科普资源和科普产品展示、集散、交流中心。通过政府采购、定向合作等手段，重点支持一批社会经济效益显著的龙头企业，拓展新市场和新业务领域，壮大科普产业。

5. "互联网 + 科普"工程

打造"首都科普"新媒体平台。充分发挥以"两微一端"为代表的新媒体在科普传播中的影响力和引导力，以"科普北京"微信公众号建设为抓手，主动发声、快速反应，向社会提供科学、权威、准确的科普信息内容和相关资讯。提升"手机科普周刊""全国科技创新中心""北京科技视频网""北京科普基地联盟"等新媒体的传播能力，打造多平台、集群化、矩阵式发展的"首都科普"新品牌。凝聚一批社会化新媒体平台，建设科普传播新媒体联盟，协同推进科技传播。

提升科普信息化水平。创新科普供给新模式，鼓励 VR、AR、MR 等新技术的应用，增强科普传播的互动性与娱乐性。采用政府购买服务方式，探索政府和社会资本合作的方式（PPP 模式），共建新型科普信息化传播平台，把政府与市场、需求与生产、内容与渠道有效链接，实现科普的倍增效应。建立网络科普内容科学性的把关机制，完善网络科普舆情实时监测机制。推动传统媒体与新媒体在内容、渠道、平台等方面的深度融合，围绕公众关注的热点事件、突发事件等，实现多渠道全媒体传播。

推动科普大数据开发共享。发展以互联网为载体、线上线下互动的科普服务，构建面向公众的一体化在线科普服务体系。发展基于互联网的科普内容生产方式，形成机构、专家和公众共同参与的工作模式，跟踪反馈，实时回应，提升科普服务的互动性和有效性。协同整合机构、群体、企业、公众资源，汇聚科普信息，建设科普信息大数据服务平台，提升科普资源利用

效率。

6. 创新精神培育工程

加大创新创业服务引导。立足创新创业现实需求，广泛开展《促进科技成果转化法》等科技政策法规宣讲活动，推动企业在股权激励、科技金融、知识产权等方面大胆创新。支持中关村创业大街、大学科技园、留学人员创业园等开展专业服务能力培训和业务交流活动，引导"众筹、众包、众创、众扶"等创新型模式，完善创新创业生态系统。鼓励市民开展小发明、小创造、小革新等创新活动，支持建设一批低成本、全要素、便利化、开放式的新型创业服务平台，激发全社会创新热情。大力扶持众创空间的发展，为创客提供沃土，鼓励众创空间进校园、进社区、进场馆，组织青少年创客俱乐部活动，进一步在公众特别是青少年中开展创客教育，厚植创客精神。

培养创新创业意识。围绕创新意识、创新思维和创新能力培育，编制创新教育相关读本手册，面向社会开展创新教育培训。围绕社会主义核心价值体系，鼓励各部门、各单位树立创新观念、建立创新制度、鼓励创新行为，大力推进创新文化建设。组织开展"创新方法企业行"、创新创业大赛、发明创新大赛等活动，培育一批创新创业品牌活动。2016 年，中关村管委会精心组织策划全国"大众创业，万众创新"活动周北京会场主题展，展示了近 200 项双创项目，吸引社会各界近 2 万人次参观。

优化创新创业环境。大力弘扬自由探索、大胆创新、勇攀高峰的研究精神。倡导百家争鸣、尊重科学家个性的学术文化，增强敢为人先、大胆质疑的创新自信。引导完善有利于创新的多元评价机制，建立充分体现创新价值的人才激励制度，形成合理的科学研究评价体系。不断提升尊重科学规律、宽容失败的社会共识，在全社会营造关心创新、鼓励创新、尊重创新、保护创新的良好社会氛围。

7. 科普助力创新工程

推广新技术新产品。采取政府推动、市场拉动、企业主动相结合的方式推广应用新技术新产品，服务经济发展、城市建设和民生改善。加强新技术新产品（服务）首发平台建设，通过线上与线下相结合等方式，面向社会开展推广普及活动。通过京交会、科博会、文博会等科技展会平台，推广示范新技术新产品。支持新技术新产品推广应用联盟和行业协会等各类中介机构发展，搭建新技术新产品提供者和使用者合作共赢的平台。

促进高端科技资源科普化。重点推动高校院所、大型国有企业、军队、武警的大科学装置、重点实验室、工程实验室、工程（技术）研究中心以及重大科技基础设施的科普化，改善科普展示场馆（厅）设施，丰富互动参与内容，形成常态化开放机制。围绕中关村科学城、怀柔科学城和未来科技城等重大科技工程，建设一批首都重大科技成果展示平台。推动将科技成果面向广大公众进行宣传普及列为科技计划项目考核指标，鼓励非涉密的国家级和市级科技计划项目承担单位，及时向社会发布研究进展及成果信息。结合重大科学事件、科研成果、社会热点等开展科普活动，着力推进科技计划项目开发科普资源。

8. 科普协同发展工程

推动全社会参与科普。充分发挥中央在京单位的资源优势，搭建良好的央地协同发展和共享机制。调动各部门和各区的积极性，形成联动开展科普工作的良好机制。充分依靠科协、工会、共青团、妇联、社科联等社会力量开展科普工作。引导高校院所、企事业单位和社会人群等参与科普工作。将行业工作与科普工作有机结合，挖掘各自特色和资源优势。通过组建科普基地联盟、北京科普资源联盟等，搭建互惠互利、共创共赢的科普工作网络，实现科普资源开发共享。实施公众参与创新行动计划等活动，通过项目征集、政策推动，提升公众参与度。

加强区域科普协同发展。积极推动成立京津冀、北上广、京港澳台等区域性科普联盟，在创新方法培训、科普资源共享、科普人才交流等方面开展深度合作，并建立常态化的区域科普合作交流机制。深入开展京津冀科普之旅、设计之旅、科技夏令营/冬令营等主题科普活动，有序推进与长三角、珠三角、港澳台等地区科普资源的共享和相互转移，切实加强对内蒙古、新疆、西藏等地区的科普帮扶工作。2016 年，市科委和市旅游委联合开展京

津冀科普之旅，推出 6 条京津冀两日、三日游线路，全方位地展现三地的科普旅游资源和旅游文化风貌，成为市民出行的新选择。

大力开展国际科普交流与合作。拓展国际视野，充分利用全球创新资源，搭建常态化的国际合作平台。建立科普人才培训、科普产品研发、科普展览举办等方面的国际交流与合作机制，全天候为中外科技场馆实时对接服务。重点加强与"一带一路"沿线国家和地区的交流与合作，拓展科普的渠道和领域。切实推动国内外科普组织共同举办科学嘉年华、北京诺贝尔奖获得者论坛等一批水平高、影响大的科普活动，推动北京地区高层次科技人员加入有代表性和影响力的国际科技组织。

四　北京科普发展指数及科普综合评价

构建北京科普发展指数，对有效提升北京地区科普水平及发展潜力，找准北京地区科普工作中的薄弱环节，更好地服务于科普、提升公民科学素质、推动地区社会经济发展具有十分重要的意义。

北京科普发展指数坚持"客观科学、相对稳定和可持续"原则，围绕加快建设全国科技创新中心的新形势，深刻把握国家创新驱动发展战略内涵，强调科普内容方式创新的转换、科普投入产出效率提升，增强普惠科普等的评价导向。本报告根据 2008～2015 年科普统计数据，构建了北京科普发展评价指标体系，通过专家打分的方式设定指标权重，并测算了"北京科普发展指数"，用以分析地区科普投入各项指标的总体状况。以定量化的方式明晰了北京科普发展的主要驱动因素，对于开展下一阶段的地区科普工作提供了更为可靠的政策依据。

（一）构建北京科普发展评价指标体系

通过归纳学者对"科学普及"概念的界定，以及国家和北京对科学普及工作提出的多项发展纲要和方案，本报告提出"科普发展"的概念："科普发展是政府通过人才培养、财政投入、组织引导、调整优化等方式，不断提升科学普及能力的过程。"针对当前国内科普发展不平衡、不充分的突出问题，对科普发展水平的衡量，应当考虑的方面主要有：扩大科普工作覆盖范围，提升科普的人员、资金、基础设施建设水平，提升各类科普作品和科普活动组织的水平。

根据科普发展的概念和主要任务，课题组设计了北京科普发展评价指标体系，涵盖了科普受重视程度、科普人员、科普经费、科普设施、科普传媒、科普活动等6个一级指标和23个二级指标（见表1）。

表1 科普发展指标体系

一级指标	二级指标
科普受重视程度	科普人员占地区人口数比重
	科普经费投入占财政科学技术支出比重
	科普场馆基建支出占全社会固定资产投入总额比重
科普人员	科普专职人员
	科普兼职人员
	科学家和工程师
	科普创作人员
科普经费	科普专项经费
	年度科普经费筹集额
	年度科普经费使用额
科普设施	科普场馆
	科普公共场所
	科普场馆展厅面积
科普传媒	科普图书
	科普期刊
	科普（技）音像制品
	科普（技）节目播出时间
	科普网站
科普活动	举办科普国际交流活动
	科技活动周举办科普专题活动
	三类科普竞赛举办次数
	举办实用技术培训
	重大科普活动

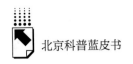

（二）北京科普发展评价指标体系权重设定

北京科普发展评价指标体系中，评价指标的权重代表该项指标在整个评价体系中的重要程度。权重设定体现着科普发展评价的侧重点，并直接影响科普发展指数计算结果的合理性。本报告采取专家打分法，聘请多名科普领域的专家学者，从"大视野、大科普、国际化"的高度，根据构建的科普能力建设指标体系，以提升公民科学素质、加强科普能力建设为目标，以打造首都科普资源平台和提升"首都科普"品牌为重点，对各分项指标进行权重设定，经过多轮修正，得到一级指标的权重（见表2）。

表2　北京科普发展指标一级指标权重

一级指标	科普受重视程度	科普人员	科普经费	科普设施	科普传媒	科普活动
权重	0.153	0.174	0.203	0.139	0.116	0.215

在确定一级指标权重的基础上，进行第二轮专家打分，确定23个二级指标权重，权重分配见表3。

表3　北京科普发展指标权重

一级指标	二级指标	权重
科普受重视程度	科普人员占地区人口数比重	0.051
	科普经费投入占财政科学技术支出比重	0.064
	科普场馆基建支出占全社会固定资产投入总额比重	0.038
科普人员	科普专职人员	0.052
	科普兼职人员	0.023
	科学家和工程师	0.056
	科普创作人员	0.043
科普经费	科普专项经费	0.066
	年度科普经费筹集额	0.058
	年度科普经费使用额	0.079

一级指标	二级指标	权重
科普设施	科普场馆	0.049
	科普公共场所	0.041
	科普场馆展厅面积	0.049
科普传媒	科普图书	0.018
	科普期刊	0.018
	科普（技）音像制品	0.019
	科普（技）节目播出时间	0.036
	科普网站	0.025
科普活动	举办科普国际交流活动	0.086
	科技活动周举办科普专题活动	0.064
	三类科普竞赛举办次数	0.021
	举办实用技术培训	0.023
	重大科普活动	0.021

资料来源：权重来自北京科普发展指数课题组专家打分结果。

（三）北京科普发展指数的数据计算

为了保证测度结果的客观公正，所有指标口径概念均与国家统计局相关统计制度保持一致。测算数据主要来源于国家和北京市的官方统计机构出版的年度统计报告、统计年鉴，部分数据由北京市科学技术委员会和市政府相关部门提供。北京市科技传播中心、中国社会科学院数量经济与技术经济研究所共同设计北京科普发展指数的计算方法，通过合理的计算和处理，科普发展指数应达到以下目标：

1. 历史可比较性和地区可比较性

指标计算在时间上具备连贯性，可以衡量一个地区在不同时期各类科普资源投入的变化情况，同时，指标能够客观反映不同地区的科普事业发展的差异情况。

2. 未来研究的可持续性

在获得最新年度数据时，往年科普数据不需要重新计算，对计算数据能

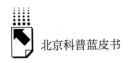

保持连贯性，且对未来算法调整具有一定的兼容性。

3. 简便易操作和指标稳定性

算法简单，便于理解，统计数据中出现少量变化幅度较大的指标时，指数的计算结果不会出现大幅度波动。

为了达到上述目标，北京科普发展指数研究组聘请多位统计学、科普领域专家学者设计计算方法，经过不断尝试、反复调整计算方法，最终采用"设立标杆期、计算标杆期地区均值、所有数据除以标杆期均值"的三步法。即选择一个年份计算该年份的地区间均值，然后在地区间和时间序列上均除以该均值，计算科普发展指数。"北京科普发展指数"是采用对标研究方法，根据历史序列数据进行纵向测度比较，为此，需要确定基准年。结合统计数据的可得性，为保证指数的延续性，根据专家组建议，北京科普发展指数的基准年定为 2008 年。

X 年的北京地区科普专职人员发展指数计算方法，见公式：

$$X年指数_{北京地区专职人员} = \frac{X年实际统计数据_{北京地区专职人员}}{2008年实际统计数据_{全国均值专职人员}} \tag{1}$$

以二级指标"科普专职人员"的发展指数为例，部分原始数据见表4。

表4 省级科普专职人员原始数据（示例）

单位：人

地区＼年份	2008	2009	……	2015
北京	5814	6472	……	7324
河北	5351	5540	……	6771
……	……	……	……	……
新疆	3050	4450	……	5519

资料来源：中华人民共和国科学技术部编《中国科普统计（2016 年版）》，科学技术文献出版社，2016。

31 个省市自治区（港、澳、台除外）的平均科普专职人员数量为 7409.16 人。对表内所有数据除以 2008 年平均科普专职人员数，得到省级科普专职人员发展指数，该指数中，北京 2008 年专职人员发展指数为 0.78，2015 年上升至 0.99（见表 5）。

表5 省级科普专职人员发展指数

地区＼年份	2008	2009	......	2015
北京	0.78	0.87	......	0.99
河北	0.72	0.75	......	0.91
......	......	......	......	......
新疆	0.41	0.60	......	0.74

资料来源：根据《中国科普统计（2016 年版）》和《北京科普统计（2016 年版）》中相关数据计算得出，本部分数据如无特殊说明，均来源于此。

在确定权重后，将通过处理的 23 个指标乘以 n 次权重求和，并做归一化处理，见公式 2：

$$科普发展指数 = \frac{\sum_{i=1}^{23} 指标_i \times 权重_i^n}{\sum_{i=1}^{23} 指标_i^n} \tag{2}$$

通过这种加权方式，n 越大，权重大的变量在指数中就越突出，通过试算，最终认为在 n = 2 的情况下，科普发展指数计算结果较为稳定，符合综合评价目标。

（四）北京科普发展指数计算结果

根据公式（1）分别计算全国和北京市 16 个区的科普发展指数，并按照公式（2）进行指数综合，最终得到北京科普发展指数。2008 年北京科普发展指数是 2.96，到 2015 年增长至 4.55，年均增长率为 6.72%，科普事业呈现快速稳定发展的态势（见表 6）。

表6 2008～2015 年北京科普发展指数

地区＼年份	2008	2009	2010	2011	2012	2013	2014	2015
北京	2.96	3.19	3.57	3.65	4.15	4.01	4.29	4.55

从科普发展指数各分项来看，北京地区科普人员发展指数 2008 年是 0.21，2015 年达到 0.25；科普传媒指数快速上升，2008 年是 0.17，2015 年增长至 0.38；科普活动发展指数从 2008 年的 0.32 增长至 2015 年的 0.43，其他分项指数也呈现逐年增长态势（见表 7）。

表 7　2008～2015 年北京科普分项指数

类别 \ 年份	2008	2009	2010	2011	2012	2013	2014	2015
科普受重视程度	0.04	0.04	0.03	0.03	0.04	0.04	0.03	0.03
科普人员	0.21	0.28	0.31	0.25	0.29	0.34	0.27	0.25
科普经费	2.04	2.10	2.45	2.47	2.82	2.57	2.92	3.10
科普设施	0.19	0.21	0.22	0.27	0.30	0.32	0.44	0.37
科普传媒	0.17	0.20	0.21	0.26	0.29	0.32	0.27	0.38
科普活动	0.32	0.37	0.35	0.37	0.42	0.41	0.37	0.43

从北京各区的发展情况来看，东城区、西城区、朝阳区、海淀区科普体量大，发展速度快，2015 年科普发展指数分别为 2.43、2.58、4.04 和 5.59。这四区成为北京科普事业快速发展的推动引擎（见表 8）。

表 8　2008～2015 年北京科普分项指数

地区 \ 年份	2008	2009	2010	2011	2012	2013	2014	2015
东 城 区	0.88	1.00	2.44	1.22	2.28	1.22	1.27	2.43
西 城 区	7.90	1.61	1.79	2.50	2.73	3.21	3.16	2.58
朝 阳 区	5.53	3.86	3.31	4.56	5.60	4.74	4.92	4.04
丰 台 区	0.74	0.39	0.36	0.75	0.76	1.01	0.80	0.91
石景山区	0.40	0.33	0.57	0.50	0.42	0.69	0.46	0.64
海 淀 区	3.22	7.41	6.72	4.13	4.60	3.48	4.52	5.59
门头沟区	0.25	0.28	0.15	0.20	0.23	0.39	0.34	0.61
房 山 区	0.44	0.17	0.12	0.08	0.44	0.65	0.19	0.43
通 州 区	0.34	0.15	0.57	0.56	0.36	0.30	0.25	0.33
顺 义 区	0.37	0.34	0.24	0.17	0.30	0.32	0.28	0.34
昌 平 区	0.65	1.01	0.80	0.60	0.78	1.08	0.73	0.87
大 兴 区	0.76	0.44	0.52	0.59	0.47	2.01	0.82	0.71
怀 柔 区	0.20	0.07	0.12	0.21	0.14	0.17	1.00	0.40
平 谷 区	0.32	0.16	0.15	0.11	0.20	0.19	0.29	0.46
密 云 区	0.36	0.22	0.16	0.16	0.44	0.39	0.40	0.46
延 庆 区	0.71	0.16	0.15	0.14	0.36	0.42	0.47	0.45

通过观察北京地区科普发展 6 个分项指数，研究发现，2008～2015 年，科普传媒发展指数增幅较大，增幅达 124%；其次是科普设施的建设和经费投入，增幅达 95% 和 52%；北京市科普人才队伍建设不断完善，人才队伍稳定发展，科普人员发展指数从 2008 年的 0.21 升至 2015 年 0.25，总量提升、速度放缓成为这　时期北京科普事业发展的特点（见图 1）。

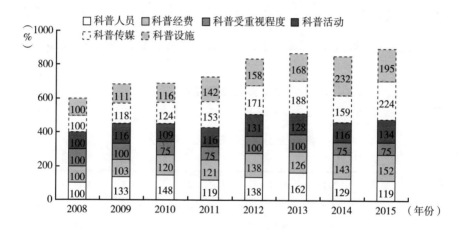

图 1　北京科普发展一级指标变化情况

（五）北京同国内其他地区科普事业发展情况比较

通过测算全国科普发展指数，北京除 2014 年以外，其他时间均在各省份科普发展指数中排名第一。2015 年科普发展指数超过 2.00 的地区有北京、上海、江苏、浙江、广东、山东和湖北 7 个省（市）（见图 2）。

2008～2015 年，湖北省科普经费投入、科普设施建设显著增强，成为唯一一个科普发展指数超过 2.00 的中部省份。这主要是由于湖北省科普专项经费从 2008 年的 4304.7 万元升至 2015 年的 22653 万元，科技馆、科技博物馆青少年科技馆数量从 2008 年的 100 个升至 2015 年的 123 个，见表 9、表 10。

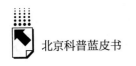
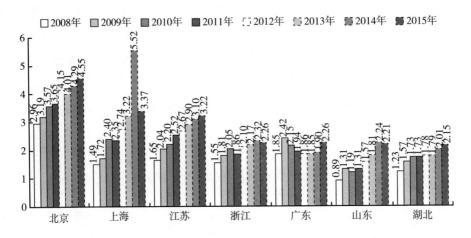

图2　科普发展指数

表9　部分地区科普专项经费投入

单位：万元

地区＼年份	2008	2009	2010	2011	2012	2013	2014	2015
北京	80024.5	54737	71451	69337	84035	84359	99009	119852
天津	3600.4	5241	4690	4519	5792	5943	6640	6975
山东	5849.8	8374	8302	9365	12587	14159	15438	21039
湖北	4304.7	8417	9737	19795	17042	18462	22714	22653

表10　部分地区科技馆、科技博物馆青少年科技馆站合计

单位：个

地区＼年份	2008	2009	2010	2011	2012	2013	2014	2015
北京	71	71	82	91	95	105	112	91
天津	49	63	54	65	63	67	72	66
山东	19	21	21	23	24	26	26	27
湖北	100	118	134	128	147	149	137	123

2015年全国科普发展指数中，科普发展指数超过2.00的大多为东部地区，其中北京地区远高于全国水平，是唯一的科普指数超过4.00的地区，上海和江苏两地科普指数超过3.00，位居全国前列；科普发展指数超过

1.00 且小于 2.00 的多为中部地区和对科普重视程度较高的西部地区,虽然新疆、贵州等经济总量较低,但是科普水平提高较快;科普发展指数小于1.00 的多为经济欠发达省份,需要注意的是西藏自治区、吉林省的科普发展指数较低(见图 3)。

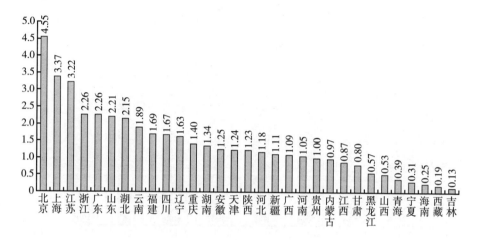

图 3　2015 年各省份科普发展指数

自 2008 年以来,中国科普发展指数从 26.79 上升至 43.80,上升幅度为63.49%,表明全国科普事业向好发展,全国科普水平不断提高(见图 4)。

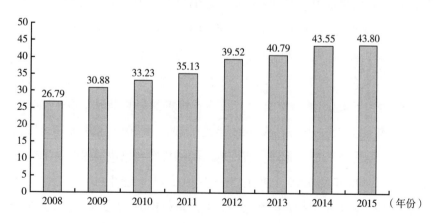

图 4　2008～2015 年全国发展指数

注:由于权重计算方法对指数的调整,2008 年各省份指数之和小于 31。

2008~2015年，中国科普人才发展总体呈现出西部高速增长、东部质量提升的态势，但是部分地区也出现了科普人员发展指数总体下降的情况，这主要是由于科普兼职人员数量下降，专职人员和创作人员提升已成为趋势。如广东科普人员发展指数从0.27下降至0.26，又如典型的西部省份陕西，科普人员发展指数从0.15上升至0.26（见图5）。

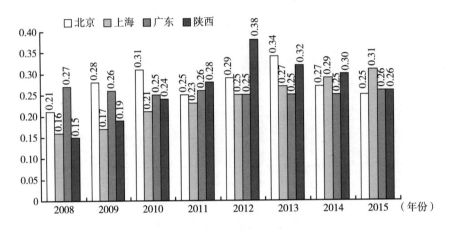

图5　科普人员发展指数

从科普经费发展指数来看，2008~2015年北京科普经费发展指数处于全国前列，并稳步提升。从2008年的2.04升至2015年的3.10，天津市、河北省科普经费发展指数分别从2008年的0.13和0.09上升至0.26和0.34。中国其他科普先进地区也逐步加大了科普经费投入，如上海市科普经费投入从2008年的0.63升至2015年的1.85，在2014年，上海市科普经费发展指数达到了4.06的历史高点。江苏省经费发展指数从2008年的0.53升至2015年的1.45。山东省从2008年的0.19升至2015年的0.74，增长速度和增长体量均处于全国前列。西部地区的科普经费也快速提升，如陕西省科普经费从2008年的0.10上升至2015年的0.43（见图6）。

从科普受重视程度发展指数来看，自2008年以来，北京科普受重视程度发展指数位于0.03~0.04区间，处于全国中上水准（见图7）。

从科普传媒发展指数来看，北京科普传媒发展指数始终保持全国领先，

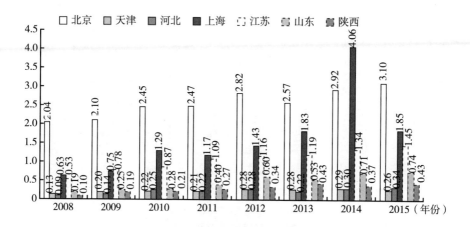

图 6　科普经费发展指数

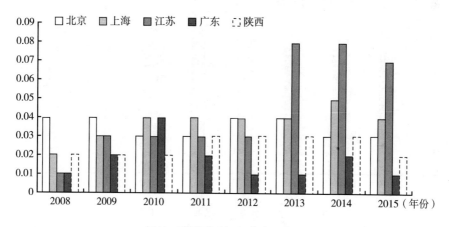

图 7　科普受重视程度发展指数

从 2008 年的 0.17 升至 2015 年的 0.38。上海、浙江、辽宁是 2015 年科普发展指数的第二、三、四位（见图 8、图 9）。

从科普设施发展指数来看，北京科普设施、科普活动发展迅速，科普设施发展指数从 2008 年的 0.19 上升至 2015 年的 0.37，科普活动发展指数从 2008 年 0.32 上升至 2015 年的 0.43（见图 10）。

东部地区科普发展指数从 2008 年 13.69 上升至 2015 年的 23.86，增长幅度达到 74%；中部地区变化幅度较小，从 2008 年的 6.24 上升至 2015 年

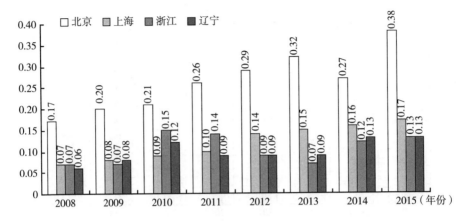

图8　科普传媒发展指数

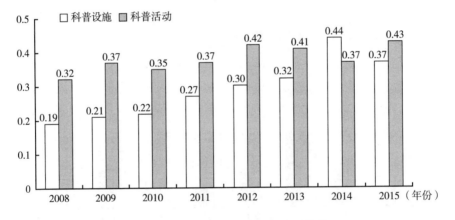

图9　北京科普设施及科普活动发展指数

的7.89，增长幅度约为26%，西部地区从2008年的6.86上升至2015年的12.05，上升幅度最快，约为76%（见图10）。

五　北京科普事业发展政策建议

北京科普工作虽然取得了很大成绩，公民科学素质达标率从2010年的10.0%提高到2015年的17.6%，超额完成"十二五"设定的12%的目标，为把北京建设成为全国科技创新中心奠定了坚实基础。但随着全国科技创新

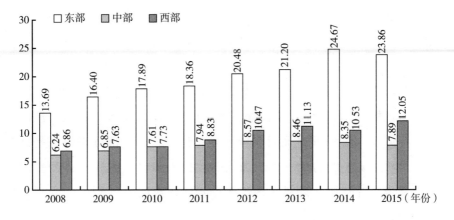

图10 东、中、西部科普发展指数

中心建设的全面推进，北京科普工作中仍然存在重视程度不够、科普教育专业教师缺乏、科普投入不足、科普工作发展不平衡等问题。

一是社会各方对科普工作重视不够，没有形成良好的氛围。北京市各政府机构、学校和社会对科普教育的认识不到位，氛围不浓。科普教育往往是说起来重要，做起来次要，忙起来不要。人们对科学科普的概念模糊，意识不强。

二是科普教育缺乏专业化教师队伍。目前，北京科普基地学科专业人才、高水平的讲解员、设计开发研究人员、市场营销员等人才缺乏，同时还存在志愿者招募困难、人员知识老化等问题。据北京市科学技术委员会对科普基地的调查数据显示，全市有88.5%的科普基地设有专职的科普工作人员，11.5%的科普基地没有专职科普工作人员；在设有专职科普工作人员的科普基地中，专职科普工作人员占职工总数的比例普遍不高，所占比例平均值为22.9%。在调查的科普基地中，90%的科普基地表示有专门的科普策划与研发人员，所占比例均值为12.4%；10%的基地表示目前没有专门的科普策划与研发人员。科普基地人才缺乏的问题，直接制约了科普基地创新能力和科技传播能力的提高。

三是科普工作的投入仍显不足。近年来，虽然北京科普基地的科普投入逐年增加，且达到了一定的规模和水平，但由于企业和社会投入科

普公益事业的渠道不畅，使得科普基地多元科普经费投入机制还没有真正建立起来，科普基地的主要经费来源仍为政府和单位自身投入，而其他来源的经费投入所占比例非常小。如调查的200家科普基地2013年的投入总和为209.9亿元，其中财政投入（财政专项投入和科技财政投入）经费所占比例为21.27%，单位投入所占比例为78.12%，其他来源的经费投入比例仅占0.61%，而且，即便是单位投入，大部分来源也是财政拨款。经费来源渠道的单一化，加之财政投入和单位投入科普经费的有限性，使得科普基地，特别是科普教育基地规模的进一步扩大受到了极大的限制。

四是科普工作发展不均衡。由于当前社会参与科普的相关政策法规和激励机制未健全，全市科普基地建设的发展水平存在较大差异。总体说来，城区科普工作开展较好，远郊区县科普工作相对较差；市级和区县级科普工作开展较好，社区和农村等基层工作相对较差；针对青少年和农民的科普工作开展较好，针对领导干部和城市劳动者的科普工作较差；科普工程建设不平衡，基础设施工程建设相对较好，科普资源开发与共享工程和大众传媒科技传播能力建设工程相对较弱，科普资源共建共享长效机制尚未形成，大众传播体系建设尚不完善，科普原创作品和精品创作缺乏。

针对上述问题，结合当前北京经济社会发展的总体形势，以及建设全国科技创新中心的任务中北京科普发展的各类需求和趋势，对北京科普发展提出以下六点建议。

（一）分类推进公民科学素质提升工作

近年来，北京公民科学素质持续提高，但与发达国家相比还存在较大差距。建议政府牵头组织实施覆盖四大重点人群的科学素质提升工程。通过北京科普指数计算和近期对北京公民科学素质的调研，可以发现北京科普发展指数总体上大幅度提升，公民科学素质持续进步，取得了明显的成绩，需要注意的是近年来北京科普发展指数提高的主要动力来自于各类传媒的推动和场馆等设施的投入。科普活动、科普受重视程度两项指标的进步幅度落后于传媒等较快发展的指标。

建立针对劳动者实际情况的科普政策。加大投入针对中青年劳动者的科普培训，扩大现有的科普活动组织，如实用技能培训、创新创业培训的人次规模，并且提升质量，加强科普活动中对具体科学知识、科学精神与科学方法的宣传讲解。聘请知名社会学者加大针对劳动者组织科普活动的力度。对各类科普传媒资源进行调整，实现科普移动化、微型化。充分扩大科普碎片阅读的影响力等。

首都劳动者的科学素质提升，是科普工作的难点和科普事业的关键点，也是最能够体现科普工作经济社会效益的发力点。首都劳动者同中青年两个群体高度重合，具备该年龄段接受资讯、参与科普活动的行为特点，也有劳动者重视效率，缺乏时间的客观因素。针对这一群体开展科普工作需要开动脑筋，设身处地地进行科普活动设计、组织、实施，编辑能够满足劳动者提升自身技能、综合提升个人素质需求的科普传媒作品，重点加强提升首都劳动者科学精神与科学方法在实际工作中的运用。

（二）完善科普法律和制度建设

时代在发展进步，要发展科普工作，需要有更加完善的政策和法律作为支撑，建议北京进一步完善科普制度建设。一是加强工作协作联动制度建设。充分发挥科普工作联席会议制度和北京市全民科学素质工作领导小组的组织协调作用，统筹部署，集成资源，引导全社会共同推动全市科普事业的发展。二是完善科普政策法规。建立健全适应科普事业和科普产业良性发展的政策法规体系，坚持依法全面履行政府职能，提高行政效能。三是完善科普宣传工作制度。完善常态化宣传机制，构建针对不同人群的立体科技宣传体系，确保科学思想、科技成果、科普活动宣传的覆盖面和影响力。四是修订《科普法》将哲学社会科学、中华优秀传统文化知识普及等内容纳入，构建大科普体系。五是建立监测评估工作机制。建立健全监督检查和考核评估机制，逐步探索将科普工作纳入"十三五"规划考核评估的全过程。

（三）加强科普人才队伍、科普设施建设，提升科普服务水平

北京科普的专业人员数量较为缺乏，使得科普教育工作无法从根本上得到提升，因而培养一支能带动科普教育工作的专业化队伍就显得尤为重要。要通过高校培养、科普基地培训、科普项目资助、组建科普工作室等方式，稳定专职科普人才队伍，逐步建立一支专业化科普管理人才队伍；鼓励和支持科技工作者和大学生志愿者投身科普事业，不断壮大兼职科普人才队伍；建立健全高水平科普人才的培养和使用机制，形成高端科普人才的全社会、跨行业联合培养与共享机制，重点培养一批高水平、具有创新能力的科普场馆专门人才和科普创作与设计、科普研究与开发、科普传媒、科普产业经营、科普活动策划与组织等方面的高端科普人才。

（四）推进科普发展区域协同与国际交流

面向社会开展科普资源共建共享建设试点，积极推动不同权属科普资源的集成共享，促进科普一体化和发展协同化，具体如下。一是推动全社会参与科普。充分调动各部门、各区以及公众参与科普的积极性，形成联动开展科普工作的良好机制，搭建互惠互利、共创共赢的科普工作网络，实现科普资源开发共享。二是加强区域科普协同发展。积极推动成立京津冀、北上广、京港澳台等区域性科普联盟，建立常态化的区域科普合作交流机制。三是大力开展国际科普交流与合作。重点加强与"一带一路"沿线国家和地区的交流与合作，拓展科普的渠道和领域。推动北京地区高层次科技人员加入有代表性和影响力的国际科技组织。

（五）加强科普科研深度结合，以科普促进科技创新全面繁荣

科学普及是科技工作的重要内容，科普是科技成果转为经济发展推动力的桥梁。重科研、轻科普的情况在科技界普遍存在，科普受重视程度不足，对提高公众对科学研究的理解与宽容，增强科学研究成果向经济动能转变有负面影响。尽快加强科普科研深度结合，才能够更好地符合首都科技创新中

心的定位。

加强科普科研深度结合，首先需要在科技人才参与科普工作方面建立畅通的渠道。应当从制度上鼓励科技人才在研究工作之余，直接或间接地参与科普活动，既可以直接参与科普作品编写、科普活动设计与讲解、科普文案编写等工作，也可以通过在开放平台解答媒体或公众关于科学的具体知识，或者积极参与科普场馆建设、科普主题设计等活动间接性地参与科普工作。

从资金上加强科研科普资金相互配套保障。在科研项目经费中配套相应的科学普及资金，专门用于组织科研成果相关科学知识和研究方法的传播推介，及时向公众解答科研项目的研究目的、研究意义、研究方法。以科研工作的立项、结题作为科学普及的契机，增强科学技术在全社会的传播力度。

建立社会重大科技进步的专家解答制度，通过科研工作的新闻发布会和科普相关媒体及时转载、转发，进一步营造社会尊重科学、理解科学的氛围。建立完善的国家重大科研项目社会传播体系。对重大课题如"863"项目等建立通俗化翻译渠道。为科技前沿领域建立科普"二传手"的人才、制度、资金、传播平台的保障。

通过科学普及工作带动社会创新繁荣。科学研究和技术突破往往是针对单点的突破。而革命性的整体创新繁荣是一个或者多个领域的整体性突破。科学普及工作承担着对科技创新由点连线，整体突破，实现创新变革的重大社会功能。科学普及工作是激发社会具备创新精神和创业能力的企业家，促进科研成果发挥社会经济效益的催化剂。在北京市开展科学普及的具体实践中，北京市科学技术委员会建设了大量双创孵化基地、创新创业平台，组织开展了多种创新创业培训和实用技能培训、创新创业项目路演等活动，带动了北京市创新创业氛围，激发了社会活力。需要认识到，目前在创新创业领域中，具备划时代意义的科技变革力量仍然在孕育之中，通过持之以恒的科学普及工作，为走出实验室的科研成果迅速寻找市场价值，是抓住下一个技术浪潮并实现经济飞跃的关键。

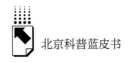

（六）加强哲学社会科学普及，传承中华优秀传统文化

中宣部、科技部联合颁布的《公民科学素质基准》，明确规定了要把哲学社会科学、中华优秀传统文化普及纳入公民科学素质提升的基准点。"十三五"期间，北京市要规划设计制定哲学社会科学、中华优秀传统文化普及方案，重点在青少年、农民、城镇劳动者、领导干部和公务员等四大人群中开展宣传普及工作。

六　主要贡献及创新

第一，归纳总结北京"十二五"时期科普工作。通过数据梳理，全面、客观地评价了北京"十二五"时期科普工作取得的成绩，重点阐述了"十二五"时期北京科普工作中的亮点。

第二，明确提出北京"十三五"时期科普任务。根据建设全国科技创新中心的战略部署，紧紧围绕提升北京科普能力建设为宗旨，围绕"十三五"时期北京科普工作的八大重点工程，并指明了加强北京科普能力建设的新任务。

第三，创新性地提出并测算北京科普发展指数。限于目前鲜有机构或学者测算北京科普发展指数，本报告基于北京市科普发展现状及未来发展需求，创造性地构建了北京科普发展指数，并采用"设立标杆期、计算标杆期地区均值、所有数据除以标杆期均值"的三步法，测算了2008～2015年北京市科普发展指数，为后续北京科普理论研究和实践活动奠定了基础。

参考文献

[1] 李群、陈雄、马宗文：《公民科学素质蓝皮书——中国公民科学素质报告（2015～2016）》，社会科学文献出版社，2016。

［2］佟贺丰、刘润生、张泽玉：《地区科普力度评价指标体系构建与分析》，《中国软科学》2008 年第 12 期。

［3］李婷：《地区科普能力指标体系的构建及评价研究》，《中国科技论坛》2011 年第 7 期。

［4］张艳、石顺科：《基于因子和聚类分析的全国科普示范县（市、区）科普综合实力评价研究》，《科普研究》2012 年第 38 期。

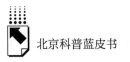

附件1 省级科普发展指数（2008～2015）

（一）中国整体科普发展指数

2008 年	2009 年	2010 年	2011 年	2012 年	2013 年	2014 年	2015 年
26.79	30.88	33.23	35.13	39.52	40.79	43.55	43.80

（二）中国31个省（市、自治区）科普发展指数

	2008 年	2009 年	2010 年	2011 年	2012 年	2013 年	2014 年	2015 年
北 京	2.96	3.19	3.57	3.65	4.15	4.01	4.29	4.55
天 津	0.50	0.74	0.77	0.93	1.18	1.13	0.99	1.24
河 北	0.78	0.75	0.96	0.96	1.07	0.98	1.10	1.18
山 西	0.47	0.40	0.61	0.74	0.74	0.73	0.68	0.53
内蒙古	0.35	0.51	0.60	0.76	0.82	0.86	0.77	0.97
辽 宁	0.96	1.26	1.37	1.40	1.51	1.59	1.56	1.63
吉 林	0.46	0.34	0.44	0.47	0.63	0.63	0.24	0.13
黑龙江	0.47	0.55	0.56	0.57	0.54	0.60	0.56	0.57
上 海	1.49	1.72	2.40	2.35	2.74	3.22	5.52	3.37
江 苏	1.65	2.04	2.20	2.52	2.67	2.90	3.10	3.22
浙 江	1.55	1.81	2.05	1.86	2.10	2.17	2.32	2.26
安 徽	0.82	1.02	1.20	1.22	1.10	1.30	1.35	1.25
福 建	0.89	0.86	0.92	1.11	1.30	1.22	1.40	1.69
江 西	0.63	0.66	0.79	0.77	0.75	0.75	0.83	0.87
山 东	0.89	1.31	1.19	1.31	1.57	1.81	2.24	2.21
河 南	1.15	1.20	1.28	1.33	1.60	1.22	1.34	1.05
湖 北	1.23	1.57	1.73	1.73	1.78	1.79	2.01	2.15
湖 南	1.01	1.11	1.00	1.11	1.43	1.44	1.34	1.34
广 东	1.85	2.42	2.15	1.94	1.86	1.85	1.90	2.26
广 西	0.90	0.89	0.83	0.81	1.10	1.05	0.89	1.09
海 南	0.17	0.30	0.31	0.33	0.33	0.32	0.25	0.25
重 庆	0.46	0.62	0.69	0.74	0.75	1.05	1.07	1.40
四 川	1.20	1.40	1.25	1.43	1.96	1.74	1.86	1.67
贵 州	0.60	0.55	0.55	0.66	0.83	0.91	0.81	1.00
云 南	1.25	1.16	1.08	1.33	1.44	1.61	1.59	1.89
西 藏	0.01	0.05	0.04	0.07	0.05	0.10	0.09	0.19
陕 西	0.71	0.81	0.93	1.05	1.25	1.38	1.22	1.23
甘 肃	0.48	0.51	0.38	0.52	0.63	0.68	0.69	0.8
青 海	0.15	0.16	0.40	0.28	0.37	0.27	0.27	0.39
宁 夏	0.20	0.25	0.23	0.27	0.30	0.34	0.27	0.31
新 疆	0.55	0.72	0.75	0.91	0.97	1.14	1.00	1.11

（三）中国31个省（市、自治区）科普人员发展指数

	2008 年	2009 年	2010 年	2011 年	2012 年	2013 年	2014 年	2015 年
北　京	0.21	0.28	0.31	0.25	0.29	0.34	0.27	0.25
天　津	0.08	0.11	0.13	0.11	0.13	0.12	0.12	0.32
河　北	0.13	0.14	0.14	0.15	0.17	0.17	0.19	0.24
山　西	0.13	0.11	0.17	0.21	0.21	0.18	0.16	0.14
内蒙古	0.09	0.11	0.15	0.21	0.17	0.18	0.21	0.17
辽　宁	0.17	0.20	0.23	0.25	0.28	0.28	0.20	0.22
吉　林	0.10	0.10	0.12	0.12	0.17	0.17	0.04	0.00
黑龙江	0.09	0.10	0.10	0.10	0.09	0.10	0.09	0.08
上　海	0.16	0.17	0.21	0.23	0.25	0.27	0.29	0.31
江　苏	0.26	0.29	0.36	0.37	0.40	0.43	0.56	0.68
浙　江	0.23	0.25	0.25	0.24	0.27	0.29	0.23	0.23
安　徽	0.20	0.20	0.22	0.28	0.21	0.23	0.30	0.28
福　建	0.17	0.17	0.16	0.16	0.20	0.14	0.17	0.21
江　西	0.15	0.16	0.16	0.15	0.15	0.13	0.14	0.17
山　东	0.19	0.24	0.24	0.20	0.24	0.38	0.46	0.40
河　南	0.33	0.33	0.31	0.35	0.37	0.32	0.34	0.30
湖　北	0.26	0.33	0.34	0.32	0.31	0.31	0.33	0.31
湖　南	0.33	0.32	0.22	0.27	0.32	0.35	0.30	0.29
广　东	0.27	0.26	0.25	0.26	0.25	0.25	0.25	0.26
广　西	0.15	0.14	0.13	0.13	0.15	0.13	0.12	0.14
海　南	0.03	0.05	0.04	0.04	0.04	0.03	0.02	0.02
重　庆	0.11	0.08	0.09	0.09	0.10	0.10	0.10	0.15
四　川	0.28	0.30	0.26	0.28	0.35	0.34	0.33	0.31
贵　州	0.14	0.10	0.08	0.09	0.12	0.09	0.10	0.12
云　南	0.21	0.22	0.21	0.24	0.24	0.28	0.23	0.26
西　藏	0.00	0.00	0.00	0.02	0.01	0.01	0.01	0.02
陕　西	0.15	0.19	0.24	0.28	0.38	0.32	0.30	0.26
甘　肃	0.10	0.11	0.05	0.10	0.13	0.14	0.13	0.16
青　海	0.03	0.03	0.02	0.03	0.05	0.04	0.04	0.04
宁　夏	0.02	0.03	0.03	0.03	0.04	0.06	0.04	0.03
新　疆	0.07	0.11	0.11	0.13	0.13	0.14	0.12	0.10

（四）中国31个省（市、自治区）科普经费发展指数

	2008 年	2009 年	2010 年	2011 年	2012 年	2013 年	2014 年	2015 年
北　京	2.04	2.10	2.45	2.47	2.82	2.57	2.92	3.10
天　津	0.13	0.20	0.22	0.21	0.28	0.28	0.29	0.26
河　北	0.09	0.14	0.25	0.22	0.28	0.22	0.30	0.34
山　西	0.14	0.14	0.17	0.21	0.21	0.19	0.22	0.13
内蒙古	0.05	0.10	0.18	0.22	0.28	0.34	0.20	0.38
辽　宁	0.22	0.46	0.40	0.40	0.43	0.46	0.48	0.56
吉　林	0.06	0.07	0.11	0.10	0.14	0.14	0.05	0.06
黑龙江	0.05	0.08	0.09	0.12	0.11	0.16	0.13	0.11
上　海	0.63	0.75	1.29	1.17	1.43	1.83	4.06	1.85
江　苏	0.53	0.78	0.87	1.09	1.16	1.19	1.34	1.45
浙　江	0.60	0.83	0.98	0.87	1.01	1.05	1.25	1.13
安　徽	0.18	0.28	0.40	0.41	0.39	0.46	0.47	0.44
福　建	0.31	0.25	0.31	0.44	0.54	0.57	0.73	0.73
江　西	0.13	0.16	0.21	0.26	0.25	0.25	0.31	0.34
山　东	0.19	0.25	0.28	0.40	0.60	0.53	0.71	0.74
河　南	0.20	0.22	0.31	0.34	0.43	0.30	0.40	0.32
湖　北	0.33	0.47	0.55	0.59	0.58	0.57	0.76	0.95
湖　南	0.25	0.37	0.30	0.37	0.48	0.45	0.48	0.49
广　东	0.65	1.23	1.04	0.88	0.86	0.88	0.98	1.28
广　西	0.18	0.28	0.25	0.27	0.53	0.58	0.39	0.51
海　南	0.04	0.10	0.09	0.09	0.09	0.11	0.09	0.12
重　庆	0.15	0.24	0.29	0.36	0.36	0.52	0.52	0.79
四　川	0.24	0.37	0.34	0.42	0.57	0.60	0.72	0.64
贵　州	0.15	0.18	0.20	0.35	0.44	0.58	0.43	0.56
云　南	0.32	0.32	0.35	0.53	0.62	0.70	0.77	1.01
西　藏	0.00	0.03	0.02	0.01	0.01	0.04	0.03	0.10
陕　西	0.10	0.19	0.21	0.27	0.34	0.43	0.37	0.43
甘　肃	0.05	0.06	0.04	0.05	0.11	0.13	0.18	0.21
青　海	0.02	0.03	0.23	0.07	0.13	0.09	0.08	0.20
宁　夏	0.05	0.07	0.06	0.10	0.09	0.09	0.07	0.08
新　疆	0.13	0.17	0.18	0.24	0.33	0.44	0.35	0.36

（五）中国31个省（市、自治区）科普重视程度发展指数

	2008 年	2009 年	2010 年	2011 年	2012 年	2013 年	2014 年	2015 年
北　京	0.04	0.04	0.03	0.03	0.04	0.04	0.03	0.03
天　津	0.03	0.09	0.10	0.09	0.09	0.09	0.04	0.04
河　北	0.01	0.01	0.01	0.01	0.01	0.01	0.01	0.01
山　西	0.02	0.01	0.02	0.03	0.02	0.02	0.02	0.01
内蒙古	0.01	0.02	0.03	0.04	0.03	0.03	0.03	0.02
辽　宁	0.02	0.02	0.02	0.02	0.02	0.02	0.02	0.02
吉　林	0.01	0.02	0.02	0.02	0.03	0.03	0.01	0.01
黑龙江	0.01	0.02	0.01	0.01	0.01	0.01	0.05	0.01
上　海	0.02	0.03	0.04	0.04	0.04	0.04	0.05	0.04
江　苏	0.01	0.03	0.03	0.03	0.03	0.08	0.08	0.07
浙　江	0.03	0.03	0.03	0.03	0.03	0.03	0.02	0.02
安　徽	0.01	0.02	0.02	0.05	0.03	0.02	0.02	0.01
福　建	0.03	0.03	0.03	0.03	0.04	0.03	0.02	0.03
江　西	0.02	0.02	0.02	0.02	0.01	0.01	0.01	0.01
山　东	0.01	0.02	0.01	0.01	0.01	0.02	0.02	0.02
河　南	0.01	0.02	0.02	0.02	0.02	0.01	0.01	0.02
湖　北	0.02	0.03	0.03	0.03	0.03	0.02	0.02	0.02
湖　南	0.02	0.03	0.03	0.04	0.04	0.03	0.03	0.02
广　东	0.01	0.02	0.04	0.02	0.01	0.01	0.02	0.01
广　西	0.02	0.02	0.02	0.02	0.02	0.02	0.01	0.01
海　南	0.02	0.03	0.02	0.02	0.02	0.01	0.01	0.02
重　庆	0.02	0.02	0.02	0.02	0.02	0.08	0.08	0.03
四　川	0.02	0.02	0.02	0.02	0.03	0.02	0.02	0.02
贵　州	0.02	0.03	0.03	0.03	0.03	0.02	0.02	0.03
云　南	0.03	0.03	0.04	0.03	0.03	0.04	0.04	0.04
西　藏	0	0.01	0.01	0.02	0	0.01	0.01	0.02
陕　西	0.02	0.02	0.02	0.03	0.03	0.03	0.03	0.02
甘　肃	0.01	0.02	0.01	0.03	0.02	0.03	0.03	0.02
青　海	0.02	0.02	0.04	0.03	0.06	0.02	0.02	0.02
宁　夏	0.02	0.04	0.02	0.03	0.04	0.04	0.03	0.04
新　疆	0.02	0.02	0.02	0.02	0.02	0.02	0.02	0.01

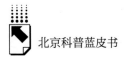

（六）中国31个省（市、自治区）科普传媒发展指数

	2008 年	2009 年	2010 年	2011 年	2012 年	2013 年	2014 年	2015 年
北　京	0.17	0.20	0.21	0.26	0.29	0.32	0.27	0.38
天　津	0.03	0.04	0.05	0.04	0.04	0.06	0.07	0.06
河　北	0.07	0.06	0.06	0.08	0.09	0.08	0.09	0.09
山　西	0.04	0.03	0.03	0.05	0.05	0.07	0.04	0.05
内蒙古	0.02	0.04	0.04	0.04	0.08	0.04	0.05	0.10
辽　宁	0.06	0.08	0.12	0.09	0.09	0.09	0.13	0.13
吉　林	0.05	0.02	0.04	0.03	0.03	0.03	0.02	0.01
黑龙江	0.03	0.04	0.03	0.03	0.03	0.02	0.02	0.05
上　海	0.07	0.08	0.09	0.10	0.14	0.15	0.16	0.17
江　苏	0.10	0.12	0.12	0.09	0.08	0.09	0.08	0.12
浙　江	0.07	0.07	0.15	0.14	0.09	0.07	0.12	0.13
安　徽	0.05	0.07	0.06	0.04	0.05	0.08	0.07	0.05
福　建	0.04	0.05	0.06	0.05	0.05	0.04	0.02	0.09
江　西	0.04	0.04	0.05	0.04	0.05	0.08	0.07	0.08
山　东	0.07	0.09	0.06	0.06	0.07	0.09	0.12	0.11
河　南	0.10	0.09	0.09	0.07	0.07	0.07	0.05	0.05
湖　北	0.10	0.10	0.07	0.09	0.09	0.10	0.11	0.12
湖　南	0.07	0.07	0.10	0.06	0.08	0.08	0.04	0.03
广　东	0.09	0.08	0.07	0.08	0.08	0.08	0.07	0.11
广　西	0.06	0.06	0.05	0.05	0.06	0.05	0.03	0.05
海　南	0.01	0.02	0.02	0.03	0.03	0.01	0.01	0.02
重　庆	0.03	0.07	0.07	0.03	0.04	0.05	0.04	0.06
四　川	0.07	0.10	0.09	0.07	0.22	0.07	0.07	0.11
贵　州	0.06	0.03	0.04	0.02	0.03	0.03	0.03	0.03
云　南	0.07	0.06	0.05	0.04	0.07	0.08	0.06	0.09
西　藏	0.00	0.00	0.01	0.01	0.01	0.01	0.01	0.02
陕　西	0.05	0.05	0.06	0.06	0.06	0.06	0.07	0.08
甘　肃	0.04	0.05	0.04	0.05	0.05	0.05	0.05	0.06
青　海	0.01	0.01	0.02	0.02	0.02	0.02	0.01	0.03
宁　夏	0.02	0.01	0.01	0.01	0.01	0.01	0.01	0.02
新　疆	0.04	0.08	0.09	0.07	0.05	0.08	0.06	0.12

（七）中国31个省（市、自治区）科普活动发展指数

	2008 年	2009 年	2010 年	2011 年	2012 年	2013 年	2014 年	2015 年
北　京	0.32	0.37	0.35	0.37	0.42	0.41	0.37	0.43
天　津	0.16	0.24	0.21	0.41	0.56	0.50	0.40	0.49
河　北	0.32	0.24	0.31	0.29	0.30	0.29	0.30	0.30
山　西	0.10	0.07	0.13	0.14	0.14	0.14	0.13	0.11
内蒙古	0.12	0.16	0.13	0.15	0.13	0.15	0.14	0.14
辽　宁	0.30	0.28	0.35	0.36	0.37	0.38	0.36	0.34
吉　林	0.17	0.07	0.07	0.10	0.15	0.15	0.05	0.00
黑龙江	0.18	0.18	0.18	0.18	0.17	0.17	0.14	0.15
上　海	0.29	0.34	0.40	0.41	0.47	0.47	0.49	0.51
江　苏	0.52	0.54	0.54	0.65	0.70	0.75	0.64	0.58
浙　江	0.45	0.39	0.41	0.35	0.41	0.39	0.37	0.39
安　徽	0.25	0.27	0.30	0.22	0.22	0.25	0.24	0.23
福　建	0.23	0.25	0.21	0.26	0.26	0.22	0.24	0.28
江　西	0.22	0.16	0.23	0.18	0.17	0.18	0.17	0.16
山　东	0.21	0.29	0.16	0.20	0.20	0.30	0.40	0.47
河　南	0.38	0.37	0.37	0.36	0.40	0.41	0.34	0.21
湖　北	0.24	0.33	0.35	0.34	0.37	0.41	0.38	0.34
湖　南	0.24	0.21	0.22	0.22	0.28	0.30	0.26	0.25
广　东	0.39	0.40	0.32	0.31	0.29	0.24	0.21	0.20
广　西	0.40	0.29	0.28	0.24	0.22	0.18	0.21	0.26
海　南	0.05	0.07	0.07	0.07	0.07	0.06	0.04	0.04
重　庆	0.10	0.11	0.14	0.14	0.15	0.21	0.21	0.20
四　川	0.41	0.39	0.34	0.43	0.50	0.49	0.49	0.38
贵　州	0.17	0.15	0.14	0.12	0.16	0.13	0.17	0.20
云　南	0.53	0.40	0.32	0.35	0.35	0.36	0.34	0.32
西　藏	0.00	0.00	0.00	0.01	0.01	0.02	0.01	0.01
陕　西	0.30	0.24	0.28	0.29	0.30	0.38	0.31	0.25
甘　肃	0.21	0.20	0.13	0.20	0.23	0.24	0.23	0.26
青　海	0.06	0.05	0.04	0.07	0.06	0.05	0.06	0.06
宁　夏	0.05	0.06	0.06	0.05	0.05	0.06	0.07	0.07
新　疆	0.24	0.26	0.27	0.33	0.29	0.31	0.30	0.33

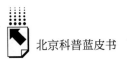

（八）中国31个省（市、自治区）科普场馆发展指数

	2008 年	2009 年	2010 年	2011 年	2012 年	2013 年	2014 年	2015 年
北 京	0.19	0.21	0.22	0.27	0.30	0.32	0.44	0.37
天 津	0.07	0.06	0.06	0.07	0.08	0.08	0.09	0.09
河 北	0.16	0.16	0.19	0.21	0.21	0.21	0.21	0.21
山 西	0.05	0.05	0.09	0.11	0.11	0.12	0.12	0.09
内蒙古	0.04	0.08	0.08	0.10	0.13	0.13	0.15	0.16
辽 宁	0.20	0.23	0.25	0.28	0.31	0.36	0.37	0.36
吉 林	0.06	0.06	0.08	0.09	0.11	0.11	0.07	0.05
黑龙江	0.10	0.13	0.14	0.13	0.13	0.14	0.13	0.17
上 海	0.32	0.34	0.38	0.40	0.41	0.46	0.47	0.49
江 苏	0.23	0.29	0.28	0.29	0.31	0.36	0.40	0.32
浙 江	0.17	0.23	0.24	0.24	0.30	0.34	0.32	0.37
安 徽	0.12	0.19	0.20	0.22	0.21	0.26	0.26	0.24
福 建	0.11	0.13	0.14	0.17	0.22	0.22	0.22	0.36
江 西	0.08	0.11	0.11	0.12	0.12	0.10	0.12	0.10
山 东	0.22	0.42	0.44	0.43	0.46	0.49	0.52	0.48
河 南	0.12	0.17	0.17	0.19	0.32	0.12	0.19	0.15
湖 北	0.27	0.31	0.38	0.37	0.39	0.38	0.40	0.40
湖 南	0.10	0.12	0.13	0.16	0.23	0.23	0.24	0.24
广 东	0.43	0.44	0.44	0.39	0.37	0.39	0.37	0.40
广 西	0.09	0.09	0.10	0.11	0.14	0.11	0.13	0.11
海 南	0.01	0.03	0.07	0.08	0.08	0.09	0.08	0.03
重 庆	0.05	0.09	0.09	0.09	0.09	0.09	0.12	0.17
四 川	0.17	0.22	0.19	0.21	0.30	0.21	0.23	0.21
贵 州	0.06	0.07	0.06	0.06	0.06	0.06	0.06	0.06
云 南	0.10	0.13	0.13	0.15	0.13	0.14	0.14	0.18
西 藏	0.00	0.00	0.00	0.01	0.01	0.01	0.01	0.02
陕 西	0.08	0.12	0.13	0.12	0.14	0.15	0.15	0.19
甘 肃	0.06	0.08	0.10	0.10	0.09	0.09	0.07	0.09
青 海	0.02	0.03	0.05	0.06	0.05	0.06	0.05	0.05
宁 夏	0.05	0.04	0.05	0.06	0.06	0.07	0.05	0.07
新 疆	0.06	0.08	0.09	0.12	0.14	0.15	0.16	0.20

（九）热点地区科普发展指数

按照京津冀（北京、天津、河北）、长三角（上海、江苏、浙江）、泛珠三角（福建、江西、湖南、广东、广西、海南、四川、贵州、云南，不含港、澳）划分：

区域总体科普发展指数								
	2008 年	2009 年	2010 年	2011 年	2012 年	2013 年	2014 年	2015 年
京津冀	4.24	4.68	5.30	5.54	6.40	6.12	6.38	6.97
长三角	4.69	5.57	6.65	6.73	7.51	8.29	10.94	8.85
泛珠三角	8.50	9.35	8.88	9.49	11.00	10.89	10.87	12.06

区域内各省份平均发展指数								
	2008 年	2009 年	2010 年	2011 年	2012 年	2013 年	2014 年	2015 年
京津冀	1.41	1.56	1.77	1.85	2.13	2.04	2.13	2.32
长三角	1.56	1.86	2.22	2.24	2.50	2.76	3.65	2.95
泛珠三角	0.94	1.04	0.99	1.05	1.22	1.21	1.21	1.34

按照东、中、西地带划分：

东部：北京、天津、河北、辽宁、上海、江苏、浙江、福建、山东、广东、广西、海南；

中部：山西、内蒙古、吉林、黑龙江、安徽、江西、河南、湖北、湖南；

西部：重庆、四川、贵州、云南、西藏、陕西、甘肃、宁夏、青海、新疆；

区域总体科普发展指数								
	2008 年	2009 年	2010 年	2011 年	2012 年	2013 年	2014 年	2015 年
东部	13.69	16.40	17.89	18.36	20.48	21.20	24.67	23.86
中部	6.24	6.85	7.61	7.94	8.57	8.46	8.35	7.89
西部	6.86	7.63	7.73	8.83	10.47	11.13	10.53	12.05

区域内各省份平均发展指数								
	2008 年	2009 年	2010 年	2011 年	2012 年	2013 年	2014 年	2015 年
东部	1.24	1.49	1.63	1.67	1.86	1.93	2.24	2.17
中部	0.78	0.86	0.95	0.99	1.07	1.06	1.04	0.99
西部	0.57	0.64	0.64	0.74	0.87	0.93	0.88	1.00

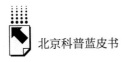

附件2 北京各区科普发展指数

（一）北京各区科普发展指数

	2008 年	2009 年	2010 年	2011 年	2012 年	2013 年	2014 年	2015 年
东 城 区	0.88	1.00	2.44	1.22	2.28	1.22	1.27	2.43
西 城 区	7.90	1.61	1.79	2.50	2.73	3.21	3.16	2.58
朝 阳 区	5.53	3.86	3.31	4.56	5.60	4.74	4.92	4.04
丰 台 区	0.74	0.39	0.36	0.75	0.76	1.01	0.80	0.91
石景山区	0.40	0.33	0.57	0.50	0.42	0.69	0.46	0.64
海 淀 区	3.22	7.41	6.72	4.13	4.60	3.48	4.52	5.59
门头沟区	0.25	0.28	0.15	0.20	0.23	0.39	0.34	0.61
房 山 区	0.44	0.17	0.12	0.08	0.44	0.65	0.19	0.43
通 州 区	0.34	0.15	0.57	0.56	0.36	0.30	0.25	0.33
顺 义 区	0.37	0.34	0.24	0.17	0.30	0.32	0.28	0.34
昌 平 区	0.65	1.01	0.80	0.60	0.78	1.08	0.73	0.87
大 兴 区	0.76	0.44	0.52	0.59	0.47	2.01	0.82	0.71
怀 柔 区	0.20	0.07	0.12	0.21	0.14	0.17	1.00	0.40
平 谷 区	0.32	0.16	0.15	0.11	0.20	0.19	0.29	0.46
密 云 区	0.36	0.22	0.16	0.16	0.44	0.39	0.40	0.46
延 庆 区	0.71	0.16	0.15	0.14	0.36	0.42	0.47	0.45

（二）北京各区科普人员发展指数

	2008 年	2009 年	2010 年	2011 年	2012 年	2013 年	2014 年	2015 年
东 城 区	0.23	0.30	0.50	0.40	0.41	0.40	0.44	0.33
西 城 区	0.55	0.39	0.36	0.39	0.44	0.96	0.50	0.43
朝 阳 区	0.78	0.87	0.93	1.08	1.04	1.23	0.95	0.63
丰 台 区	0.07	0.09	0.07	0.16	0.15	0.18	0.18	0.18
石景山区	0.06	0.05	0.06	0.14	0.11	0.08	0.09	0.03
海 淀 区	0.82	1.62	1.94	0.96	1.30	0.90	0.77	1.29

	2008 年	2009 年	2010 年	2011 年	2012 年	2013 年	2014 年	2015 年
门头沟区	0.04	0.04	0.03	0.04	0.03	0.06	0.05	0.07
房 山 区	0.11	0.08	0.04	0.03	0.17	0.26	0.09	0.08
通 州 区	0.03	0.02	0.03	0.04	0.08	0.07	0.04	0.08
顺 义 区	0.04	0.08	0.08	0.05	0.05	0.09	0.05	0.07
昌 平 区	0.07	0.18	0.11	0.08	0.08	0.26	0.19	0.21
大 兴 区	0.19	0.16	0.14	0.12	0.16	0.21	0.27	0.27
怀 柔 区	0.03	0.02	0.03	0.02	0.03	0.03	0.12	0.10
平 谷 区	0.05	0.04	0.04	0.04	0.06	0.05	0.12	0.16
密 云 区	0.04	0.07	0.09	0.04	0.06	0.06	0.06	0.08
延 庆 区	0.08	0.07	0.07	0.07	0.06	0.10	0.12	0.09

（三）北京各区科普经费发展指数

由于数值较小，在原有计算数据基础上乘以 10 以便于观察。

	2008 年	2009 年	2010 年	2011 年	2012 年	2013 年	2014 年	2015 年
东 城 区	0.93	0.09	0.54	0.26	0.51	0.38	0.55	0.65
西 城 区	20.44	0.56	0.84	0.98	0.94	0.69	0.83	0.34
朝 阳 区	8.26	0.98	0.72	1.33	1.42	2.12	1.96	2.99
丰 台 区	0.56	0.03	0.26	0.73	0.73	0.36	0.40	0.63
石景山区	0.15	0.04	0.02	0.02	0.02	0.04	0.04	0.25
海 淀 区	6.83	1.85	1.82	1.02	1.25	1.25	1.51	0.38
门头沟区	0.14	0.06	0.02	0.03	0.03	0.04	0.04	0.10
房 山 区	0.25	0.03	0.03	0.01	0.05	0.08	0.05	0.07
通 州 区	0.18	0.01	0.01	0.03	0.05	0.10	0.10	0.08
顺 义 区	0.27	0.02	0.03	0.02	0.02	0.07	0.03	0.03
昌 平 区	0.63	0.53	0.55	0.53	0.54	0.06	0.06	0.27
大 兴 区	0.44	0.05	0.05	0.05	0.09	0.09	0.14	0.06
怀 柔 区	0.14	0.03	0.03	0.03	0.04	0.03	0.04	0.09
平 谷 区	0.27	0.03	0.05	0.02	0.04	0.07	0.02	0.03
密 云 区	0.33	0.06	0.03	0.03	0.04	0.03	0.03	0.10
延 庆 区	0.46	0.04	0.04	0.04	0.04	0.13	0.11	0.08

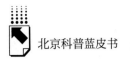

（四）北京科普重视程度发展指数

	2008 年	2009 年	2010 年	2011 年	2012 年	2013 年	2014 年	2015 年
东 城 区	0.26	0.04	0.15	0.07	0.12	0.10	0.10	0.09
西 城 区	3.34	0.12	0.13	0.13	0.09	0.09	0.09	0.03
朝 阳 区	3.08	0.25	0.08	0.10	0.12	0.13	0.10	0.10
丰 台 区	0.28	0.02	0.06	0.13	0.09	0.04	0.04	0.04
石景山区	0.15	0.06	0.03	0.03	0.04	0.04	0.03	0.04
海 淀 区	1.17	0.31	0.19	0.11	0.12	0.07	0.09	0.04
门头沟区	0.10	0.07	0.02	0.02	0.02	0.02	0.02	0.03
房 山 区	0.15	0.02	0.01	0.01	0.02	0.03	0.01	0.02
通 州 区	0.14	0.02	0.01	0.01	0.02	0.02	0.01	0.01
顺 义 区	0.16	0.03	0.03	0.01	0.01	0.03	0.03	0.03
昌 平 区	0.45	0.38	0.17	0.15	0.14	0.02	0.02	0.04
大 兴 区	0.30	0.05	0.03	0.03	0.03	0.03	0.03	0.03
怀 柔 区	0.13	0.03	0.03	0.03	0.04	0.03	0.04	0.04
平 谷 区	0.22	0.03	0.03	0.02	0.03	0.02	0.01	0.02
密 云 区	0.26	0.05	0.02	0.02	0.03	0.03	0.03	0.04
延 庆 区	0.53	0.05	0.04	0.04	0.04	0.05	0.08	0.05

（五）北京各区科普传媒发展指数

	2008 年	2009 年	2010 年	2011 年	2012 年	2013 年	2014 年	2015 年
东 城 区	0.02	0.02	0.05	0.06	0.20	0.05	0.06	0.23
西 城 区	0.16	0.08	0.05	0.16	0.16	0.31	0.21	0.23
朝 阳 区	0.44	0.27	0.32	0.37	0.32	0.37	0.23	0.31
丰 台 区	0.01	0.00	0.01	0.04	0.04	0.03	0.03	0.03
石景山区	0.01	0.01	0.00	0.01	0.00	0.14	0.06	0.08
海 淀 区	0.14	0.33	0.34	0.21	0.29	0.21	0.17	0.38
门头沟区	0.01	0.00	0.00	0.01	0.01	0.01	0.00	0.01
房 山 区	0.01	0.00	0.00	0.00	0.01	0.01	0.01	0.01

	2008 年	2009 年	2010 年	2011 年	2012 年	2013 年	2014 年	2015 年
通 州 区	0.00	0.00	0.00	0.01	0.00	0.00	0.00	0.01
顺 义 区	0.00	0.00	0.00	0.00	0.00	0.00	0.00	0.02
昌 平 区	0.01	0.02	0.01	0.01	0.01	0.02	0.03	0.03
大 兴 区	0.02	0.01	0.00	0.00	0.00	0.01	0.01	0.01
怀 柔 区	0.01	0.00	0.00	0.01	0.01	0.01	0.00	0.03
平 谷 区	0.00	0.00	0.00	0.00	0.01	0.00	0.00	0.01
密 云 区	0.00	0.00	0.00	0.00	0.00	0.01	0.01	0.01
延 庆 区	0.01	0.01	0.00	0.00	0.01	0.01	0.01	0.02

（六）北京各区科普活动发展指数

科技竞赛次数和实用技术培训两项二级指标自 2009 年开始统计，因此以 2009 年为标杆期，2008 年指标值记为 0。

	2008 年	2009 年	2010 年	2011 年	2012 年	2013 年	2014 年	2015 年
东 城 区	0.23	0.53	1.63	0.61	1.30	0.58	0.49	1.51
西 城 区	1.24	0.92	1.10	1.65	1.72	1.49	1.81	1.30
朝 阳 区	0.05	1.87	1.37	2.31	1.84	1.57	2.15	2.44
丰 台 区	0.21	0.17	0.09	0.26	0.19	0.63	0.23	0.43
石景山区	0.05	0.02	0.29	0.15	0.07	0.24	0.09	0.34
海 淀 区	0.04	4.21	3.31	1.99	2.34	1.88	2.54	2.12
门头沟区	0.00	0.06	0.00	0.05	0.08	0.22	0.18	0.35
房 山 区	0.13	0.05	0.06	0.04	0.22	0.15	0.07	0.22
通 州 区	0.06	0.03	0.45	0.42	0.04	0.12	0.10	0.08
顺 义 区	0.13	0.21	0.11	0.09	0.23	0.16	0.16	0.13
昌 平 区	0.05	0.36	0.45	0.29	0.34	0.60	0.31	0.32
大 兴 区	0.17	0.09	0.17	0.26	0.15	1.36	0.30	0.39
怀 柔 区	0.00	0.00	0.04	0.13	0.05	0.08	0.12	0.12
平 谷 区	0.00	0.07	0.07	0.04	0.09	0.10	0.08	0.06
密 云 区	0.01	0.05	0.00	0.03	0.12	0.11	0.14	0.15
延 庆 区	0.02	0.01	0.02	0.01	0.15	0.15	0.15	0.19

（七）北京各区科普场馆发展指数

	2008 年	2009 年	2010 年	2011 年	2012 年	2013 年	2014 年	2015 年
东 城 区	0.05	0.11	0.05	0.05	0.19	0.06	0.13	0.21
西 城 区	0.56	0.04	0.06	0.07	0.22	0.28	0.46	0.55
朝 阳 区	0.35	0.51	0.54	0.56	2.14	1.24	1.30	0.26
丰 台 区	0.11	0.10	0.09	0.09	0.22	0.10	0.28	0.17
石景山区	0.11	0.19	0.18	0.18	0.20	0.18	0.18	0.13
海 淀 区	0.37	0.76	0.76	0.75	0.44	0.28	0.80	1.72
门头沟区	0.09	0.11	0.10	0.09	0.09	0.09	0.08	0.15
房 山 区	0.02	0.01	0.01	0.00	0.02	0.20	0.01	0.10
通 州 区	0.08	0.08	0.08	0.08	0.22	0.08	0.08	0.14
顺 义 区	0.02	0.01	0.02	0.02	0.01	0.02	0.03	0.10
昌 平 区	0.01	0.02	0.01	0.02	0.16	0.17	0.17	0.24
大 兴 区	0.03	0.12	0.18	0.18	0.11	0.39	0.20	0.01
怀 柔 区	0.01	0.01	0.01	0.02	0.02	0.02	0.72	0.11
平 谷 区	0.02	0.01	0.01	0.00	0.01	0.00	0.07	0.21
密 云 区	0.02	0.04	0.04	0.05	0.22	0.18	0.16	0.17
延 庆 区	0.02	0.01	0.01	0.01	0.10	0.10	0.10	0.10

（八）北京城市区域发展总体指数[①]

	2008 年	2009 年	2010 年	2011 年	2012 年	2013 年	2014 年	2015 年
核心功能区	8.78	2.61	4.23	3.72	5.01	4.43	4.43	5.01
城市功能拓展区	9.89	11.99	10.96	9.94	11.38	9.92	10.70	11.18
城市发展新区	2.56	2.11	2.25	2.00	2.35	4.36	2.27	2.68
生态涵养发展区	1.84	0.89	0.73	0.82	1.37	1.56	2.50	2.38

---

① 核心功能区包括东城区、西城区；城市功能拓展区包括朝阳区、海淀区、丰台区、石景山区；城市发展新区包括通州区、顺义区、大兴区、昌平区、房山区、亦庄开发区；生态涵养发展区包括门头沟区、平谷区、怀柔区、密云区、延庆区。

（九）北京城市区域发展平均指数

	2008 年	2009 年	2010 年	2011 年	2012 年	2013 年	2014 年	2015 年
核心功能区	4.390	1.305	2.115	1.860	2.505	2.215	2.215	2.505
城市功能拓展区	2.4725	2.9975	2.740	2.485	2.845	2.480	2.675	2.795
城市发展新区	0.512	0.422	0.450	0.400	0.470	0.872	0.454	0.536
生态涵养发展区	0.368	0.178	0.146	0.164	0.274	0.312	0.500	0.476

理 论 篇

Theory Reports

B.2

改革开放以来北京市科普政策
法规历史沿革与展望

王宾 龙华东*

摘　要： 科普政策法规是顺利开展科普工作的重要依据，是有效提升
公民科学文化素质的重要制度保障。建立健全科普政策法规，
是推进科普工作的现实需要，也是依法治国理念的必然要求。
本报告梳理了改革开放以来北京市科普政策法规的建设历程，
认真分析了科普政策法规现存的问题，并提出了针对性的政
策建议。

关键词： 科普政策　科普法规　北京市

---

* 王宾，经济学博士，中国社会科学院农村发展研究所博士后，主要研究方向：区域经济学、
生态经济理论、科普政策；龙华东，硕士，北京市科学技术委员会科技宣传与软科学处副处
长，主要研究方向：科技管理。

一 引言

习近平总书记强调，科技创新、科学普及是实现创新发展的两翼，要把科学晋及放在与科技创新同等重要的位置。近年来，伴随北京市经济社会发展和全国科技创新中心建设的逐步推进，北京市科普工作按照"政府引导、社会参与、创新引领、共享发展"的方针，展开全方位部署，取得了显著成效。科普体制机制不断健全、科普投入不断加大，科普基础设施建设逐渐完善，科普活动日趋多样化、科普资源日益丰富、科普事业得到迅速发展，北京市公民科学素质也取得实质性进展。中国科学技术协会第九次中国公民科学素质抽样调查结果显示，2015 年，北京市公民科学素质水平已经达到了 17.56%，超额完成了北京市《关于深化科技体制改革加快首都创新体系建设的意见》中所确定的 2015 年"公众科学素质达标率超过 12%"的目标。

我国是法治国家，实行依法治国是实现中华民族伟大复兴中国梦的必然选择。中国共产党第十八届中央委员会第四次会议的主题就是"依法治国"，提出了全面推进依法治国的总目标和重大任务，这也就意味着我国各项事业发展必须在法律框架内严格执行，公民必须树立法治意识，强化法治思维。由于科普是一项社会公益事业，政府通过制定和完善科普政策，营造有利于科学传播的社会环境，来推动科普事业的发展。政策工具是政府治理的手段和途径，是政策目标与结果之间的桥梁。而科普政策是规范和调节科普工作的重要手段，通过社会资源的分配和社会环境的改善，使科普事业朝着健康、有序的方向发展，最终实现国民的科学素质与国家的科技水平的整体发展。改革开放以来，北京市高度关注科普工作，推出并实施了一系列的科普法规、管理办法等条例，为推动北京市科学技术普及工作奠定了坚实的基础。

在党的十九大报告中，习近平总书记指出，全面推进依法治国的总目标是建设中国特色社会主义法治体系、建设社会主义法治国家，全面依法治国

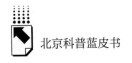

是中国特色社会主义的本质要求和重要保障，并且明确了要"弘扬科学精神，普及科学知识"，这是习近平新时代中国特色社会主义思想在依法治国和科学技术普及工作中的具体体现，表明了党对科普工作的重视，也为下一步科普工作提出了更加明确的方向。

基于此，本报告认为，科普工作的顺利开展离不开政策法规的保障，否则就会成为无水之鱼、无根之树，只有确保科普工作在法律法规框架内，才能实现健康快速发展。本报告通过梳理改革开放以来北京市科学技术普及工作的政策法规，指出了当前科普政策法规中存在的问题，并提出了具有针对性的政策建议。

二 改革开放以来北京市科普政策法规建设历程

（一）北京市科普政策特点

1. 社会公益性

科普政策制定的公益性主要源于科普事业的公益性质，2002 年，我国颁布实施的《中华人民共和国科学技术普及法》（以下简称《科普法》）中明确提出，科普是公益事业，是社会主义物质文明和精神文明建设的重要内容，发展科普事业是国家的长期任务。科学技术普及工作就是要利用现有方法，向公众普及科学技术知识、倡导科学方法、传播科学思想、弘扬科学精神。《科普法》《北京市科学技术普及条例》《北京市"十三五"时期科学技术普及发展规划》等法律法规，开篇都明确提出开展科学技术普及工作，提高公众的科学文化素质。科普政策的制定与执行，均以公众利益出发，以提高科学文化素质为前提，体现出了较强的公益性质。

2. 阶段规划性

所谓"规划"，是针对某事物的长远发展计划，对事物发展具有基本性、长期性和整体性的系统思考。五年规划是中国成功的经验，是保证社会经济稳步健康发展的重要保证。1953 年"一五"计划以来，社会秩序空前稳定、经济健康发展、人民生活水平不断提升、国际综合影响力显著增强，这都得益于五年规划的实施。北京市科普工作也在国家和北京市五年规划的背景下，分阶段、有重点地先后颁布实施了《北京市中长期科学和技术发展规划纲要（2008—2020年）》《北京市"十二五"科学技术普及发展规划纲要》《北京市全民科学素质行动计划纲要实施方案（2011—2015年）》《北京市"十三五"时期科学技术普及发展规划》《北京市"十三五"时期加强全国科技创新中心建设规划》《北京市全民科学素质行动计划纲要实施方案（2016—2020年）》等，这些规划对阶段性指导北京科普工作提供了必要依据。

3. 时代渐进性

时代在发展，社会在进步。任何法律法规的制定与执行，都必须根据时代发展的需要不断更新，不断适应社会经济发展的新要求。北京市所实施的科普政策，具有较强的时代特征和现实性，对于推动北京的科普工作以及社会经济发展发挥了重要的作用。2007年，为迎接即将到来的2008年北京奥运会，北京市体育局和北京市科学技术协会等印发了《北京市奥运科普行动实施方案》；2008年，汶川大地震发生后的一个月，北京市地震局、北京市科学技术委员会联合印发《北京市防震减灾科普教育基地申报和认定管理办法》；2016年，为贯彻执行国务院印发的《北京加强全国科技创新中心建设总体方案》，北京市科学技术委员会印发《北京市"十三五"时期加强全国科技创新中心建设规划》；等等。这些管理办法和规划，均是应时代而生，具有极强的现实意义和时效性，对于指导科普工作具有很强的针对性。

（二）北京市科普政策法规建设历程：按时间划分

1. 基础奠定期（1978~2005）

改革开放后，北京市加大了对科普工作的重视。1993年，第八届全国人民代表大会常务委员会第二次会议通过的《中华人民共和国科学技术进步法》确立了科普工作在科技工作中的重要地位。随后，全国25个省

（市、自治区）均提出了《科学技术普及条例》①。从时间节点来看，除河北省（1995 年 11 月 15 日）、天津市（1997 年 6 月 18 日）、江苏省（1998 年 10 月 31 日）外，北京较早通过了《北京市科学技术普及条例》（1998 年 11 月 5 日），走在了全国的前列。《北京市科学技术普及条例》也成为指导北京市科普工作的首份官方的地方性条例，该条例奠定了北京市科普工作的基础。2002 年，第九届全国人大常委会第二十八次会议通过了《中华人民共和国科学技术普及法》，成为我国乃至全世界第一部科学技术普及法，也成为地方政府制定科普政策的重要依据。

2. 深度规划期（2006～2010）

本阶段是北京市科普政策制定的关键时期，各项规划和实施方案均具有一定的长远性，基本都规划了未来五年的北京市科普工作。2006 年，《全民科学素质行动计划纲要（2006—2010—2020 年)》颁布，该纲要在我国科普工作中具有划时代的意义，首次提出了"四科两能力"，即"了解必要的科学知识、掌握基本的科学方法、树立科学思想、崇尚科学精神，并具有一定的应用它们处理实际问题、参与公共事务的能力"。为此，北京市委、市政府办公厅颁布《北京市全民科学素质建设工作方案》，对该纲要做出了及时反馈。同年度，《北京市国民经济和社会发展第十一个五年计划发展纲要》也指出，要搞好科学普及，提高农民文明素质，引导农民形成健康文明的生活方式。2007 年，北京市全民科学素质工作领导小组印发《北京市全民科学素质行动 2007 年工作要点》，并先后就农民、领导干部和公务员、城镇劳动人口、未成年人四类科普重点人群出台了各自的实施方案。2008 年 6 月，北京市科技委员会出台了《北京市中长期科学和技术发展规划纲要（2008—2020 年)》（京政发〔2008〕20 号），基本奠定了 21 世纪前 20 年的

---

① 除此之外，还有 6 省份采取了以下方式：上海市、吉林省和海南省三省份通过的《上海市科学技术进步条例》、《吉林省科学技术进步条例》和《海南省促进科学技术进步条例》；广东省通过的《中共广东省委、广东省人民政府关于加强科学技术普及工作的通知》；山西省通过的《山西省实施〈中华人民共和国科学技术普及法〉办法》；西藏自治区通过的《西藏自治区实施〈中华人民共和国科学技术普及法〉办法》。港、澳、台不在统计之内。

科普工作规划。2010 年,《北京市全民科学素质行动"十二五"规划》实施,成为"十二五"时期最重要的工作指南。

3. 逐渐成熟期(2011~)

本阶段,北京市科普政策逐渐走向成熟,并相继出台了多部支撑科普工作的管理办法和实施方案,科普政策日渐完善,基本涵盖了科普工作的各方面,在资金支持、人才队伍建设等环节给予了支持。如 2011 年 2 月,北京市科学技术委员会、市委宣传部、北京市人力资源和社会保障局、北京市科学技术协会联合发布的《北京市科普工作先进集体和先进个人评比表彰工作管理办法》,有力提升了科普人才队伍建设;2011 年 9 月,《北京市科技专项管理办法》又为北京市科普工作提供了资金支持。该阶段,伴随着北京市创建全国科技创新中心的建设,也相继出台了对应文件,如《北京市"十三五"时期加强全国科技创新中心建设规划》《首都创新精神培育工程实施方案(2016—2020 年)》等。此外,针对新时期科普工作面临的新形势,以及十八大以来党和政府对科普工作的重视,北京市适时调整出台了《北京市"十三五"时期科学技术普及发展规划》《北京市全民科学素质行动计划纲要实施方案(2016—2020 年)》,成为当前一段时期内指导北京市科普工作的行动方案。

(三)北京市科普政策法规建设历程:按类别划分

如果从法律法规的具体类别来看,本报告选取了北京市具有典型意义的法律法规、规划纲要、管理办法、指导文件和财税政策。这些法律文件和政策的出台,为北京市科普工作提供了必要的支撑,也为科普工作指明了具体的道路,推动了科普事业的发展(见表 1)。

表 1 改革开放以来北京市重要的科普政策文件

类别	时间	发行部门	文件名
法律法规	1998 年 11 月	北京市人民代表大会常务委员会	《北京市科学技术普及条例》

类别	时间	发行部门	文件名
规划纲要	2011 年 9 月	北京市科学技术委员会	《北京市"十二五"科学技术普及发展规划纲要》
	2012 年 4 月	北京市人民政府办公厅	《北京市全民科学素质行动计划纲要实施方案(2011~2015 年)》
	2016 年 6 月	北京市科学技术委员会、北京市科普工作联席会议办公室	《北京市"十三五"时期科学技术普及发展规划》
	2016 年 7 月	北京市人民政府办公厅	《北京市全民科学素质行动计划纲要实施方案(2016~2020 年)》
管理办法	2007 年 3 月	北京市科学技术委员会	《北京市科学技术奖励办法实施细则》
	2011 年 2 月	北京市科学技术委员会、中共北京市委宣传部、北京市人力资源和社会保障局、北京市科学技术协会	《北京市科普工作先进集体和先进个人评比表彰工作管理办法》
	2014 年 4 月	北京市科学技术委员会、北京市科学技术协会	《北京市科普基地管理办法》
指导文件	2007 年 4 月	北京市科学技术委员会	《北京市农民科学素质行动实施方案》
	2012 年 1 月	北京市科技教育领导小组	《践行"北京精神"在全社会大力弘扬和培育创新精神的若干意见》
	2016 年 12 月	北京市科技教育领导小组	《首都创新精神培育工程实施方案(2016~2020 年)》
财税政策	2007 年 11 月	北京市财政局、市科学技术协会	《北京市科普惠农新村计划专项资金管理办法(试行)的通知》

注:限于篇幅,表格仅列出了典型文件,详细文件将以附录形式附于文后,仅供参考。
资料来源:笔者依据相关材料整理。

三　北京市科普政策法规建设中存在的问题

（一）科普政策宣传亟待提升，执行力偏弱

依法治国的根本目的在于营造良好的社会经济发展氛围，为社会经济各项事业发展提供执法依据，规范市场和公众的行为，引导社会发展。只有让公众"知法"，才能够保证其"懂法""守法"，否则，法律法规就会变成一张白纸。依法治国，是坚持和发展中国特色社会主义的本质要求和重要保障，更是实现国家治理体系和治理能力现代化的必然要求，是习近平新时代中国特色社会主义思想的重要组成部分。

目前，北京市科普政策法规已经相对完善，但是仍然存在部分法规执行难、落地难等问题，甚至公众对部分科普政策法规的知晓率较低。主要原因在于科普部门对科普政策的法规宣传不到位，主动性不高。通过近几年全国科技活动周暨北京科技周主场活动的开展，公众已经越来越感受到科普活动的魅力，感受到提升公民科学文化素质的必要性。科普已经与人们的生产生活息息相关，但是科普的受重视程度与科普事业的重要性之间仍然存在矛盾，社会对于科普的关注度仍有很大的提升空间。

（二）科普政策仍以行政手段为主

作为公益性极强的事业，现阶段科普政策仍是以行政手段为主、其他政策手段为辅，科普政策手段使用比例失衡显而易见。这与发达国家科普政策的发展存在较大差距，不再适应北京市加强全国科技创新中心建设的要求。科普事业的最终目的是要提升公民科学文化素质，满足人民日益增长的美好生活需要。这就需要科普政策的制定从群众中来，到群众中去。党的十八大以来，党和政府大力推行行政审批制度改革，推进简政放权，努力向服务型政府转变。科普政策发展的制定如果以行政干预为主，将不利于科普政策实施的针对性，难以发挥科普应有的效能。

党的十八届三中全会已经明确指出，要正确处理好政府和市场的关系。要尊重市场规律，更好地发挥政府的服务引导功能。也就是说要将更多的工作交还市场，发挥市场在资源配置中的决定性作用，而政府要更好地发挥服务功能，激发市场活力，创造更多的有利于科普工作的红利机会，使科普工作更加贴近生活。

（三）科普经费投入不足，普法人才队伍尚待健全

地方财政是科普经费最主要的来源渠道。2015年，北京市科普经费筹集额为21.26亿元，其中科普专项经费近12亿元，居全国各省（区、市）前列，但是也仅占北京市当年地区财政收入的0.45%。科普财政投入不足，直接导致了科普事业发展相对滞后，不利于激发科普人员的工作积极性。

科普政策的制定、实施、评估过程需要有专业的人才队伍，这样才能够保证科普工作的顺利开展。2015年的统计数据表明，北京市拥有科普专职人员7324人，兼职人员40939人，合计48263人，占北京市当年人口总数的0.2%，而科普创作人员仅有1084人。科普人才队伍的匮乏，导致了科普政策宣传力度不足，宣传效果缺乏传递的有效性，也就影响了科普政策的预期效果，这足以表明北京市科普人才队伍建设亟待加强。只有具备了专业科普人才队伍，才能够创作更多、更专业的科普作品，才能制定更贴合实际发展需要的科普政策。

（四）科普政策的评估体系亟待建立

法律政策执行效果的好坏，将直接影响科普工作开展的顺利程度。尽管科普工作已经被提到了重要地位，但是，科普政策法规的真正效能却没有发挥出来，最主要的原因在于目前还没有一套客观公正的科普政策评估体系。法律从最初论证到政策设置、政策执行，再到政策评估，是一个系统工程，缺一不可。只有这样，才能真正发挥效能。然而，现有北京市科普政策体系，缺乏合理的政策评估，也在一定程度上影响了科普政策的效果发挥。

有调查数据显示，科技、科普业界人士和一般公众都认为很有必要对科普政策进行评估，其占总人数的比重分别高达75%和60.66%，说明公众普遍认为应该对科普政策及效果进行评估。然而，现有的科普政策多数集中在某一特定主题的科普政策法规，政策制定后的执行情况、执行效果没有被及时监督，更没有科普政策的评估。缺失了这一环节，科普政策的预期效果将难以达到，也不能很好地衡量科普政策的实施效果。

四　北京市科普政策法规建设建议

（一）健全科普政策法律法规，强化科普政策宣传力度

李克强总理指出，要加快政府职能转变，建设现代政府。作为"有形的手"，政府应该与市场这双"无形的手"相互配合，加大对社会经济的宏观调控和引导，减少政府对科普事业发展的直接干预。北京市应通过完善现有法律法规，将科普事业的发展纳入地方政府绩效考评，带动区级政府对科普事业的积极性，引导科普健康发展。同时，政策制定应更多地倾听公众需求，增强科普政策制定的针对性，让科普政策更加接地气，更加符合公众意愿，这也更有助于实现精准科普。

科普政策之所以没有发挥应有的作用，最重要的原因在于政策的下达和公众的知晓度不到位。加强科普政策的宣传力度，让法律法规落地，才能带动全社会参与科普工作，实现较好发展。伴随着微信、微博等新媒体的出现，科普宣传部门应在现有公众号平台中增列科普法规等内容，推送专家解读、政策执行情况等信息，以更加通俗易懂、更加生动形象的语言或表现形式宣传，使公众能够随时关注最新的北京市科普政策。在广大社区，应提高科普画廊、宣传栏的利用效率。

（二）拓宽科普资金投入渠道，建设科普人才队伍

科普资金是维持科普工作顺利开展的重要保证，只有保障资金来源，科

普工作的相关事项才能高效运转。目前来看，北京科普资金投入较低、渠道单一，难以满足市民日益增长的美好生活需要。因此，应该在现有资金来源基础上，加大政府专项扶持力度，拓宽资金投入渠道，吸纳有能力、有社会责任的企业或个人参与科普事业，形成全社会共同参与科普的良好氛围。鼓励企业或个人采取捐赠或赞助的形式，提供资金支持。

努力打造一支更加专业、素质更高的科普人才队伍，是当前乃至今后很长一段时间内，北京市科普工作亟须解决的关键问题。人才是科普事业成功的关键，队伍是科普事业发展的基础。科普政策的制定是一项专业性极强、针对性明显的系统工程，只有具备了专业人才队伍，才能够保证科普政策制定的合理性和有效性。因此，北京市应加大对科普人才队伍的建设，在科普人才培养机制、保障机制、晋升机制等方面做好保障，大力培养高水准的科普人才，发挥科普人员在科普政策制定和监督执行中的作用，确保科普政策服务于民。

（三）构建科普政策法规评估机制，完善评估方法

科普政策制定之后，实施效果如何，是否真正推动了北京市科普事业发展，需要得到客观评估。因此，北京市政府应该尽快出台科普政策的监测和评估体系，并确定专门机构和人员具体负责。评估内容要涉及政策执行状况、政策效果、政策效益等方面，尽量涵盖科普政策的各环节。

对于评估主体的选择，应该委托专门的评价机构进行，采用第三方评估方式，以保证评估结果的客观真实性。或者，培养一批专业评估人员，设计并完善专业评估方法，客观公允地评价科普政策法规。

（四）提高科普政策的实效性，增强与其他法律政策的协调性

任何法律法规都是随社会经济发展的变化而加以调整，社会发展阶段和经济运行形势不同，其他各项事业都将做出调整。科普政策的制定也应该把握时效性，北京市科普事业发展的成绩，很大程度上得益于科普政策的强时效性及时指导并推动了科普事业的发展。因此，今后科普政策的制定除继续

保证时效性外，还应该更加着眼于科普政策的可实施性，保证科普政策的操作便利性，做到政策"从群众中来，到群众中去"，提高公众参与科普的积极性，夯实科普工作开展的基石。

北京市科普政策的制定，还应该注重与国家的长期发展规划、北京市新定位相对接，并且要求各区县根据未来规划制定相应实施意见，让公众更容易接受科学知识、掌握科学方法。作为中国经济进入新常态后的第一个五年规划，"十三五"规划已经进入关键时期，北京也将加快全国科技创新中心建设，京津冀协调发展战略、2022 年北京－张家口冬季奥运会等重大事项必将给北京新时期的科普工作带来更多的发展机遇，因此，北京市应推出相应的对接实施办法，推动科普工作顺利开展。

五　结论

诚然，科普政策法规的制定和执行是一个长时间的不断完善的过程，科普政策也会随着社会经济发展的变化而进行相应调整。目前来看，地方条例和规章已经成为各地推动科普发展的重要政策支撑，北京市已经在科普政策法律法规方面做出了长期努力，科普政策效果逐渐显现，对于推进北京市科普工作、提升北京市公民科学文化素质具有重要的作用。2016 年，《北京市国民经济和社会发展第十三个五年规划纲要》也已明确要加大对科普的重视，倡导科学精神，加强科普教育，鼓励市民终身学习，提高人文和科学素质。同年，国务院印发《北京加强全国科技创新中心建设总体方案》，并且给予了明确的发展目标和重点任务，北京市科普工作理应成为推动全国科技创新中心建设的重要组成部分，为推进北京市社会经济发展、科学技术提升贡献力量。

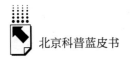

参考文献

［1］ 孙萍、孔德意、许阳：《我国科普政策的嬗变与发展——基于 1993 年～2012 年 109 项科普政策文本的实证分析》，《中国社会科学院研究生院学报》2014 年第 3 期。

［2］ 裴世兰、汪丽丽、吴丹、陈晨：《我国科普政策的概况、问题和发展对策》，《科普研究》2012 年第 4 期。

［3］ 任福君、任伟宏、张义忠：《促进科普产业发展的政策体系研究》，《科普研究》2013 年第 1 期。

附录：改革开放以来北京市科普政策

一 法律法规

·1998 年 11 月 5 日，北京市人民代表大会常务委员会，《北京市科学技术普及条例》

二 规划纲要

·2006 年，北京市委、市政府办公厅，《北京市全民科学素质建设工作方案》

·2008 年 6 月 23 日，北京市科学技术委员会，《北京市中长期科学和技术发展规划纲要（2008—2020 年)》（京政发〔2008〕20 号）

·2010 年，北京市科学技术委员会，《北京市全民科学素质行动"十二五"规划》

·2011 年 9 月 1 日，北京市科学技术委员会，《北京市"十二五"科学技术普及发展规划纲要》（京科发〔2011〕437 号）

·2012 年 4 月 9 日，北京市人民政府办公厅，《北京市全民科学素质行动计划纲要实施方案（2011—2015 年)》

·2016 年 6 月，北京市科学技术委员会、北京市科普工作联席会议办公室，《北京市"十三五"时期科学技术普及发展规划》

·2016 年 9 月 23 日，北京市科学技术委员会，《北京市"十三五"时期加强全国科技创新中心建设规划》

·2016 年 7 月 1 日，北京市人民政府办公厅，《北京市全民科学素质行动计划纲要实施方案（2016—2020 年)》

三 管理办法

·1988 年，北京市人民政府，《北京市科学技术进步奖励办法》（京政发〔1988〕121 号）

·2007年3月20日，北京市科学技术委员会，《北京市科学技术奖励办法实施细则》

·2007年12月3日，北京市科学技术委员会，《北京市科普基地命名暂行办法》（京科社发〔2007〕501号），该条例于2014年5月8日废止，取而代之的是《北京市科普基地管理办法》（2014年4月8日由北京市科学技术委员会和北京市科学技术协会发布）

·2008年6月10日，北京市地震局、北京市科学技术委员会，《北京市防震减灾科普教育基地申报和认定管理办法》

·2011年2月25日，北京市科学技术委员会、中共北京市委宣传部、北京市人力资源和社会保障局、北京市科学技术协会，《北京市科普工作先进集体和先进个人评比表彰工作管理办法》（京科发〔2011〕89号）

四 指导文件

·2007年4月23日，北京市科学技术委员会，《北京市农民科学素质行动实施方案》

·2007年4月23日，北京市委组织部、北京市人事局等，《北京市领导干部和公务员科学素质行动实施方案》

·2007年4月23日，北京市劳动和社会保障局、北京市总工会等，《北京市城镇劳动人口科学素质行动实施方案》

·2007年4月23日，北京市科学技术协会办公室，《北京市科普资源开发与共享工程实施方案》

·2007年4月23日，北京市体育局、北京市科学技术协会等，《北京市奥运科普行动实施方案》

·2007年4月23日，北京市委宣传部等，《北京市大众传媒科技传播能力建设工程实施方案》

·2007年4月27日，北京市全民科学素质工作领导小组，《北京市全民科学素质行动2007年工作要点》

·2007年6月5日，北京市教委、首都精神文明办等，《北京市未成年

人科学素质行动实施方案》

·2010 年 5 月 31 日，北京市科学技术委员会、市委宣传部、市发展和改革委员会、市教育委员会、市财政局、市科学技术协会、市科学技术研究院，《关于加强北京市科普能力建设的实施意见》

·2012 年 1 月 10 日，北京市科技教育领导小组，《践行"北京精神"在全社会大力弘扬和培育创新精神的若干意见》

·2016 年 12 月 12 日，北京市科技教育领导小组，《首都创新精神培育工程实施方案（2016—2020 年)》

五 财税政策：

·2007 年 11 月 20 日，北京市财政局、北京市科学技术协会，《北京市科普惠农新村计划专项资金管理办法（试行）的通知》（京财文〔2007〕2871 号）

·2011 年 9 月 30 日，北京市科学技术委员会，《北京市科技专项管理办法》

B.3
北京支撑全国科技创新中心
建设的配套政策综述

胡慧馨*

摘　要： 本报告梳理了北京建设全国科技创新中心出台的一系列科技创新政策，详细介绍了"三张图"勾画的科技创新中心建设路径，中关村先行先试的"1＋6"及"新四条"政策，教育、经济等领域的全面创新改革措施，为了激活创新要素制定的"人财物"方面的政策措施，"三城一区"、产学研用协同发展的政策措施及"28条措施"，并且总结了2014～2017年"全国科技创新中心"定位确定以来取得的成效及政策实施的现状，最后从政策制定和落实两个层面分析了北京建设全国科技创新中心目前仍存在的问题，并提出了相应的政策建议。

关键词： 全国科技创新中心　配套政策　北京

　　建设具有全球影响力的科技创新中心，是实施创新驱动发展战略的重要载体。如何构建具有全球竞争力的政策优势，为形成高质量的科技创新供给、推动经济社会发展动能根本转换提供保障，是北京建设全国科技创新中心的一个关键问题。

---

　　* 胡慧馨，法学博士，中国社会科学院数量经济与技术经济研究所博士后，主要研究方向：社区治理、法治指数、科普评价。

2014 年至 2017 年 7 月，围绕全国科技创新中心建设，中央和北京市委、市政府先后制定出台近 130 项科技创新政策①，完善了科技创新政策体系，为全国科技创新中心建设营造了良好氛围。

一　北京建设全国科技创新中心的配套政策梳理

（一）"三张图"构建科技创新战略规划体系

2016 年 9 月，国务院先后印发实施了《北京加强全国科技创新中心建设总体方案》《北京市"十三五"时期加强全国科技创新中心建设规划》《北京系统推进全面创新改革试验加快建设全国科技创新中心方案》，勾画了远期、中期、近期"设计图"，设立了北京推进科技创新中心建设办公室以及"一处七办"的"架构图"。随后，北京市委、市政府根据"设计图"和"架构图"制定出台了《北京加强全国科技创新中心建设重点任务实施方案（2017—2020 年)》，提出了完整的任务清单、项目清单和指标体系，形成了一张全面系统、清晰明确的"施工图"。"三张图"构建了完整的科技创新战略规划体系，以下做详细梳理介绍。

1. 中央政府为建设全国科技创新中心制定"设计图"

2014 年 2 月 26 日，习近平总书记视察北京并发表重要讲话，明确了北京作为全国政治中心、文化中心、国际交往中心和科技创新中心的城市战略定位。2016 年 5 月 20 日，中共中央、国务院发布《国家创新驱动发展战略纲要》，指出要"推动北京、上海等优势地区建成具有全球影响力的科技创新中心"，5 月 30 日，习近平总书记在全国科技创新大会上明确了我国科技发展"三步走"的战略目标，吹响了建设世界科技强国的号角，在此大背景下，国务院在 2016 年 9 月印发实施了被称为全国科技创新中心"设计

---

① 王涵、杨博文、涂平、蔡爱红：《基于全国科技创新中心建设的北京科技创新政策体系优化研究》，http://www.sohu.com/a/207002263_753093，2018 年 2 月 27 日。

图"的《北京加强全国科技创新中心建设总体方案》（以下简称《建设总体方案》），将全国科技创新中心建设工作上升为国家战略。由此可见，建设全国科技创新中心是在中央最高决策层带领下制定的一项重要的强国战略。

《建设总体方案》明确了北京建设全国科技创新中心的目标定位①，并且在五个方面制定了北京建设全国科技创新中心的重点任务。《建设总体方案》在五个方面制定了北京建设全国科创中心的重点任务：（1）强化原始创新，打造世界知名科学中心；（2）实施技术创新跨越工程，加快构建"高精尖"经济结构；（3）推进京津冀协同创新，培育世界级创新型城市群；（4）加强全球合作，构筑开放创新高地；（5）推进全面创新改革，优化创新创业环境。《建设总体方案》将这五个方面的重点任务进行了细化，具体细化为18项具体工作：（1）推进三大科技城建设；（2）超前部署基础前沿研究；（3）加强基础研究人才队伍建设；（4）建设世界一流高等学校和科研院所；（5）夯实重点产业技术创新能力；（6）引领支撑首都"高精尖"经济发展；（7）促进科技创新成果全民共享；（8）优化首都科技创新布局；（9）构建京津冀协同创新共同体；（10）引领服务全国创新发展；（11）集聚全球高端创新资源；（12）构筑全球开放创新高地；（13）推进人才发展体制机制改革；（14）完善创新创业服务体系；（15）加快国家科技金融创新中心建设；（16）健全技术创新市场导向机制；（17）推动政府创新治理现代化；（18）央地合力助推改革向纵深发展。在这18项重点任务的具体规划和部署下，北京建设全国科技创新中心工作稳步有序地推进。其中，《建设总体方案》最大的亮点是以"三步走"为发展路径，具体设定了建设全国科技创新中心的时间节点：第一步，到2017年，科技创新动力、活力和能力明显增强，科技创新质量实现新跨越，开放创新、创新创业生态引领全国，北京全国科技创新中心建设初具规模；第二步，到2020年，北京全国科技创新中心的核心功能进一步强

---

① 北京建设全国科创中心的目标定位是：（1）全球科技创新引领者；（2）高端经济增长极；（3）创新人才的首选地；（4）文化创新先行区；（5）生态建设示范城。

化，科技创新体系更加完善，科技创新能力引领全国，形成全国高端引领型产业研发集聚区、创新驱动发展示范区和京津冀协同创新共同体的核心支撑区，成为具有全球影响力的科技创新中心，支撑我国进入创新型国家行列；第三步，到 2030 年，北京全国科技创新中心的核心功能更加优化，成为全球创新网络的重要力量，成为引领世界创新的新引擎，为我国跻身创新型国家行列提供有力支撑。

2. 北京建设全国科技创新中心的"架构图"

为了推动《建设总体方案》的具体落实，2016 年 11 月，国务院成立了科技创新中心建设领导小组（成员单位有科技部、国家发展和改革委员会、教育部、工业和信息化部、财政部、人力资源和社会保障部、国资委、中国科学院、中国工程院、国家自然科学基金委员会、北京市政府），提出了"北京办公室"组建方案（北京办公室实际成员单位有市发展和改革委员会、市科委等 24 个市级部门、单位和 16 个区政府），在科技创新中心建设领导小组下设北京推进科技创新中心建设办公室，设立了"一处七办"的组织架构①。

北京推进科技创新中心建设办公室成立之后，为了深入贯彻落实 2 月 7 日北京加强全国科技创新中心建设推进会精神和工作部署，2017 年北京办公室机制不断完善并充分发挥作用，先后组织保障召开了北京加强全国科技创新中心建设推进会、2017 年全国科技创新中心建设工作会，4 次北京办公室全体会议和专题会议，组织 30 余次司局级联络员会议和"一处七办"调度会，协调推进重点工作。"一处七办"各牵头单位，主动作为、敢于担当，充分发挥了整体推进、统筹协调，督促落实的职责。

2018 年，北京办公室制定了加强沟通协调的工作方向，具体明确了"一处七办"的工作重点和工作任务。（"七办"具体负责的重点项目及工作任务见下文），由此可见，建设全国科技创新中心的工作在北京市委市政府

---

① "一处"是指北京办公室秘书处，设在北京市科委，"七办"是指 7 个专项工作部门，包括重大科技计划、全面创新改革和中关村先行先试、科技人才、中关村科学城、怀柔科学城、未来科学城、创新型产业集群、2025 示范区等专项办公室。

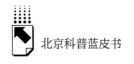
的推动下稳步落实①。

3. 北京建设全国科技创新中心的"施工图"

刘延东同志对科技创新中心的建设曾提出过三点要求，其中最为重要的一点是，"要进一步细化重点任务的时间表和路线图，量化目标任务，出台配套措施，确保重点任务落实、落细、落小、落深。要建立协同高效的工作机制，加强对重点任务的督察，切实形成工作合力"②。因此，为了落实、落细北京全国科技创新中心的建设，北京市政府会同国家有关部委研究编制了《北京加强全国科技创新中心建设重点任务实施方案（2017—2020年）》（以下简称《实施方案》），切实将北京建设全国科技创新中心的重点任务进行细化，建立了科技创新中心目标监测评价体系，部署了六大方面、18项具有全局性、战略性和带动作用的重大任务，确定了2017年重点推进的88项任务和127个项目，量化目标，形成了北京建设全国科技创新中心的"施工图"。

《实施方案》从六大方面细化了建设实施的重点任务。（1）对接重大科技计划，打造世界知名科学中心。此任务由重大科技计划专项办负责，实施40项重点项目和13项工作任务。重点服务保障国家实验室在京布局，积极承接国家科技重大专项、重大科技基础设施及重大项目和工程，推动军民深度融合创新发展。（2）深化全面创新改革，打造中关村制度专项升级版；此任务由全面创新改革与中关村先行先试专项办负责，重点实施22项工作任务。主要以大力推进全新改革试验，持续深化中关村先行先试改革为重点。（3）集聚全球顶尖人才，打造创新人才首选地。此任务由科技人才专项办负责，实施10项重点项目和6项工作任务。重点围绕依托创新平台集聚全球顶尖人才，以重大任务为抓手引进和培养创新人才，完善人才激励和服务保障机制开展建设实施的任务和工作。（4）建设三大科学城，优化创

---

① 许强：《以习近平新时代中国特色社会主义思想为指导 更加奋发有为推进科技创新中心建设 迈向新征程——在2018年全国科技创新中心建设工作会议上的报告》，2018年2月5日。

② 刘延东：《实施创新驱动发展战略，为建设世界科技创新强国而努力奋斗》，《求是》2017年1月16日。

新发展布局。此任务由中关村科学城、怀柔科学城、未来科技城专项办分别负责，分别实施 33、14、7 项重点项目和 4、6、10 项工作任务。具体任务有三个方面，分别是推进中关村科学城打造自主创新主阵地，推进怀柔科学城建设综合性国家科学中心，推进未来科技城建设富有活力的创新之城。（5）推进创新型产业集群与 2025 示范区建设，加快构建"高精尖"经济结构。此任务由创新型产业集群与 2025 示范区专项办负责，实施 21 项重点项目和 16 项工作任务。具体任务有三个方面，分别是培育具有国际竞争力的产业创新体系，打造具有全球影响力的创新型产业集群，建设亦庄、顺义区等创新型产业集群发展示范区。（6）建设京津冀协同创新共同体，打造区域发展新格局。此任务由重大科技计划专项办负责，实施 2 项重点项目和 16 项工作任务。具体任务有三个方面，分别是加快推进京津冀协同创新，促进京津冀产业转型升级，加快构建跨区域科技创新园区链。其中，确定了以"三城一区"为主平台，以高校、科研院所、创新型企业为主力军的指导思想，确定了以重大项目和科学工程为抓手，以综合性国家科学中心为主支撑的主要工作目标。

另外，在借鉴参考国内外科技创新中心建设经验和评价指标的基础上，《实施方案》确定了科技创新中心目标监测评价体系，并从知识创造能力、创新经济、创新人才、创新环境、协同开放五个维度提出了到 2020 年科技创新中心建设的具体目标[①]和具体考核指标[②]。

（二）辐射效应显著的中关村先行先试政策措施

北京中关村是中国创新发展的一面旗帜，除了上述"三张图"构建的科技创新战略体系，北京建设科技创新中心城市还采取了以中关村为试点，

---

① 五个具体目标为：（1）知识创造能力达到国际先进水平；（2）创新型经济基本形成；（3）创新人才——创新人才聚集效应更加凸显；（4）创新环境——跻身全球创新创业最活跃城市；（5）协同开放——开放创新高地初步建成。

② 科技创新中心目标监测评价体系从知识创造、创新经济、创新人才、创新环境、协同开放五个维度对标国际创新城市进行评价和监测，共设置了 28 个指标，其中，14 个监测指标，14 个评价指标。

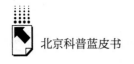

制定实施先行先试政策的措施。

1. "1 + 6"政策

2010年底，国务院同意支持中关村实施"1 + 6"系列先行先试政策。其中"1"是指搭建中关村创新平台，"6"是指在科技成果处置权和收益权、股权激励、税收、科研项目经费管理、高新技术企业认定、建设统一监管下的全国性场外交易市场等方面实施六项新政策①。

中关村创新平台（即中关村科技创新和产业化促进中心）2010年12月31日正式成立，下设9个工作组②，有19个国家部委的33名司局长和处长参与平台工作，北京市相关部门和区县的110名派驻人员到平台办公，充分展现了中央对中关村创新平台的重视和支持。至此，跨层级、跨部门的集中统筹工作机制和协同创新组织模式初步建立。

总体上看，中关村"1 + 6"先行先试政策实施以来，在推动中关村创新发展、促进高校、科研院所和企业科技成果转化和产业化、激发科技人员创新积极性等方面，发挥了重要作用，取得了积极的成效。2014年12月3日，国务院总理李克强主持召开的国务院常务会议，不仅肯定了中关村试点政策取得的成效，并且决定把上述六项中关村先行先试政策推向全国，在更大范围内推广中关村试点政策。由此可见，中关村创新政策的辐射效应明显，加快推进国家自主创新示范区建设，进一步激励大众创业、万众创新收到了显著的效果③。

2. "新四条"政策

2013年9月29日，财政部、科技部、国家税务总局等部委联合发布了《关于在中关村国家资助创新示范区开展高新技术企业认定中文化产业支撑技术等领域范围试点的通知》《关于中关村国家自主创新示范区企业转增股

① 参见北京未来科学城管理委员会网站，2018年2月27日。
② 9个工作组分别是重大科技成果产业化项目审批、科技金融、人才、新技术新产品政府采购和应用推广、政策先行先试、规划建设、中关村科学城、现代服务业、军民融合工作组。
③ 《李克强力推创新"乘法" 6项政策走出中关村》，2014年12月3日，中央政府门户网站，http://www.gov.cn/zhengce/2014 - 12/04/content_ 2786611.htm，2018年3月20日。

本个人所得税试点政策的通知》等四条新政策，标志着中关村"新四条"政策正式出台。这是继"1+6"系列先行先试政策之后，中关村在创新创业政策领域的新突破。

一是高新技术企业中文化产业支撑技术等领域范围试点政策。国务院办公厅印发的《关于文化体制改革中经营性文化事业单位转制为企业和支持文化企业发展两个规定的通知》（国办发〔2008〕114号）和财政部、海关总署、国家税务总局印发的《关于支持文化企业发展若干税收政策问题的通知》（财税〔2009〕31号）规定，在文化产业支撑技术等领域内，对国家需要重点扶持的高新技术企业，减按15%的税率征收企业所得税，进一步支持了中关村文化科技融合企业的发展①。

二是有限合伙制创业投资企业法人合伙人企业所得税试点政策。根据有限合伙制创业投资企业法人合伙人企业所得税试点政策，对中关村有限合伙制创业投资企业的法人合伙人，给予创业投资企业的所得税优惠政策。这项政策的实施有利于引导扩大有限合伙制创业投资企业的资金规模，进一步促进中关村创业投资企业的发展。

三是技术转让企业所得税试点政策。《中华人民共和国企业所得税法》和《中华人民共和国企业所得税法实施条例》（国务院令第512号）规定，居民企业取得符合条件的技术转让所得，可享受免征或减征企业所得税政策。财政部和国家税务总局印发的《关于居民企业技术转让有关企业所得税政策问题的通知》（财税〔2010〕111号）对符合条件的技术转让范围等事项进行了明确。在中关村开展技术转让企业所得税试点，将5年以上非独占许可使用权转让纳入技术转让所得税优惠政策试点。这项政策旨在解决高校、科研院所和企业将科技成果以"非独占许可使用权"方式转让和投资入股，无法享受技术转让企业所得税优惠政策的问题，进一步加大了对技术

---

① 根据高新技术企业认定中文化产业支撑技术等领域范围试点政策，中关村示范区从事文化产业支撑技术等领域的企业，按规定认定为高新技术企业的，可减按15%的税率征收企业所得税。为增强可操作性，确保政策更好地落实，在中关村开展高新技术企业认定中文化产业支撑技术等领域范围试点，进一步支持中关村文化产业的发展。

转让的支持力度①。

四是企业转增股本个人所得税试点政策。根据现行规定，企业以未分配利润、盈余公积、资本公积向个人股东转增股本，应按照"利息、股息、红利所得"项目，适用 20% 税率征收个人所得税，但是，中关村开展企业转增股本个人所得税试点的政策，减轻了之前负担较重的个人所得税负担，给予了个人股东分期缴纳个人所得税的优惠照顾。这项政策在一定程度上解决了中小高新技术企业向个人股东转增股本可能出现股东所得股份较多、应纳税额较高、一次性纳税困难的问题，支持了中关村中小高新技术企业扩大资本再投入②。

（三）促进教育、经济等领域全面创新改革的政策和措施

以科技创新为核心，北京市委、市政府还出台了一系列促进教育、经济等领域改革的政策和措施，这些政策措施对于探索全面创新的长效机制起到了积极的补充作用，如：2016 年 12 月 21 日，针对科研项目和经费管理，中共北京市委办公厅、北京市人民政府办公厅联合印发《北京市进一步完善财政科研项目和经费管理的若干政策措施》③；2016 年 7 月 23 日，针对建设科技条件平台出台了《北京市人民政府办公厅关于加强首都科技条件平台建设进一步促进重大科研基础设施和大型科研仪器向社会开放的实施意见》（京政办发〔2016〕34 号）；2016 年 11 月 2 日，针对科技成果转化，北京市人民政府办公厅印发《北京市促进科技成果转移转化行动方案》（京政办发〔2016〕50 号）。

---

① 根据技术转让企业所得税试点政策，将 5 年以上非独占许可使用权转让纳入技术转让所得税优惠政策试点，在一个纳税年度内转让所得不超过 500 万元的部分免征企业所得税，超过 500 万元的部分减半征收企业所得税。

② 根据企业转增股本个人所得税试点政策，中关村中小高新技术企业以未分配利润、盈余公积、资本公积向个人股东转增股本有关个人所得税，可最长不超过 5 年分期缴纳。

③ 该措施提出了科研项目和科研经费管理的 28 条新政策，主要包括简化预算编制，取消财政预算评审程序，下放预算调剂、科研仪器设备采购等管理权限，改进科研经费结转结余资金、科研人员因公出国（境）等管理方式，加大绩效支出激励力度等内容。

另外，在科技创新人才等领域，北京市科学技术委员会出台了《首都科技领军人才培养工程实施管理办法》（京科发〔2017〕64号）、《加强和改进教学科研人员因公临时出国管理工作的实施意见》、《支持和鼓励高校和科研机构等事业单位专业技术人员创新创业》等系列政策。北京科技创新中心建设的政策体系不断完善，最为重要的两个成果是"京校十条"和"京科九条"。

1．"京校十条"

《加快推进高等学校科技成果转化和科技协同创新若干意见（试行）》（京政办发〔2014〕3号），其主要内容有以下十条：（1）开展高等学校科技成果处置权管理改革；（2）开展高等学校科技成果受益分配方式改革；（3）建立高等学校科技创新和成果转化项目储备制度；（4）加大对高等学校产学研用合作的经费支持力度；（5）支持高等学校开放实验室资源；（6）支持高等学校建设协同创新中心；（7）支持高等学校搭建国际化科技成果转化合作平台；（8）鼓励高等学校科技人员参与科技创业和成果转化；（9）鼓励在高等学校设立科技成果转化岗位；（10）制定高等学校在校学生创业支持办法。

"京校十条"赋予了高校科技成果自主处置权，明确了对科技人员奖励的受益比例，鼓励高校和企业联合开展科技创新和成果转化，根据高校科研经费的支持方向和特点，开展间接费用补偿、分阶段拨付、后补助和增加经费使用自主权等经费管理改革，等等。首都高等教育界、科技界认为，这一系列政策不仅是中关村示范区最具"含金量"的新政策之一，且破解了创新中难度最大的核心问题①。

2．"京科九条"

《加快推进科研机构科技成果转化和产业化的若干意见（试行）》（京政办发〔2014〕）35号，其主要内容为以下九条：（1）审核科技成果管理改革；（2）推进科研资产管理改革；（3）深化财政经费管理改革；（4）强化

---

① 《"京校十条"出台　破解创新中最难、最核心问题》，《光明日报》2014年1月13日。

科研人员激励机制；（5）加强对科研机构新技术新产品的应用和推广；（6）优化科技金融服务环境；（7）支持科研机构深入开展协同创新；（8）完善科研机构成果转化平台；（9）广泛开展国际交流与合作。

（四）激活创新要素的"人财物"政策措施

1. "人"的政策措施

北京相较于全国其他城市拥有占据绝对优势的人才实力，但是科技人员的实际工作，特别是智力劳动却与他们的收入分配不完全符合，加之股权激励政策缺位、内部分配机制不健全等问题，严重影响到科技人员的积极性和创造性。为了解决这些问题，北京率先走出了以增加知识价值为导向的分配路径。

对于在京人才，北京在全国率先开展股权激励试点，并向全国推广。如：深化股权奖励个人所得税试点政策（目前享受政策奖励人数53人，股权奖励额度1692万元）；深入实施"京科九条""京校十条"等政策，制定14个配套实施细则；推动市属高校院所出台本单位科技成果"三权"改革管理办法；明确科研项目间接费用中发放的科研人员绩效支出、科技成果转化收益人员奖励支出、科研设施与仪器开放共享服务中扣除成本费用后的绩效奖励等，不受当年工资总额限制。此外，围绕落实国家深化人才发展体制机制改革和以增加知识价值为导向的分配政策，北京市还在职称制度改革、收入分配、人才引进等方面出台了一系列配套措施。

2. "财"的政策措施

北京科研经费投入在全国位居前列。2016年，北京全社会研发经费支出1480亿元，相当于地区生产总值的5.94%；北京拥有创业投资和股权投资管理机构3900家，管理资金总量1.6万亿元；每年在北京发生的创业投资和股权投资的案例数量和金额占全国的1/3以上。另外，还有政府和社会资本合作模式（PPP）、北京市科技创新基金、中关村示范区开展投贷联动试点、对接国家科技成果转化引导基金等资本运作模式。

为了充分发挥科研人员的创新积极性，北京在全国率先出台财政科研项目和经费管理新政 28 条，明确取消财政预算评审程序，简化预算编制，实施预算评审与立项论证"合二为一"；下放科研类会议费、差旅费、国际合作交流费、咨询费管理权限等，为科研经费"松绑"。截至 2017 年 7 月，围绕科研仪器购置，科研人员因公出国，科技、社科、教育和卫生系统的财政科研项目经费管理等出台 13 项配套措施。39 家市属科研院所均已制定科研项目和经费管理实施细则。

3. "物"的政策措施

截至 2017 年 6 月底，北京市行政区域内高等学校 91 所，具有一二级法人单位的科研院所 1000 余家；国家级科技创新基地超过 300 家；市级重点实验室、工程实验室、工程（技术）研究中心、企业技术中心和企业研发机构超过 1300 家；投入运行和正在建设的国家重大科技基础设施 12 个；科技型企业 46.8 万家，经过认定的国家高新技术企业 16000 家，占全国总数的 1/6；北京地区积极承接国家 16 个重大科技专项，其中北京市重点承接新一代移动通信网等 10 个民口领域重大科技专项。

在此基础上，北京率先探索所有权与经营权分离的举措，出台首都科技创新券政策支持小微企业和创业团队购买高校院所的科研服务。2014～2016 年，共投入 1 亿元创新券资金，支持了 1528 家小微企业和 80 家创业团队，合作开展了 1730 个创新券项目。这项举措使北京成为国务院全面创新改革向全国推广的典型，累计推动 801 个国家级和市级重点实验室与工程中心价值 227 亿元的仪器设备向社会开放共享，年均服务收入超过 20 亿元。

这些围绕"人财物"制定实施的政策，不仅强化了科研人员的激励措施，突出了知识价值的导向作用，还充分发挥了科研人员创新积极性，促进首都科技资源开放共享，这一系列的政策安排，无疑又是一次解放思想的重大举措，具有重要的现实和历史意义。

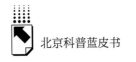
（五）主平台带动整体发展的"三城一区"政策措施

2017年北京市开启了疏解功能谋发展的新航程。然而，疏解并不意味着不发展，而是要发展得更好，具体来说，就是要转变发展动力、创新发展模式、提升发展水平。习近平总书记在2014年视察北京时明确指示："要明确城市战略定位，坚持和强化首都全国政治中心、文化中心、国际交往中心、科技创新中心的核心功能，努力把北京建设成为国际一流的和谐宜居之都。"北京建设科技创新中心归根结底要走创新驱动发展之路，而北京创新驱动发展的"支点"就是建设"三城一区"。

首先，"三城一区"政策措施以2017年北京市政府工作报告为启动标志，市人代会将"三大科学城"的主平台地位写入了2017年的市政府工作报告，并把科技创新中心建设任务进行了量化、细化、具体化、项目化。其次，北京市政府提出了"四个聚焦"的工作思路：聚焦功能定位，即原始创新策源地和自主创新主阵地这两个定位；聚焦创新主体，在京央属科研机构、高校、创新型企业等是首都科技创新的主力军；聚焦先行先试，尽快推出新一轮先行先试改革举措，不断增强示范效应；聚焦创新要素，主要是人才和资本。再次，针对中关村科学城的建设，北京市市长蔡奇从五个方面提出了做好中关村科学城的规划建设与配套服务，他认为建设"科学城"，"要建的是一个科学城，不是科技园，'城'的关键是配套服务功能。要突出为科技创新搞好配套服务，做好区域交通、优质教育医疗资源入驻、科技人才居住保障等工作"。针对怀柔科学城，蔡奇认为须"重点建设一批国家重大科技基础设施，发展一批高端研发平台，集聚一批世界顶尖人才，汇聚一批世界级的科学研究机构，引领一批新兴产业"，要"代表国家在更高层次上参与全球科技竞争与合作，努力建成与国家战略需求相匹配的世界级原始创新承载区"。针对昌平未来科学城的建设，蔡奇认为盘活存量资源是搞活未来科学城的关键。其中，要解决好闲置地块的问题，要建立以研发为核心指标的评价机制，激发央企活力。针对经济技术开发区，蔡奇认为"三城"的原始创新和重大关键技术创新要与"一区"对接，实现科技成果的集中转化①。

"三城一区"的配套政策一直围绕"聚焦""突破""搞活""成果转化"四个关键词，实现和推进了差异化发展，可以说，"三城一区"的发展思路和战略策略是协同发展最集中的体现，直接影响到北京建设科技创新中心的成败。从"三城一区"的政策措施也可以看到，北京科技创新中心的建设真正树立了"一盘棋"的思想，真正迈开了实现协同发展的步伐，后续效果值得期待。

（六）"28条措施"

2016年9月，北京市贯彻落实中办、国办印发的《关于进一步完善中央财政科研项目资金管理等政策的若干意见》，发布实施《进一步完善财政科研项目和经费管理的若干政策措施》，运用了供给端、需求端、环境端等3种类型的政策工具，形成了五个方面28条改革措施。

其中，供给端的政策工具有四个方面：一是采用前补助方式支持的科研项目，科研经费预算只需编制一级费用科目，不需提供过细的测算依据；二是提出"331举措"②；三是加大绩效支出激励力度③；四是创新财政科研经费投入与支持方式④。

---

① 一是做好规划，抓紧制定中关村科学城提升规划。二是加强服务，主动对接，为国家重大原始创新项目落地做好服务。三是创新政策，将人才指标向科学城倾斜，特别是瞄准具有诺贝尔奖潜力的科学家，提供全链条创新支持平台。四是促进成果转化，特别关注科技贡献率、高新企业总收入、"独角兽"企业数量等，盯住有市场发展潜力的创新企业特别是"独角兽"企业，培育小巨人企业。五是完善工作机制，带动"一区十六园"发展。

② "331举措"指的是：（1）三个下放权限（下放科研项目预算调剂权限，下放差旅费、会议费、咨询费管理权限，下放科研仪器设备采购管理权限）；（2）三个改进管理［改进科研经费结转结余资金管理方式，改进财务报销管理方式，改进科研人员因公出国（境）管理方式］；（3）一个扩大自主权（扩大科研基本建设项目自主权）。

③ 具体措施包括：竞争性科研项目的简介费用，核定比例为不超过直接费用扣除设备购置费后的20%；取消间接费用中绩效支出比例限制；承担单位中的国有企事业单位从科研经费中列支的编制内有工资性收入科研人员的绩效支出，一次性计入当年本单位工资总额，但不受当年本单位工资总额限制，不纳入本单位工资总额基数。

④ 推进PPP等模式在科技领域应用，引导民间资本投入科技创新，加强对国家实验室和国家重大科技基础设施等的配套服务。

需求端的政策工具包括：（1）发挥政府采购对新技术新产品（服务）应用的导向作用，扩大首购、订购、首台（套）重大技术装备试验和示范项目、推广应用的规模；（2）落实政府采购促进中小企业发展的政策措施。

环境端的政策工具包括：（1）改进科研项目绩效评价，完善科研项目经费审计机制；（2）健全科研信用管理体系；（3）加强科研项目信息公开，建立统一的科研项目管理信息系统；（4）强化科研项目承担单位法人责任；（5）建立市级科技决策统筹工作机制，加强督促检查和指导。

上述 3 种类型的政策工具不仅突出了多样化，还突出了明显的协同发力的政策特征。除此之外，简政放权、放管结合、优化服务的政策特点也比较显著，简化了财政科研项目预算编制和评审程序，赋予了承担单位和科研人员开展科研更大的自主权，创新了财政科研经费投入与支持方式，加快了科技成果转化与推广应用，提高了科研项目和经费的管理服务水平。依据"28 条措施"，备受关注的科研差旅费、会议费将不再纳入行政经费统计范围，不受零增长限制；从科研经费中列支的国际合作与交流费用不纳入"三公"经费统计范围，不受零增长限制；同时将围绕国家重大战略需求和前沿科学领域，遴选全球顶尖的领衔科学家，给予持续稳定的科研经费支持，打造更加适宜创新创业的环境和氛围。

二 科技创新政策尚待完善的问题

尽管北京市推进科技创新有了一些行之有效的政策措施，但在政策制定和政策落实方面，仍然有一些问题亟待完善。

（一）产业政策高地尚未形成，低端产业转型困难

就目前情况来看，"三城一区"面临的问题是企业规模小，行业、产业分散，市场竞争力弱，真正大的产业研发占比较低，不能形成产业研发体系，中科院科技战略咨询院李强教授甚至把目前产业的状况称为"小、散、软"产业。只有持续密集出台强有力的政策支撑"三城一区"，形成政策高

地，提升研发能力，推动产业升级①，才能改善"小、散、软"产业的现状。

（二）人才政策高地尚未形成，高端人才难以聚集

中央提出要对北京非首都功能进行疏解，这是北京市发展的必然要求。但是，必须认识到，在北京的"首都功能"中，核心是"人"，要时刻谨记"以人为本"的目的。一个"以人为本"的城市同时需要资源友好的产业，没有资源友好产业的城市是一个没有发展前景的城市，而资源友好产业和宜居服务的重要性是同等的，只有打造一个宜居的环境和良好服务的环境，城市才会有吸引力，才能吸引大量的人才进驻，才能够促进城市的产业的发展②。但是，从目前来看，北京尚未形成吸引人才的政策高地，高端人才难以聚集。

（三）法律法规冲突，阻碍产业发展

在改革实践探索的过程中，常常出现现行法律法规不一致，阻碍企业工作进程的情况。例如，《关于进一步完善财政科研项目和经费管理的若干政策措施》中规定，"科研仪器设备可以自行采购，承担单位可自行制定科研类会议费标准"。因此，《北京市科技计划项目经费管理办法》中删除了会议必须采用政府采购定点的要求，北京市财政局还制定了一个配套文件，规定可以自行组织采购科研仪器设备。但是，《中华人民共和国政府采购法》（以下简称《政府采购法》）明确规定，"事业单位使用财政性资金必须执行政府采购程序"，很明显，《北京市科技计划项目经费管理办法》及其财政局的配套文件中"单位可自行采购科研仪器设备"的相关规定就与《政府

---

① 李强：《建设全国科技创新中心需打造政策高地》，北京市政协、市委统战部议政会主体报告，http：//www.360doc.com/content/17/0511/09/40247042＿652910009.shtml，2018年3月13日。

② 李强：《建设全国科技创新中心需打造政策高地》，北京市政协、市委统战部议政会主体报告，http：//www.360doc.com/content/17/0511/09/40247042＿652910009.shtml，2018年3月13日。

采购法》产生了冲突。同时，承担单位自行制定的科研类会议费标准，也很有可能突破政府采购标准的限额，从而产生矛盾，这些冲突和矛盾如果不通过修改法规政策解决，就会在实践操作中给科技产业带来合规方面的麻烦，从而阻碍产业的发展。

三　制定实施配套政策的建议

（一）设立"大数据政策平台"

在市场准入管制和财政税收政策导向等方面，有三个城市的经验值得借鉴：深圳为了使产业发展从传统的劳动密集型组装，向拼质量、重功能、求创意的高附加值核心零部件方向转移，对工商、质检、知识产权管理等一系列的机构和部门进行统一整合，通过统一之后的部门打破条块分割的管理模式，形成了配套齐全的"工程师"加"小企业主"的创新生态环境；上海继 2015 年出台《科创中心建设 22 条》之后，2017 年又出台《促进科技成果转化条例》，进一步放宽了新兴行业市场准入管制，破除了科技成果的转化壁垒；重庆则是通过"战略性新产品增值税地方留成部分全部返还"的税收优惠引导产业升级。

因此，建议中关村管委会统筹规划，与高端智库合作，共同开发建设"科技政策大数据平台"。依托高端智库，以大数据考量为基础，沿着《深化科技体制改革实施方案》给出的改革方向，集中中关村、未来科学城、怀柔科学城的大数据研发优势，集中北京经济开发区的品牌优势，以"三城"和"一区"为方向，开展相关政策的深入分析和前瞻研究，使"三城一区"始终成为引领全国科技创新的政策高地。

（二）设立"高端国际人才特区"试点

《深化科技体制改革实施方案》中有"吸引国际知名科研机构来华联合组建国际科技中心"和"开展国有企业事业单位选聘、聘用国际高端人才实行市场化薪酬试点"两条改革意见，但是现在尚未系统落实。

而目前疏解非首都功能的阶段也正是聚合人才的好时机。发展"三城一区"应该以营造人才宜居和适合创业的环境为主要思路，通过政策引导使人才结构由"金字塔"型向"梭子"型转变，使北京成为高端人才汇聚的创新之都，高附加值的研发产业和品牌服务自然就会得到延伸发展，这才是可持续发展的基础。

因此，建议北京在"三城一区"开展"高端国际人才特区"试点，系统落实强化人才政策高地优势，形成"聚天下英才而用之"的创新驱动发展新格局。

（三）成立"北京科创中心政策研究工作组"

目前发现冲突和不一致的政策法规只是很小的一部分，相信还有很多没有被发现或者受到重视的不一致的政策法规。而政策法规对科技创新中心的建设有着极其重要的作用和影响，因此，建议转变北京科技创新工作政策制定的思路，用法治思维和法治方式推进科技创新，成立政策研究工作组。这不仅能对目前不一致、有冲突的法规政策进行梳理、清理，而且还能加强对需求面政策的研究和制定，贯彻落实国家政策法规，创新政策组织实施机制，在先行先试的同时，积极探索立法实践，实现立法和改革决策相衔接，及时推动将成熟的政策经验固化上升为法律法规。

参考文献

［1］中华人民共和国国务院：《国务院关于印发〈北京加强全国科技创新中心建设总体方案〉的通知》（国发〔2016〕52号），2016年9月11日。

［2］北京市人民政府：《北京市人民政府关于印发〈北京市"十三五"时期加强全国科技创新中心建设规划〉的通知》（京政发〔2016〕44号），2016年9月22日。

［3］中关村国家自主创新示范区领导小组：《关于印发〈中关村国家自主创新示范区发展建设规划（2016~2020年）〉的通知》，2016年8月18日。

B.4
北京科普工作服务于全国
科技创新中心建设的路径探索

高 畅 邓爱华 李恩极*

摘 要： 全国科技创新中心是党中央赋予北京新的城市战略定位。加快全国科技创新中心建设，科普工作不可或缺。科普工作不仅要跟上创新、服务创新，更要推动创新，让创新与科普比翼齐飞。本报告深入分析了北京科普工作服务于全国科技创新中心建设的现状，从科普人才、科普场地、科普经费、科普产品、科普活动、科普产业六个维度阐明了科普工作服务于全国科技创新中心建设的可行性，并提出了可操作的路径。

关键词： 科普工作 全国科技创新中心 路径探索

在中国建设世界科技强国的"三步走"路线图中，明确提出到 2020 年使我国进入创新型国家行列、到 2030 年进入创新型国家前列、到 2050 年成为世界科技强国。作为"实现创新发展两翼"之一的科学普及工作，理应与科技创新相互配合，推动科技事业健康发展。2016 年 9 月，国务院印发

---

* 高畅，博士，副研究员，北京市科技传播中心副主任，主要研究方向：科技传播与普及研究，科技创新战略研究；邓爱华，硕士，北京市科技传播中心发展研究部主任，主要研究方向：科技传播与普及研究；李恩极，中国社会科学院研究生院博士生，主要研究方向：科普评价。

《北京加强全国科技创新中心建设总体方案》，确定了北京建设全国科技创新中心的总体思路和发展目标。面对新形势、新挑战、新要求，科普工作作为全国科技创新中心建设的基础性工程，在培育创新文化生态环境、激发全社会创新创业活力等方面发挥了重大作用，为全国科技创新中心建设提供了有力支撑。

一 科普工作在全国科技创新中心建设中的重要性

（一）是落实首都城市战略定位的现实需要

科普工作作为提高公民科学素质的重要手段，是北京实现首都城市战略定位的现实需要。近年来，随着我国科普工作的不断加强，我国公民科学素质得到了很大提升，但距实现首都全国政治中心、文化中心、国际交往中心、科技创新中心核心功能定位目标的要求还有很大一段距离。2015年中国科学技术协会发布的第九次中国公民科学素质调查结果显示，北京市公民具备基本科学素质的比例为17.56%，居全国第二位。虽然已经完成了2015年"公众科学素质达标率超过12%"的目标，但与发达国家相比还存在较大差距，且各区之间、城乡之间差别较大。为实现首都城市战略定位的目标，加快推进北京科普工作的开展已刻不容缓。

（二）是实施创新驱动发展战略的基本保障

坚持走中国特色自主创新道路、实施创新驱动发展战略，是提高社会生产力和综合国力的战略支撑。创新驱动发展战略是我国经济发展新常态下的核心战略，实施创新驱动发展战略离不开科普工作的基本保障。科普工作通过科普专（兼）职人员、科普场馆、科普产品、科普传媒等科普载体和丰富多样的科普活动来不断提高公民的科学素养，促进公民科技创新能力不断提高，使其更好地投入社会经济建设之中，驱动经济社会的发展。可见，科普工作对于实施创新驱动发展战略至关重要。

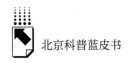
（三）是发挥"创新发展两翼"功能的必然选择

科技创新、科学普及是实现创新发展的两翼，要把科学普及放在与科技创新同等重要的位置。一方面，通过科学普及，提高公众的科学文化素质，进而利用科学的态度和方法判断及处理身边的事情和参与公共事务。另一方面，科学普及水平的高低，也从一个侧面反映了国家或地区的软实力，影响其科技创新水平，决定了国家或地区的自主创新能力和社会经济发展水平。只有将科学普及与科技创新放在同等重要的位置，才能够聚集更多的科技工作者参与科技传播，推广科学知识，推动地区科技事业有序进行，实现创新发展。

二 科普工作服务全国科技创新中心建设的现状基础

（一）作为全国科技创新中心建设智力支撑的科普人才仍显匮乏

北京作为我国人才资源最为集聚的省市之一，拥有科研实力雄厚的高校和科研院所，以及高水平的科技研发团队和机构，可以为推动全国科技创新中心建设提供人力保证。科普人员的不断增加，可以保证有越来越多的人参与科普、体验科普，进而提高公民科学文化素质。借助所学科学知识，运用科学的态度，在生产生活中提高效率，推进科技创新，保证科技事业健康有序发展，为全国科技创新中心的宣传和成果转化提供智力支撑。

打造一支政治素质高、专业能力强的科普人才队伍，既是推进北京科普事业发展、提高公民科学素质建设的关键性基础工作，又是提升科技创新能力的重要智力支撑。图 1 数据显示，2008 年以来，北京科普人才队伍虽然在部分年份出现下滑，但是整体呈现稳步增长态势。科普专职人员和兼职人员总数从 2008 年的 43076 人上升到 2015 年的 48263 人，增长了 12.04%。其中，科普专职人员稳步增长，由 2008 年的 5844 人上升到 2015 年的 7324人；而科普兼职人员在 2011 年和 2014 年出现阶段性下滑，整体也表现出不断增长态势。2008 年，科普兼职人员 37232 人，截至 2015 年，增加到 40939 人。从科普创作人员指标来看，2008 年以来，科普创作人员呈现 "M" 形波动，由 787 人增加到 2015 年的 1084 人。

2015 年北京地区每万人口拥有科普人员 22 人，注册科普志愿者 2.41 万人，科普志愿服务总队新增 14 支队伍。2016 年北京加大科普激励奖励力度，表彰科普工作先进集体 50 家、先进个人 110 人，有效调动了广大科普工作者的积极性。

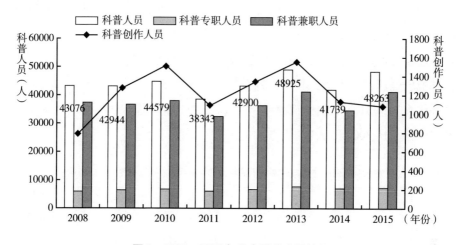

图 1 2008～2015 年北京科普人员情况

资料来源：《北京科普统计（2016 年版）》。

（二）作为全国科技创新中心建设坚实基础的科普阵地的作用有待进一步发挥

科普场地可以有效整合资源，让科技资源发挥最大科普效益，通过科普场馆和市级科普基地的建设，呈现形式多样的科普宣传教育活动，让广大民众更全面、更深入地学习科学技术知识，进而最终使服务基层的活动实现常态化、精品化和规模化，实现科普场地服务首都市民的社会氛围，营造全民爱科学、讲科学、学科学、用科学的良好氛围，对于建设全国科技创新中心意义重大。

本报告将科普场地分为科普场馆和科普基地两类，从不同角度阐述科普场地对于推动全国科技创新中心建设的作用。其中，科普场馆是开展科普工作的重要基础设施，是举办展览、讲座和培训等社会性、群众性、经常性科普活动的主要场所①。图 2 数据显示，北京市科技场馆和科学技术博物馆数量自 2008 年起，均呈现逐年递增态势，分别由 2008 年的 11 个和 35 个，增加到 2015 年的 31 个和 71 个。从城乡科普活动场地来看，北京城乡科普活动场地差异较为明显，且均呈现缓慢递减趋势。其中，农村科普活动场地明显高于城市社区科普（技）专用活动室，2015 年，北京市拥有农村科普（技）活动场地 1832 个，城市社区科普（技）专用活动室 1112 个。在科普基地建设方面，北京市自 2008 年首批科普基地命名以来，截至 2017 年，科普基地已经达到 371 家，其中，科普教育基地 313 家，科普培训基地 10 家，科普传媒基地 31 家，科普研发基地 17 家。371 家科普基地场馆（厅）每年参观人数高达 8000 万人次。

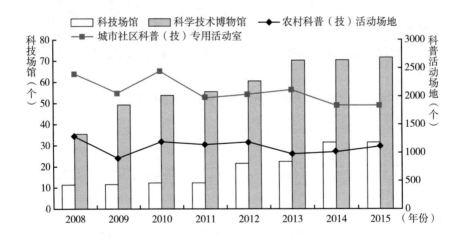

图 2　2008～2015 年北京科普场地情况

资料来源：《北京科普统计（2016 年版）》。

---

① 中国科学院学部：《加强科普场馆在科普工作中的作用》，《中国科学院院刊》2010 年第 4 期。

2016 年支持 20 个科普体验厅建设，全市累计 74 家，覆盖本市 16 个区，总面积达 14000 多平方米，科技互动展示项目 600 多项，覆盖人口 70 余万，不断加强基础建设，常年对社会公众开放，探索打造"30 分钟科普服务圈"，为推动基层科普工作发挥了重要作用。

（三）作为全国科技创新中心建设的动力要素科普经费仍显不足

科普经费的充足，可以保障北京科普事业和社会经济又好又快发展，鼓励和支持各区特别是远郊区积极开展科学技术普及活动，能够确保更多人参与到科普活动中，为全国科技创新中心的建设奠定良好的基础，成为全国科技创新中心的助推力。

北京市每年拨付专项资金用于支持软科学、科学技术普及、科技型中小企业促进、科技服务业等专项项目研究，推广了科学技术知识，促进科技成果及时转化为生产力，服务了国家创新驱动发展战略。图 3 数据显示，2009 年以来，北京市科普经费筹集额呈缓慢递增态势，2009 年，共筹集科普经费 17.79 亿元，截至 2015 年，增加到 21.26 亿元，增长了 19.51%；从科普经费使用情况来看，由 2009 年的 16.67 亿元，增加到 2015 年的 20.16 亿元。就科普专项经费指标而言，2009 年以来，北京市科普专项经费逐年递增，由 2009 年的 54737 万元，增加到 2015 年的 119852 万元，年均增长接近 17%。从人均科普专项经费来看，2009 年，人均科普专项经费 29.43 元，而 2015 年，该指标增加到 55.24 元，增长了 87.7%。

（四）作为全国科技创新中心建设传播媒介的科普产品仍需丰富

科普产品质量和数量的高低，决定了科学技术传播的深度和广度。高质量的科普产品，能够有效提升公民认识科学的能力，提高公民科学文化素质，推动科技信息的传播，为创新发展提供必要的知识储备。而且，通过多种样式的科普传播媒介，可以将前沿科技传播给大众，将更多的信息传递给大众，为全国科技创新中心的建设加大宣传力度，使更多人参与其中。

科学技术知识传播的主要媒介之一就是科普产品，图 4 数据显示，北京

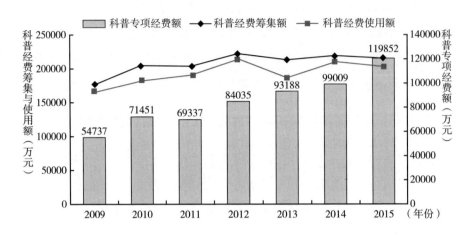

图3　2009～2015年北京科普经费情况

资料来源：《北京科普统计（2016年版）》。

市科普产品整体呈现递增态势。其中，科普图书增长速度最快，由2008年的1018种，增加到2015年的4595种，增长了4.5倍；其次是科普期刊，由2008年的61种增加到2015年的123种，翻了一番；增长速度较慢的是科普网站数量，由2008年的185个增加到2015年的343个，增长85.41%。

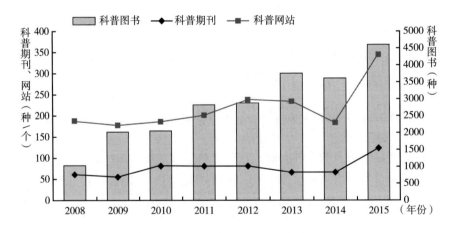

图4　2008～2015年北京科普产品情况

资料来源：《北京科普统计（2016年版）》。

2011～2016 年，共支持图书 199 册/套，其中原创作品 170 册/套，引进 29 册/套。《徐仁修荒野游踪：寻找大自然的秘密》《霍金传奇》《神奇科学》等 79 部作品获得了全国优秀科普作品，占全国的 33%。

同时，伴随着科技的发展，科普传播媒介也不断得到更新，以微信为代表的新媒体逐渐成为信息传播的主要载体。"科普北京""全国科技创新中心"微信公众号通过定期推送信息的方式，聚焦国内外重大科学进展及科研成果，服务于社会公众，引领了正确的舆论方向。

（五）作为全国科技创新中心建设重要载体的科普活动品牌仍需扩大

科普活动的举办可以让广大公众更为直观地感受科技的魅力，能够近距离感受科技带来的震撼。通过举办多种形式的科普活动，吸引更多人参与到科普中，激发人们热爱科学的兴趣，为全国科技创新中心建设提供更多的载体，搭建更多的互动平台，让越来越多的公众参与其中。

图 5 数据显示，北京市科普活动除科技活动周科普专题活动次数增长速度最快之外，举办重大科普活动次数和科普国际交流次数增长速度缓慢。其中，2009 年，共举办科技活动周科普专题活动 2635 次，截至 2015 年，增加到 6662 次；从重大科普活动指标来看（2013 年为 4044 次），2008 年，共举办重大科普活动 788 次，2015 年增加到 983 次，增长 24.74%。就活动具体形式而言，北京市举办全国科技活动周暨北京科技周、北京"双创"活动周、创新创业大赛，开展院士专家校园行、企业行、社区行、京郊行等系列科普活动，形成了全社会人人关心创新、鼓励创新、尊重创新、保护创新的良好氛围。2017 年，北京市科技传播中心、石景山区科委主办的"2017 科普北京·达人秀大赛"突破了传统科普宣讲的定势思维，创新了科普形式，实现了科学与艺术的融合，取得了很好的效果。

（六）作为全国科技创新中心建设发展引擎的科普产业仍需加强

伴随着经济发展进入新常态，寻找经济发展新引擎成为亟待思考的问题。

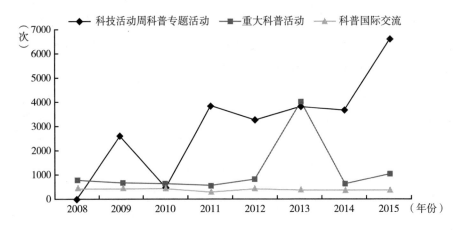

图5　2008～2015年北京科普活动情况*

注：2008年科技活动周科普专题活动数据缺失。

资料来源：《北京科普统计（2016年版）》。

作为新兴产业，科普产业可以为推动地区经济发展提供重要支撑。2016年6月，《北京市"十三五"时期科学技术普及发展规划》指出，要实施科普产业创新工程，并将总体目标定位到2020年，建设与全国科技创新中心相适应的国家科技传播中心，使科普产业初具规模并不断提升"首都科普"影响力。同时要求打造30部以上在社会上有影响力、高水平的原创科普作品，培育3个以上具有一定规模的科普产业集群。北京市致力推动科普产业化发展，是为了与其公益性相结合，为全国科技创新中心建设提供更广阔的平台。

三　科普工作服务于全国科技创新中心建设的路径探索

全国科技创新中心是党中央赋予北京新的城市战略定位，加快推进全国科技创新中心建设，有助于加快形成首都创新体系和创新驱动的发展格局，对全国科技创新具有示范引领和辐射带动作用[①]。未来，北京可重点围绕以下几方面推进科普工作开展，为全国科技创新中心建设提供强有力支撑。

---

① 伍建民：《建设全国科技创新中心的内涵与形势》，《前线》2014年第10期。

（一）推进科普与科技创新人才的相长，为全国科技创新中心建设提供人才支撑

加强北京全国科技创新中心建设，使北京成为全球科技创新引领者，打造具有全球影响力的科技创新中心，根本在于人才的培养。而科技创新与科普人才的培养存在着相长的关系，因而从科普工作的角度培育科普人才也能够为全国科技创新中心建设提供人才支撑，具体做法如下。

其一，必须用国际化的环境吸引国际化的人才，择天下英才而用之[1]。为推进全国科技创新中心建设，北京市科普人才队伍应该借助得天独厚的优势，构建具有国际竞争力的引才用才机制。通过加强国际交流合作，引进各专业领域领军人物参与到科普活动中，提升北京市科普国际影响力。

其二，培养与激励并重，加强人才队伍建设。与国内高等院校、科研院所合作，培育本土科普人才。着重从培养机制、激励机制及后续教育环节上努力，培养机制为科普人才提供智力保障，激励机制调动科普人才展现价值的积极性，而后续教育环境则能激发科普人才的探索精神[2]。通过打造顺畅的人才引进通道，探索市场化的人才服务机制和人才资源的配置机制。同时，鼓励高校院所开设科普展厅，开展科普活动，支持科普服务机构对接高校和科研机构，进行科技资源及科研成果的科普化，实现资源开放共享，提高科技资源利用效率。

其三，促进科研科普的结合。开展"院士专家讲科普"活动，组织高端科学人才做科普，打造"老科学家演讲团"，通过遴选领域内权威的科学家、专家、学者，形成一支责任心强、具有奉献精神的科普宣传团队，鼓励科技人员进行科普研究和科普创作，使专家学者参与科普形成常态化、制度化的安排。大力支持专家学者创作原创性科普作品，采取科研人员、科普工作者、专业编辑联合开展科普图书创作。"出作品、出精品"，发挥北京市

---

① 闫傲霜：《加快建设全国科技创新中心》，《人民日报》2016年1月12日，第13版。
② 李群、王宾：《中国科普人才发展调查与预测》，《中国科技论坛》2015年第7期。

的人才资源优势，建设一支强有力的科普作品原创队伍，推广科学技术知识，有效推动知识创新，引领创新发展。

（二）以多元投入推动各区平衡发展，为全国科技创新中心建设提供动力保障

如果把北京建设为全国科技创新中心，其各区域经济社会应该是均衡发展的。因而，针对全国科技创新中心建设目标，北京市应该有效转变新常态下的区域经济发展方式，解决各区经济发展的不平衡不充分问题。那么，北京科普工作应该加强对科普落后地区的政策引导与资金支持，加强中心城区与平原地区的新城、生态涵养区之间的对口交流与合作，以缩小区域间科普发展水平的差距。当然资金投入问题是关键，足够的资金能够为推动科普事业、全国科技创新中心建设提供动力保障。

目前，北京市科普经费筹集额绝大部分源自政府拨款，市场化资金进入渠道不畅，资金来源渠道单一，制约了北京科普事业的发展深度。因而，北京市应该拓宽科普资金渠道，探索政府购买公共科普服务的形式，强化政府对科普投入的引导作用，发挥市场配置资源的决定性作用，鼓励社会各方力量共同参与科普。在财税制度配套改革上，完善捐赠公益性科普事业、个人所得税减免政策和相关实施办法，提高个人、企业、组织参与科普的积极性。

（三）打造国际科普品牌，为全国科技创新中心建设营造良好文化氛围

当今世界正处在新一轮科技革命和产业变革孕育期，信息传播已进入高速发展时代，同时，科普宣传也已进入全领域覆盖时代。需要打造国际科普品牌，大力推进科普工作，传播创新精神，培育健康的科学文化与创新文化，营造良好的创新社会氛围。

北京科普工作应该以立体式思路创新宣传方式，按照社会化、多层次、多形式理念推进。大众传媒要发挥自身优势，加强合作交流，实现现有信息

集成，避免信息孤岛和信息重复的出现；新媒体要聚焦社会热点，推送优质文章，扩大宣传影响力，发挥中国优势，加强科普信息化建设；应用新的技术手段和表现形式，将高校院所及企业的科技前沿、关键性技术突破、新技术新产品，转化为互动体验性强的可移动科普展品。

坚持"引进来"和"走出去"相结合，汲取国外先进经验，集聚全球优势资源，通过开展国际合作，将北京市具有代表性的科普产品和科普活动推向国际市场，扩大影响力。同时，借助北京市独特的战略定位，吸引更多的国外优秀科普产品和科普团队走进北京。总之，致力打造具有国际影响力的"首都科普"品牌，进而更好地培育创新精神，营造创新氛围，为全国科技创新中心建设提供支持，使北京市成为全球科技创新的引领者。

（四）培育优势科普产业，助推科技成果转化

全国科技创新中心的建设，重要的目标之一便是要建设一批具有国际影响力的科研院所，取得一批具有国际影响力的原始创新成果并能够快速转化为生产力。科普产业作为推动科技创新的新引擎，能够更好地促进科技成果转化，并尽快形成生产力。

北京科普产业应更加关注人工智能、新材料、生物技术等前沿领域，制定科普产业发展的行业标准，推进科普产业园区和科普产业示范基地建设，促进科普产业链整合，实现不同产业间融合发展。积极引导创新创业主体推广科普产品，促进公众理解、应用科学，并且通过搭建转化交易平台，实现创新成果的孵化与转化，推动科技成果市场化，促进科学普及和科技创新协同发展，为北京市建设全国科技创新中心奠定扎实基础。同时，继续深化央地战略合作，探索可复制、可推广的科普产业发展模式，加大创新开放力度，通过创新合作机制，探索更加利于各区发展的成果转换有效路径。

（五）贯彻落实京津冀协同发展战略，从科普角度促进科技资源共享

京津冀协同发展是当前中国三大国家战略之一，京津冀地区同属京畿要

地，战略地位十分重要。对于全国科技创新中心建设，三地科技资源的整合共享意义重大。除了科技创新领域之外，科普资源的共享也能够推动科技资源的共享，使三地之间的科技资源实现优势互补，形成更强的辐射带动作用，推进区域间科技交流与合作，为全国科技创新中心建设营造良好的周边环境。

未来北京应以京津冀地区为依托，加强三地之间的科普合作，有效整合区域科普资源，推动区域联盟建设。按照优势互补、资源共享、区域一体的原则，突破联动发展存在的机制体制障碍，整合科普资源，扩大科普空间，合力打造大科普，开展全方位合作，构建科普合作长效机制。

在《京津冀科普资源共享合作协议》基础上，继续打造"科普＋旅游"的品牌活动，推出更多京津冀科普旅游线路，尽量覆盖京津冀三地的科普基地。适时推进京津冀科普资源共享政策的出台，推动搭建科普资源共享服务平台，推进"科普＋信息化"建设，推动科普信息化资源的应用落地和传播，实现科普资源共享与服务建设，利用好大数据技术，更好地服务于京津冀地区科普事业的发展。

参考文献

［1］闫傲霜：《加快建设全国科技创新中心》，《人民日报》2016年1月12日第013版。

［2］伍建民：《建设全国科技创新中心的内涵与形势》，《前线》2014年第10期。

［3］包松娅：《北京如何创建全国科创中心?》，《人民政协报》2017年11月8日第002版。

［4］申明：《汇智聚力 加强全国科技创新中心建设》，《科技日报》2017年10月9日第003版。

［5］柯妍编《北京建设全国科技创新中心必须在增强"五力"上出实招》，《科技智囊》2017年第9期。

［6］李群、王宾：《中国科普人才发展调查与预测》，《中国科技论坛》2015年第7期。

［7］ 杨海丽、张玉娟等：《北京加强全国科技创新中心建设科技人才体制机制探索研究》，《"科技情报发展助力科技创新中心建设"论坛论文集》，2017 年 11 月。

［8］ 中国科学院学部：《加强科普场馆在科普工作中的作用》，《中国科学院院刊》 2010 年第 4 期。

［9］ 谢广岭、周荣庭：《信息化时代中国科普传播的现状调查、问题与对策》，《中国科技论坛》2015 年第 10 期。

［10］ 王向云：《我国科普网站在科学传播中的作用研究》，南京理工大学硕士学位论文，2017。

［11］ 张加春：《新媒体背景下科普的路径依赖与突破》，《科普研究》2016 年第 4 期。

［12］ 张彤、查辉鹏：《打造科普品牌 创新科普途径》，《科协论坛》2017 年第 10 期。

［13］ 李会卓：《我国科普产业发展评价研究》，北京化工大学硕士学位论文，2016。

［14］ 莫扬：《我国科普资源共享发展战略研究》，《科普研究》2010 年第 1 期。

［15］ 马琳娜：《科普行动在大众传播体系中的分析和研究》，《科技传播》2016 年第 14 期。

［16］ 陈威：《政府在推动科普品牌化中的作用研究》，东南大学硕士学位论文，2016。

B.5
北京大科普事业发展
及国际化建设情况报告

臧翰芬[*]

摘　要： 本报告梳理了"大科普"的概念和内涵，总结了北京市大科普事业建设的现状、存在问题和未来发展趋势，报告了北京大科普事业国际化建设的一些情况。通过分析现状，总结问题，瞄准未来趋势，结合国家政策和相关文件，给出了北京市大科普事业和国际化建设的一些政策建议。报告指出北京市的大科普事业建设是随时代发展应运而生的，科普不应是过去狭义的科普，而应该是"大众创新、万众创业"时代的科普，必须以国家建制为背景，以国家法律法规为强大支持和保障。在全球化背景下，大科普事业要不断国际化，开展形式多样、生动活泼、享誉国际的科普活动，与世界各国合作共同建设和开拓大科普事业，同时坚持"以我为主、合作共赢"的原则，建立"人人爱科普、人人懂科普"的良好社会氛围，努力把北京打造成科技化、信息化、文明化的国际一流大都市。

关键词： 大科普　国际化建设　政策建议　资源保障　科普活动

---

* 臧翰芬，中国社会科学院研究生院博士生，主要研究方向：科普评价、政策评估和经济预测。

一 大科普事业的概念与内涵

所谓"大科普"，与传统的向青少年普及经典科学知识的科普认识不同，是指要从科学知识、科学方法和科学思想三方面推进科普工作。对"老的"经典科学知识进行传授的同时，不要忘记讲授前沿的科技知识；不光要注重科普知识的普及，还要注重科学技术、科学方法和科学精神的掌握和普及。科学总是蕴含在技术发展和技术进步之中，基于这一共识，科普的概念就被进一步拓展了。

大科普应该是广义的科普，而不是狭义的科普。广义的科学普及包括自然科普、技术科普、技术前沿科普、技术应用科普、技术实践科普等，而狭义的科普是指利用各种传媒以浅显的让公众易于理解、接受和参与的方式，向普通大众介绍自然科学和社会科学知识、推广科学技术的应用、倡导科学方法、传播科学思想、弘扬科学精神的活动。

大科普还应该是全社会都参与的科普，因为科学普及是一种社会教育。要想不断提高全民的科普能力，就必须让广大百姓参与到科普能力的建设中去。在大科普时代下，科普已经不是一个独立的行业，而是渗透到社会各个方面、各个领域工作中的一项全面性社会事业。时代呼唤大科普，大科普的到来不以人的意志为转移。当代大科普事业的建设首先要以政府推动为主。例如，中国国家中医药管理局成立了一个由中医药界权威组成的专家委员会，组织开展中医药文化建设和科学普及的工作。专家委员会除定期举办科普讲座、与传媒合作进行中医药知识传播外，还依据中医学古籍、典故等传统资源，创作一批中医药科普作品。为满足年轻人的需要，专家委员会还支持、鼓励创作以中医药文化为主题的影视剧、动漫作品以及开发游戏软件等。其次，我国政府还应当进一步重视发挥社会组织在当代大科普事业中的综合、协调和服务作用，各级科普社会组织也应当主动深入到广大城市、农村和各类企事业单位中，与这些部门做好对接、做好宣传，更积极地开展大科普工作。

大科普在形式上应该是以立体的、全方位的方式进行的。由于社会和时代的不断变化和发展，国际上的科普方式已由科学家的单向传播，转变为公众和科学家双向平等的互动过程。科普形式的运用亦更为多样，展示类科普包括展板展示、实物展示、影视展示、实验展示等不同形式；宣讲类科普活动包括讲座式、授课式、沙龙式、表演式等不同形式；体验类科普包括真实场景体验、模拟场景体验和虚拟场景体验等不同形式；竞赛类科普包括笔试型、操作型、答辩型、运动型、复合型等不同形式；培训类科普包括讲授型、研讨型、训练型等不同形式；大型综合类科普则包括科学博览会活动、科学周（日、节）活动等不同形式。充分利用先进的时代科技如移动媒体、增强现实和虚拟现实等技术开展更符合当今时代的科普活动也是开展大科普事业的重要方式和手段。

因此，"大科普"是基于传统的科普内容、科普形式和科普方法，全面扩展为介绍科学知识、科学方法和科学精神的科普，利用各种科普资源包括科学家等人才资源，通过现代技术等多种手段和丰富多彩的形式，让社会大众和社会组织参与到科普活动事业。大科普事业的发展应该以政府为主导，强调科普实践和前沿科学知识，强调"政府主导、全社会组织和参与"，开展地域更宽广、领域更多样、形式更丰富、互动更紧密的科普活动。

二 北京大科普事业建设情况

北京市积极推进全国科技创新中心建设，大力推动首都公民科学素质提高，着力营造大科普事业发展的良好环境，大科普能力建设也得到了增强，大科普社会影响力明显提高。但是，在北京大科普事业的建设过程中也存在一些需要解决和改进的问题。基于未来的大科普事业发展趋势，应当根据社会发展趋势对北京大科普事业建设继续完善和加强，使北京大科普事业建设更上一层楼。

（一）北京大科普事业建设现状

北京市作为我国的首都，正在推进建设全国科技创新中心，以"政府引导、社会参与、创新引领、共享发展"为方针，在大科普事业建设上走出了自己的特色，形成了独特的工作格局。

北京大科普事业发展的第一个显著特点是政府发挥了突出的引导作用。北京市委、市政府制定了《北京市科学技术普及条例》《北京市"十三五"科学技术普及发展规划》等地方法规和政策文件，为全市科普工作的开展提供了强有力的法律保障和制度支持。北京市大科普工作的领导与组织机制日趋完善，利用科普工作联席会议制度整合各部门及社会各界的力量，形成合力，统筹安排科普工作及大型的科普活动，检查和监督各项科普工作落实情况。

北京大科普事业发展的第二个特点是动员社会力量，打造全民参与科普的局面。大科普事业的发展使得科普工作已经成为国家的发展事业和社会的系统工程。大科普事业发展虽然需要政府在其中发挥引导作用，但具体的科普工作还需要依靠社会团体、科普组织、大众传媒、企业、高校院所等的共同参与和支持。例如，北京市鼓励和支持高校院所、科技型企业参与科普事业。"十二五"期间，在"公众开放日"活动和"社会开放日"活动的带动和影响下，北京地区大学、科研机构向公众开放的范围不断扩大，开放机构由"十一五"末的196个增加到2015年的523个，参观人数也从"十一五"末的10万人次扩展到2015年的近50万人次。

北京大科普事业发展的第三个特点是把科普工作与文化、旅游相融合。截至2016年底，全市文化领域高新技术企业3047家，约占总数的1/5，2016年，设计领域技术合同成交额440.5亿元，拥有影视动漫、数字出版等一批专业服务平台。自2010年起，北京市打造了"科普之旅"品牌。2018年还重点推出京津冀科普旅游线路共18条，其中包括寰宇探秘之旅、健康养生之旅、现代农业之旅、湿地之旅、动物奇妙之旅、和谐自然之旅等，每条线路都覆盖京津冀三地的科普基地。截止到2017年11月，各条科

普之旅路线共接待游客 2900 万人次，有效整合了科普基地资源，为市民提供具有北京特色的、科技内涵浓郁的休闲娱乐新体验。

北京大科普事业发展的第四个特点是充分运用新技术创新科普工作内容和形式。随着互联网技术的不断发展，新媒体异军突起，以其易于接收、互动性强、覆盖率高、精准到达、性价比高等独特的优势强烈地冲击着传统的科普传播模式，并逐渐发展为科普传播的主要渠道。"十一五"末以来，北京市各年度科普网站的建设数量均超过 180 个，网站、微博、微信、手机 APP、手机报等新媒体均已成为相关单位科普宣传的重要渠道。坐落在"751"艺术区的 3D 博物馆是科技、艺术、设计融合的创意体验馆。作为直接感受当代艺术区和先锋设计广场的科普体验场馆，其面积共有 5400 平方米，包括数字海洋馆、VR 体验馆、3D 壁画、活的美术馆等展项。2016 年共接待北京市的中小学生 6 万多人次。

北京大科普事业发展的第五个特点是注重对创新精神的培育。北京在发展科普工作时不仅注重普及科学知识，而且更加重视创新精神培育。近年来，为使创业创新理念深入人心，北京市不断创新科普工作模式，建立科普与创新创业形势紧密结合的机制，围绕创新创业主题开展了大量的科普活动和科普宣传工作，营造了大众创业、万众创新的良好氛围。创业活动日益活跃，形成了以"90 后创业者""创业系""连续创业者""海外留学人员回国创业者"为代表的创业群体。

（二）北京大科普事业存在的问题

虽然北京市的大科普能力建设取得了一定的成绩，但是也存在一些问题。

首先，是科普投入不足，且科普投入主要来源于政府，数量有限且投入渠道单一。近年来，虽然北京市科普基地的科普投入逐年增加，且达到了一定的规模和水平，但由于企业和社会投入科普公益事业的渠道不畅，使得科普基地多元科普经费投入机制还没有真正建立起来，科普基地主要经费来源仍为政府和单位自身投入，而其他来源的经费投入所占比例非常小。如调查的 200 家科普基地 2013 年的投入总和为 209.9 亿元，其中财政投入（财政专项投入和科技财政投入）经费所占比例为 21.27%，单位投入所占比例为 78.12%，其他来源的经费投入比例仅占 0.61%，而且，即便是单位投入，大部分来源也是财政拨款。

第二，基层科普组织尚不健全，科普教育缺乏专业化教师队伍。调查研究结果显示，全市有 88.5% 的科普基地设有专职的科普工作人员，11.5% 的科普基地没有专职科普工作人员；在设有专职科普工作人员的科普基地中，专职科普工作人员占职工总数的比例普遍不高，所占比例平均值为 22.9%。科普基地人才缺口和不足的问题，直接制约了科普基地创新能力和科技传播能力的提高。

第三，在科普教育基地方面，北京市科普教育基地大致分为四类：专业科普场馆类、工农企业类、高校及科研院所实验室类、自然保护区及国家森林公园类。科普教育基地绝大多数能够保持常年开放，开放天数在 300 天以上的占 81.1%，较好地满足了社会公众的科普需求。一些科研院所和高等院校实验室仅在北京科技周、全国科普日等固定纪念节日开放，时间较短，开展活动的成本较高。科普活动是专业科普场馆类和工农企业类基地的主要内容，展厅面积相对较大；对于高校及科研院所实验室类和自然保护区及国家森林公园类基地来讲，科普不是主要工作，展厅面积普遍相对较小。此外，科普教育基地的经费比较紧张，运行比较困难；科普教育基地特色活动不少，但亮点不够突出；科普教育基地的建设环境有待进一步优化，科普产业链需要进一步完善。

第四，社会各方对科普工作重视不够，没有形成良好的氛围。北京市各政府机构、学校和社会对科普教育的认识不到位，重视不够，科普氛围不浓。科普教育往往是说起来重要，做起来次要，忙起来不要。人们对科技的概念模糊，意识不强。

（三）北京大科普事业建设的趋势

在科普的运行机制上，正在由计划经济条件下以政府行为为主，向市场

经济条件下政府、社会和市场共同推进的方向转变，专业科普人才在科普主导力量中的作用越来越得到重视；在科普的内容上，正在从以推广实用技能、普及科学知识为主，向全面传播科学知识、科学精神、科学思想、科学方法以及自然科学、社会科学和人文学科相结合的方向转变，并与社会发展的需要和公众广泛的需求紧密结合。"十三五"期间北京大科普事业建设将会聚焦在民生需求、青少年需求、创新产业的需求、"互联网＋科普"的要求这几大方面，并呈现以下发展趋势：一是与社会热点契合；二是注重科普科学精神；三是主流媒体应承担传播科学的社会责任；四是科普投入社会化；五是科普与学校的科技教育紧密结合。

大科普事业建设在未来需要有更加完善的政策和法律作为支撑。一是需要加强工作协作联动制度建设，充分发挥科普工作联席会议制度和北京市全民科学素质工作领导小组的组织协调作用，统筹部署，集成资源，引导全社会共同推动全市科普事业的发展。二是完善科普政策法规，建立健全适应科普事业和科普产业良性发展的政策法规体系，坚持依法全面履行政府职能，提高行政效能。

大科普事业建设在未来需要继续加强科普人才队伍的培养。北京科普的专业人员数量较为缺乏，使得科普教育工作无法从根本上得到提升，因而培养一支能带动科普教育工作的专业化的队伍就显得尤为重要。要通过高校培养、科普基地培训、科普项目资助、组建科普工作室等方式，稳定专职科普人才队伍，逐步建立一支专业化的科普管理人才队伍；鼓励和支持科技工作者和大学生志愿者投身科普事业，不断壮大兼职科普人才队伍；建立健全高水平科普人才的培养和使用机制，形成高端科普人才的全社会、跨行业联合培养与共享机制，重点培养一批高水平、具有创新能力的科普场馆专门人才和科普创作与设计、科普研究与开发、科普传媒、科普产业经营、科普活动策划与组织等方面的高端科普人才。

大科普事业建设在未来需要持续推动科普经费投入多元化。北京市目前的科普教育经费仍以政府投入为主，这就需要多挖掘社会中的一些好的科普资源，带动社会各个方面的力量，更好地兴办科普教育。要吸收社会公益基金，对于经常性科普工作之外的科普项目资助，采取"费用分担"的资助方式。建立一套调动企业和社会资金实施科普项目的机制，保证全国科普工作的连续性、资金筹集的社会化、经费投入的高强度。

大科普事业建设在未来需要持续提升科普传播网络化、信息化水平。总体而言，科普基地对新媒体的运用还处于初级阶段，建议实施"互联网 + 科普"工程，提升科普信息化水平。应当创新科普供给新模式，鼓励 VR、AR、MR 等新技术的应用，增强科普传播的互动性与娱乐性。推动传统媒体与新媒体在内容、渠道、平台等方面的深度融合，围绕公众关注的热点事件、突发事件等，实现多渠道全媒体传播。发展以互联网为载体、线上线下互动的科普服务，构建面向公众的一体化在线科普服务体系。

三　北京大科普事业国际化建设状况

新时期北京市作为首都城市的战略定位是成为政治中心、文化中心、国际交往中心，特别是科技创新中心。北京大科普事业紧紧围绕首都"四个中心"的战略定位和"四个服务"的职责使命，在推进国际交流等方面发挥了重要作用。加强科普对外合作与交流，与世界各个国家、地区和境外同行共同研究与探讨普遍关心的科普问题，求同存异，有助于从国情出发借鉴国外的经验，丰富科普理论和实践，拓宽科普工作思路，提高科普工作水平。

近年来，北京市采用"请进来、走出去"的方式，通过组织国内外科普交流活动、举办人力资源培训、加强与国际知名科普场馆和科普机构的联系与交流、吸收引进国内外优秀科普展教品等活动，推进国际科普交流合作，在促进北京科普工作国际化发展方面发挥了重要作用。截至 2014 年，北京市举办科普国际交流合作活动累计 1827 次，参与人数超过 17 万人次。首届联合国教科文组织创意城市北京峰会，共有 25 位国内外知名专家学者与创意城市网络城市代表发表演讲。2013 年诺贝尔奖获得者北京论坛邀请数位诺贝尔奖获得者和著名科学家，与公众零距离探讨前沿科技话题。首届

北京国际科学节圆桌会议、北京国际设计周、"第 11 届北京科学传播创新与发展论坛暨 2013 北京科学嘉年华国际论坛"等活动，吸引了多国科普专家来京交流探讨，推动了世界科学传播事业的可持续发展。北京天文馆在国内首次举办第 22 届天文馆学会大会，吸引近 40 余个国家和地区的 300 余位天文馆专家、天文教育专家参加。中国（北京）跨国技术转移大会，与 43 个国家近 600 家机构开展合作，建立起遍布全球的国际科技合作网络。北京自然博物馆联合澳大利亚国家博物馆，2013 年在澳大利亚举办了为期 8 个月的"暴龙"展览，增强了我国科普场馆的知名度和科普展览的影响力。组织中小学生赴美国参加 FTC 机器人世界杯、赴墨西哥参加 RCJ（机器人世界杯）全球总决赛，为青少年提供了国际交流的机会，开拓了其国际视野。引进的 BBC 野生生物摄影年赛年度获奖作品、美国"热带雨林大冒险"迷宫主题互动展，以及联合举办的"中日科技教师交流暨大型科学趣味实验表演"和"两岸中学生暑期自然探索夏令营"等活动，均受到公众的热烈欢迎。第七届北京发明创新大赛首开国际大门，来自全国 28 个省市和法国、韩国、波黑等国家的 1272 个项目报名参赛。举办的"智慧城市国际信息设计展"以多媒体、互动、信息可视化等新颖手段展示了来自美国、法国等 14 个国家、50 家设计师事务所与数字研究机构、实验室的 82 件信息设计作品，让观众近距离欣赏到信息设计与信息技术的强大魅力。

北京市努力打造国际化科普资源和科普产品展示、集散、交流中心，向世界展示"科普北京"风采。北京市科协主办的 2016 年北京科学嘉年华吸引来自加拿大、法国、德国、以色列等 16 个国家和中国台湾地区的 31 个科技组织的 50 位境外代表，境外科技互动项目共 50 余项。北京市教委组织北京地区学校参加"F1 在学校"青少年科技挑战赛 2016 世界总决赛，向世界展示了北京中学生的创新能力和精神风貌。

2017 年北京国际科学节圆桌会议的顺利召开进一步强化了与世界各国科学节组织机构间的友好关系，为各科学节组织在科学传播理论交流、科普资源共建共享、项目开发与合作等方面开展更深层次的合作打下了基础，对进一步促进首都科学传播领域的国际合作，贯彻落实全民科学素质行动计划纲要和北京作为国际交往中心和科技创新中心的发展战略具有重要意义。2017 年北京国际科学节圆桌会议以"创新科普理念，引领科普实践"为主题，旨在探索科普理念与实践的双升级，寻求科普理念与形式的创新，进一步研究、完善圆桌会议的机制，使会议交流成果更具实效性。会议包括年度会议、欧盟项目报告交流会、"科普理念与实践双升级"学术论坛、科技创新与科普发展研讨会等四项主题活动。为了扩大北京国际科学节圆桌会议的影响力，搭建更广泛的国际科学传播交流合作平台，圆桌会议围绕科技创新与科学普及，邀请世界范围内的科研机构和企业参与，实现了在国际科技交流与科学传播领域的多方合作、资源共享。来自俄罗斯、德国、泰国、南非、匈牙利、波兰、马来西亚、新加坡、韩国等国家的科技馆、科研机构和大学的 20 余位外国专家，以及来自中国科普研究所、北京自然博物馆、北京天文馆、北京麋鹿生态实验中心等科普组织的 10 余位中方专家，参与了主题演讲和研讨活动。

四 北京开展大科普事业及国际化建设的政策建议

自从李克强总理在 2014 年达沃斯论坛上提出"大众创业、万众创新"以来，创新创业的概念已经深入人心，大科普事业也随之进入了新的发展阶段。"科技创新先进理念以及全民科技创新意识与科技创新素养"是具有全球影响力的科技创新中心的特质之一，而这种特质恰恰是需要通过科普工作来实现的。习近平总书记 2016 年 5 月在全国科技创新大会、中国科学院第十八次院士大会和中国工程院第十三次院士大会、中国科协第九次全国代表大会上的讲话中提到，"科技创新、科学普及是实现创新发展的两翼，要把科学普及放在与科技创新同等重要的位置"。北京建设具有全球影响力的科技创新中心，科技创新是核心，而科普工作就是其社会基础性工程。重视科普工作，做好社会基础性工程，从全世界范围来看已是共识。北京市的大科普事业及国际化建设始终要围绕"科技创新"这个核心展开，实现全民参

与、社会良性互动的新气象，并且需要树立"大科普、国际化"的理念，构建大科普事业及国际化的大格局。为此，在政策层面和实际科普工作方面，可以从以下几个方面进行加强和完善。

（一）国际化大科普建设的体制机制

北京市出台的有关科普工作的政策和法规，为科普教育工作的开展提供了有力的保障。但一直以来比较忽视的一个方面是科普的评价体系，只有科普评价体系建设得到加强和完善，才能进一步推动科普创新体系的完善，才能把科普工作推向新的高度。

除了科普政策、法规、评价体系外，还需做好以下体制机制方面的工作：一是健全组织领导协调机制，建立健全部门联席、军民融合、省市联动、媒体合作、专家协作的常态化科普协调机制和应急科普工作机制，统筹协调科技传播与科普服务工作。二是做好资金方面的保障，加大财政投入。积极争取公共财政投入，发挥财政资金的主导作用。在国家法律和相关规定许可范围内，通过多种方式筹措事业发展资金。三是围绕首都创新体系建设中的重要和关键环节，重点打造科技创新服务支撑体系和决策咨询服务体系。四是加强与海外华人科技社团的联系，建立高层次海智科技人才专家库，为首都引进各类高科技紧缺人才做好服务。

（二）国际化大科普的资源保障

切实履行《北京市全民科学素质行动计划纲要实施方案（2016—2020年)》提出的要求并开展实施工作，推进重点人群科学素质行动，实施科普信息化等基础工程建设，建立公民科学素质共建机制，汇集社会科普资源，推进公民科学素质建设。

在人才建设方面，针对科普重点人群之一的青少年群体，以北京青少年科技创新大赛为龙头，筹划青少年创客教育，激发青少年科技创新激情。对于青年科普人才，资助青年科技人才出版学术专著、参加国际学术会议，鼓励对外交流和自我展示；面向企业广泛开展青年科技创新活动，为青年科技人才展示新成果、新理论、新思想创造条件。对于老年人群体，发挥老一代科技工作者在科学普及、决策咨询等方面的优势，积极开展老年人进社区科普、老年人进学校等活动。对于科普志愿者，要加强科普志愿者队伍建设，加强对科普志愿者的培训。

在服务平台和网络建设方面，建设科技信息服务体系，整合信息服务、外国专利推介服务等技术创新服务平台，建立人才、技术、信息、项目需求等综合性信息系统，促进国外信息引进吸收和再创新。建设智能、高效、精准的科技工作者联系联络平台，按照统一规划、共建共享的原则，围绕信息资源开发、数据资源建设、技术服务等业务领域，完善与科技工作者的联系网络和互动机制。

（三）拓展科普资源的国际化传播

进一步推动北京科学嘉年华国际化，提升北京国际科学节圆桌会议、"北京科学传播创新与发展论坛"、"国际科普方法研讨会"等重点活动的国际化水平，使其成为具有全球影响力的国际性、综合性科学节。与国际科学技术传播委员会、欧洲科学中心和博物馆联盟等重要国际组织加强合作，推广首都优质科普资源，组织项目参与国际重点科学传播活动。进一步推进北京青少年科技创新大赛国际化，促进中外学生双向参赛、加强交流。

以北京科技交流学术月为龙头，建设高端综合性学术平台。发挥凝聚学术人才的优势，建立学术年会制度，把握学术前沿，交流最新成果。资助开展小型化、专业化学术交流，不断提升影响力。建立完善科普资源平台。运用市场机制推动科技创新资源向科普资源应用转化，举办"北京·国际科普产业博览会"等活动，打造国际化科普产业资源的集散中心。

（四）引进国际先进人才技术，推进科普

围绕知识创新和人才创新，搭建海内外科技人才的交流平台，结合首都科技智库建设，引进一批海外高层次智库型人才。加强与海外华人科技社团

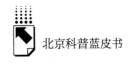

的联系，建立高层次海智科技人才专家库，结合技术成果转化平台建设，引进一批具有丰富经验和专业素质的科技服务业人才，参与技术评估和技术转移工作。

加强与国际知名智库的交流合作。探索建立科技智库国际交流与合作的新机制，针对首都经济社会发展重大战略问题，开展合作研究。坚持国际视野和问题导向，开展国际智库交流与合作，提升自身的国际影响力。

（五）采用国际合作方式，开展科普活动

积极开展主题科普活动，充分调动首都科普资源，精心组织全国科普日主题活动、北京科学嘉年华和北京科技周等综合性重大科普活动，不断提升品牌影响力，继续举办"首都科学讲堂""北京科学达人秀"等内容丰富、形式多样的科普活动。

根据国家"一带一路"倡议和北京市友好城市建设，建立和完善与其他国家和地区科技组织的双边合作关系，建立覆盖面广、重点突出、关系密切、相互协调的国际及港澳台民间科技交流体系。积极开展民间科技外交，提升首都国际民间科技交流的地位、形象和作用。围绕"一带一路"倡议，加强与沿线国家和地区的科技部门、科技组织合作，形成志愿性的非政府组织联盟对话机制，促进科技资源流动和联合创新，并辐射有关亚、欧、非、拉美国家。通过举办科技经济论坛、研讨会和洽谈会，促进海内外创新要素对接和项目合作，引导和支持联盟内部的成员单位开展联合研发、技术评估和技术转让，推动联盟内部的科研院所、园区和企业开展双向、多向科研和产业合作。

坚持"以我为主、合作共赢"的原则，建立科学有效的对接机制，与美、德、法、意、日、韩、澳等主要国家的重点科技组织，以及欧盟、亚洲、非洲、美洲等区域性科技联盟组织建立和巩固系列化、可持续的实质性项目合作。鼓励主办或承办水平高、影响大的国际会议和活动，支持北京地区高层次科技人员加入有代表性和影响力的国际科技组织。

参考文献

［1］江晓原：《论科普概念之拓展》，《上海交通大学学报》（哲学社会科学版）
2006 年第 14 期。

［2］徐善衍：《在"大科普"时代中探索》，《科学新闻》2010 年第 12 期。

［3］朱效民：《国家科普能力建设大家谈——建立"大科普"的协调机制》，《中国
科技论坛》2007 年第 3 期。

［4］胡升华：《"大科普"产业时代来临》，《中国高校科技与产业化》2003 年第 10
期。

［5］习近平：《为建设世界科技强国而奋斗——在全国科技创新大会、两院院士大
会、中国科协第九次全国代表大会上的讲话》，2016 年 5 月。

［6］《国务院关于印发北京加强全国科技创新中心建设总体方案的通知》，国发
〔2016〕52 号，2016 年 9 月。

［7］北京市科学技术委员会、北京市科普工作联席会议办公室：《北京市"十三
五"时期科学技术普及发展规划》，2016 年 6 月。

［8］北京市科学技术协会：《北京市科学技术事业发展"十三五"规划》，北京市
科协八届九次常委会审议通过。

B.6

区域性科普发展综合评价方法研究

——北京科普发展指数构建过程

李群 汤健 刘涛[*]

摘 要： 构建区域性科普发展指数，以定量化的方式对各类科普投入
变化情况进行综合评价，计算北京科普发展指数能够为科普
发展提供科学决策依据。本报告对构建科普综合评价的指标
体系设计、权重设定、去量纲化等进行了阐述，使用多种发
展指数计算方法进行测算和比较，选取最符合科普发展评价
目标的发展指数测算方法，并对未来进一步完善北京科普综
合评价工作给出了建议。

关键词： 发展指数 综合评价 科普统计 北京

一 研究背景及意义

对科普发展情况进行综合评价，是科学地制定各类科普政策的基础，构
建反映一个地区科普事业发展的综合评价指数，有助于提升各类科普资源同
科普受众的匹配程度，有助于更好地发挥科技主管机构建设社会化科普传播

---

* 李群，应用经济学博士后，中国社会科学院基础研究学者，数量经济与技术经济研究所研究
员、博士生导师、博士后合作导师，主要研究方向：经济预测与评价、人力资源与经济发展、
科普评价；汤健，硕士，北京市科学技术委员会科技宣传与软科学处处长，主要研究方向：
科技管理；刘涛，中国社会科学院研究生院博士生，主要研究方向：经济预测与评价、科普
评价。

体系。合理地构建科普发展指标，并进行定量分析，能够帮助科技主管部门发现科普事业的发展总体态势、发展速度和地区间科普发展情况，以便补齐科普事业短板，更好地推动科普事业全面进步。

北京市科委、北京市科技传播中心自2006年起，对市内辖区开展了细致的科普调查统计，为建立量化的综合评价指标体系、构建北京市科普发展指数提供了数据基础。本文在归纳目前综合评价最新研究成果的基础上，设计了多套指数计算方法。针对目前科普指标体系中各类数据的统计特征与促进科普事业发展、服务全国科技创新中心的总体目标，对指数计算方法进行评述。

二　综合评价研究综述

综合评价是采用系统化、规范化的方式，运用一定的数理统计知识，对多个分指标加以综合，以排序、分类、计算指数等方式进行评价的科学决策方法。综合评价广泛应用在社会实践中，如国家、地区的经济实力综合评价，科技创新综合评价等。综合评价的关键技术步骤包括指标选取、权重确定、数据处理等。

只有清晰地界定科普事业这一概念的内涵与外延，才能够科学合理地构建科普综合评价指标体系。在具体的操作过程中，综合评价首先要明确综合评价的目标，确定其主题。这对于构建评价指标体系等后续工作非常重要。

对科普事业发展进行综合评价，应当从科普事业的基本概念入手，即"科学普及是政府通过人才培养、财政投入、组织引导、调整优化等方式，不断提升科学普及公益事业的能力的过程"。进行科普事业发展综合评价，要以这个概念为出发点，围绕科普事业发展的多种外延，建立综合评价指标体系和确定权重。

（一）科普发展情况综合评价的总体思路

科普事业发展的实质，是以政府为主导，推进科普各类资源数量和质量提升，并促进各类科普供给同科普需求匹配优化的过程。对区域性科普发展

情况的评价，其主要目的在于为各类科普政策提供合理依据，这要求科普发展综合评价能够反映一个地区当前发展的整体规模、发展速度和同其他区域的发展差距。而且，科普发展综合评价应当以数量化的方式加以反映。

（二）科普综合评价研究现状

在对科普事业的评价指标体系中，目前多位学者展开了研究，佟贺丰（2008）是国内较早建立科普综合评价指标体系的学者，运用2006年数据，对全国各省份科普力度进行了排名。李朝晖（2011）提出了科普基础设施发展的三要素——规模、可持续发展能力、社会效果，构建了发展评估的三个维度：规模、结构和效果。指标体系共设计一级指标3个，二级指标7个，三级指标23个。任嵘嵘（2013）构建了科普人、财、物、活动、传媒的评价指标体系，并运用熵权法定权计算了全国各省份的科普能力。王康友（2016）等编写的《国家科普发展能力报告》，除将大部分科普统计年鉴的统计项目纳入评价指标体系之外，还设立科普环境作为一级指标，将学校教育也纳入科普评价指标体系。

学术界和科普机构尚未构建某个地区的科普评价指标体系和提出解决该问题的研究方案。尽管项目组在2015年对全国科普指数进行了测算，但测试方法并不适用于北京地区的特殊情况、统计指标变化和外部整体经济社会变化，需要对原有的评价方法进行针对性的调整。

三 构建北京科普发展指数

（一）总体步骤

综合评价指标选取的过程分为构建评价指标体系、确定指标权重、去量纲化、指数计算、指标综合五个基本步骤，在实际操作中，五个基本步骤由于计算或者信息获取方式不同，可能会细分为若干分步骤。在构建过程中，为了保证综合评价的合理性，必须根据各个指标的数量特征灵活采用，保障发展指数计算结果符合直观认识，正常反映科普事业各个方面的发展情况，并且能够比较地区、时间上的变化情况。

（二）科普发展评价指标体系设计

在指标体系目标议题较大，议题内涵简单、外延十分丰富的情况下，实际操作中难以将反映综合评价目标的全部统计数据收集到，此时则需要通过部分局部数据，运用主观评测、灰色关联分析法等将影响力较大的指标挑选出来，简化评价指标体系，提高可操作性。

在构建北京科普发展评价指标体系过程中，需要考虑的要素有以下几点：其一，北京科普发展评价指标体系必须从科普事业的概念出发，即北京市科委、北京市科技传播中心围绕促进公民科学素质提升开展或引导社会进行的科普人才队伍建设、科普场馆建设、科普资金投入等；其二，科普发展评价指标体系必须能够体现各个地区对科普事业的重视程度；其三，经济发展新常态背景下，社会经济的发展方式政策发生深刻变革，科普事业发展的主要动力源已经从单纯的科普场馆建设、资金投入的驱动转变为各类科普媒体、科普活动与传统科普投入的共同作用，科普传媒的发展情况是科普事业发展评价中重要的因素之一；其四，科普发展评价指标体系必须有可信的统计数据作为支撑，需要使用在时间上有一定积累量的数据作为支撑。

通过综合考虑科普事业发展评价的主要目的和可操作性，本文设计的评价指标体系包含六项一级指标，见表1。

表1 科普事业发展评价一级指标体系

一级指标	主要内容
科普受重视程度	科普资金投入、科普人才队伍和场馆在当年基础设施投入的比重
科普人员	科普组织、讲解、创作的专兼职人员
科普经费	科普经费筹集、使用情况
科普设施	科普各类场馆发展情况
科普传媒	电台、电视台、纸媒中的科普作品出版、发行、播放情况
科普活动	科普三大竞赛与科技周等政府引导的科普活动

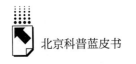

科普人员占当地人口比例、科普经费投入占科技财政支出比重、科普场馆建设投入占当地基础设施建设投入比重等指标与普惠科普和提升公民科学素质密切相关，是反映政府和社会科普投入占比的指标。

（三）权重确定方法

在评价指标体系中，权重的确定方法主要归为两类：主观定权法和客观定权法。主观定权法的主要思路是根据专家提供的意见，从一定的综合方法转化为权重向量，使用较多的有德尔菲法、层次分析法。客观定权法的主要思路是从指标体系内部出发，在指标和指标间进行分析，据此确定评价指标的权重。客观定权法主要有主成分分析法、熵权法、信息量权数法等，这几类客观定权法分别从指标体系的内部依赖结构、指标产生的信息熵、指标间变异系数入手，对影响较大的指标赋予较高权重。

在权重测定的方法上，需要根据综合评价的目标灵活选取。当综合评价目标的内涵较为简单，或者多个目标的内涵接近时，客观定权法往往能够以较高的精度优于主观评测。当综合评价的目标非常宽泛，甚至不同分目标出现一定的程度互斥时，从指标体系内部出发，讨论指标体系的内部关系往往会导致计算失真，产生同直观认识不符的结果。另外，当评价指标体系中的指标并非自然产生，而是具备很强的主观能动性的指标时，贸然对计算结果较差的指标定位赋予较低权重，可能会使未来衡量的发展情况失真。

政府的各类投入、人员招聘等，体现的是不同时期、政府不同决策目标的主观性变化，体现在时间和地区变化上往往规律性较不明显。特别是在较小范围内，如北京市的区级科普统计指标上，变化会更加明显。过度使用会导致信息损失的定权法可能得不偿失。另外科普发展评价指标体系中可能存在一定共线性，如科普场馆建设、科普资金投入等，此时采用客观定权法将导致一些具备共线性的指标出现权重过低的情况。

根据北京科普发展综合评价指标体系中的几个典型，本研究聘请多名科普领域的专家学者，对各科普能力指数拟采用的统计指标进行权重设定，并经过多轮修正，最终确定地区科普能力建设评价指标体系各指标的权重分配。

（四）指数计算方法

1. 去量纲方法

不同的指标，如资金、人员、场馆等原始数据的数量差异较大，只有通过无量纲化方法消除指标间的数量差异，方可在同一个指标体系中比较。下面对目前常用的去量纲（数据标准化）处理方法做出归纳。

（1）极值法

极值法是较为常见的去量纲化方法，无量纲化后的每个指标的数值都在0~1之间，并且能消除负值。当指标为正向指标（指标值增加对综合评价结果有正面影响）时，指标 X 的无量纲化计算如下式：

$$X'_i = \frac{X_i - X_{min}}{X_{max} - X_{min}}$$

其中，X_{max} 和 X_{min} 分别代表参加比较的同类指标中的最大原始值和最小原始值。极值法的优点是便于使用，处理后数据的数量级恒定在 0~1，且不会出现负数。多个不同数量级的指标可以方便地通过极值法进行综合。极值法的缺点是若数列中存在少量同其他数据相差较大的异常值，则会导致结果波动较大。因此在实际处理中往往需要先将数据中的异常值剔除，或对一定数量比例范围的数据进行极值法处理。例如在计算人类发展指数（Human Development Index，HDI）指数时，将识字率控制在20~80岁人口的样本范围，避免异常数据对去量纲过程产生较大的干扰。使用极值法需要注意的另一个问题是，在计算发展指数或者比率化的操作中，无量纲化后的数据必然会出现一个 0 值。若对处理后的数据进行进一步处理，应当避免将该向量作为分母，或通过对处理后数量 X' 增加一个合理平移值来避免 0 值出现。

在极值法的基础上，为了进一步增强数据的可读性，可以将极值法的处

理结果放大并平移，如下：

$$X'_i = \frac{X_i - X_{min}}{X_{max} - X_{min}} \times a + b$$

例如，当 a 为 40，b 为 60 时，计算得出的值的范围为 40～100，符合人们对百分制的直观认识，便于理解。

（2）均值法

均值法也是较为常见的去量纲化方法，均值法处理较为简单，指标 X 通过均值法去量纲计算如下式：

$$X'_i = \frac{X_i}{\sum\limits_n X}$$

均值法的特点是简便易行，均值法处理后，仍然能够满足不同数量级指标间的计算。均值法的缺点是在处理含有负数的指标时可能出现不可预料的结果。而且，均值法对异常值的抑制不足，异常值无法通过均值法消减。

（3）Z-score 标准化法

将原始数据转化为 Z 统计量也是常见的标准化方法，计算公式如下：

$$X'_i = \frac{X_i - \overline{X}}{S}$$

通过 Z 统计量变换，数据符合均值为 0、方差为 1 的标准分布，便于进一步开展统计推断研究。Z-score 标准化法必然产生大量负值，若计算指数不允许负值、0 值出现，则需要将 Z-score 标准化法与极值法结合运用，或对 Z-score 标准化法计算结果进行平移。

2. 发展指数计算

用数量化方式表达一个事物的"发展"情况，需要计算当期数值与过去某个时间数值的变化率来表示发展速度。根据基期的不同，发展速度可分为同比发展速度、环比发展速度、定基发展速度。若对多个事物的综合发展情况进行计算，如价格指数、股票指数等，主要思路是对多个细分指标

（如价格指数为一揽子商品、股票指数为若干只代表性股票）计算加权后的增长率。根据报告期和比较期加权求和方式的不同，发展指数又可以分为拉氏发展指数、派氏发展指数、定基发展指数。

（五）北京科普发展指数计算方法

科普发展指数是多指标分区域综合性指标，对科普发展指数的计算需要借鉴目前已经成熟的发展指数的计算思路，并合理使用去量纲化方法。而且要针对科普发展指数所使用的数据特征和科普发展指数需要具备的功能，合理选取计算方法。

首先，观察北京科普发展指数所使用的统计指标，可以发现同大多数国民经济发展类统计指标类似，北京科普发展指数所使用的统计指标普遍存在明显的区域性差异，东部省份数量大，发展速度较快；中部省份数量、发展速度中游；西部地区体量小，发展速度迅猛。体现在数据上为数据的方差、离值较大，历年数据存在较大的偏度和峰度，且偏度、峰度不稳定。以科普专职人员全国分省统计数据为例，2008 年最小值为 22，最大值为 17279，相差 785 倍，2008 年至 2015 年，数据的偏度从 0.49 上升至 1.96，峰度从 −0.60 上升至 5.72。其他指标如科普专项经费、科普图书发行也存在这类情况（见表 2）。

表 2　全国各省份部分科普数据描述性统计

	年度	均值	S. D	中位数	最小值	最大值	偏度	峰度
科普专职人员	2008	7409. 161	4674. 588	6800	22	17279	0.4898506	−0. 5996432
	2012	7454. 387	4673. 522	6728	145	18136	0.5661883	−0. 728964
	2015	8113. 258	6220. 106	7324	609	33039	1.9554365	5. 7151206
	年度	均值	S. D	中位数	最小值	最大值	偏度	峰度
科普专项经费	2008	7877. 132	14496. 78	4168	81	80024. 5	4. 0054	16. 871887
	2012	14446. 194	15949. 02	10798	539	84035	2. 772535	9. 041425
	2015	20511. 903	23111. 62	14907	1241	119852	2. 699758	8. 478118
	年度	均值	S. D	中位数	最小值	最大值	偏度	峰度
科普图书发行数量	2008	125. 4194	197. 2521	65	5	1019	3. 425596	11. 72696
	2012	242. 6129	523. 6952	100	6	2864	4. 128235	17. 41992
	2015	535. 4839	804. 096	288	62	4595	4. 120057	17. 99081

在北京市分区域统计数据中，指标数据集中度很高，反映为偏度、峰度更加严重。例如，科普专项经费峰度 2008 年为 7.89，2012 年降低至 −0.61，2015 年再次回升至 8.51。就图书发行数量指标而言，海淀区、西城区占据了北京市大部分比重，较多城区发行数量为 0，故出现了中位数等于最小值的情况（见表 3）。

表 3　北京市各区域部分科普指标描述性统计

	年度	均值	S. D	中位数	最小值	最大值	偏度	峰度
科普专职人员	2008	365.25	404.2294	176	42	1302	1.189372	−0.0886771
	2012	420.5	487.8892	208.5	44	1628	1.595069	1.1933988
	2015	457.75	504.1574	216.5	59	2079	2.029651	3.816027
	年度	均值	S. D	中位数	最小值	最大值	偏度	峰度
科普专项经费	2008	50517.812	138402.1	4793	1524	553112	2.979471	7.8885632
	2012	5252.188	8041.414	625.23	183	22406.45	1.100534	−0.6102372
	2015	7490.738	17570.929	1508.235	557.31	72200.2	3.093146	8.5078649
	年度	均值	S. D	中位数	最小值	最大值	偏度	峰度
科普图书发行数量	2008	63.625	132.5956	0	0	411	1.622033	0.9905265
	2012	179	339.6863	0	0	1134	1.644303	1.4661018
	2015	286.4375	589.9854	10.5	0	1793	1.697481	1.2442409

为了应对统计数据地区、时间、指标间变化幅度较大和规律性差的情况，在构建指数过程中必须综合考虑一个地区的自身发展速度、自身体量与其他地区的比较。若单纯考虑体量或发展速度，则可能导致指数解释力不足。

例如，单纯将发展指数的同比增加量作为主要指标，将历年环比、同比发展率累进作为科普发展指数，会导致科普发展较为充分的地区指数明显低于西部后发地区。例如，以基年（2008 年）为 100，以后各年是前面所有年份增长率 X_t/X_{t-1} 的连乘，反映科普指数的累积变化。通过各个指标加权综合后，北京、上海、江苏 2015 年科普发展指数分别为 153%、225% 和 200%，西部地区的重庆、青海、新疆分别是 309%、449% 和 266%，这样的指数显然只能衡量一个地区自身的发展速度，不具备地区间的可比性（见表 4）。

表 4   年度环比增长率连成所得发展指数（部分地区）

单位：%

地区 \ 年份	2008	2012	2015	地区 \ 年份	2008	2012	2015
北京	100	131	153	重庆	100	179	309
上海	100	189	225	青海	100	352	449
江苏	100	156	200	新疆	100	194	266

在地区通过极值法去量纲处理后，进行加权求和是构建科普发展指数的另一种思路，但是单纯使用去量纲会导致时间上变化不明显，甚至出现总量增加的情况下指数数值下降。例如在地区间采用极值法进行无量纲化后，在纵向上，2015 年北京科普发展指数为 0.65，明显高于河北、山西的 0.25、0.16。但是从时间变化上自 2008 年北京科普发展指数不升反降，从 2008 年的 0.68 变化至 2015 年的 0.65，显然与北京各类资源不断增长的实际情况不符。见表 5。

表 5   地区间采用极值法无量纲化

地区 \ 年份	2008	2009	2010	2011	2012	2013	2014	2015
北京	0.68	0.66	0.66	0.66	0.65	0.66	0.65	0.65
河北	0.28	0.25	0.25	0.25	0.26	0.25	0.25	0.25
山西	0.19	0.15	0.16	0.17	0.17	0.18	0.17	0.16

同样的，在地区间使用 Z-score 标准化法去量纲，并放大 10 倍、平移 50 后，北京、河北、山西在地区间的差异符合直观感受，在时间上也出现了不升反降的情况，见表 6。

表 6   地区间采用 Z-score 标准化法 X10 +50 无量纲化

地区 \ 年份	2008	2009	2010	2011	2012	2013	2014	2015
北京	68.78	68.24	67.91	67.88	67.66	68.11	67.36	67.39
河北	48.94	48.33	48.41	48.56	48.66	48.59	48.82	48.91
山西	45.35	44.09	44.48	45.11	45.18	45.23	45.18	44.86

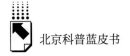
因此，单纯在时间上进行比率变换或地区间进行去量纲处理来构建发展指数均不理想，必须采用综合处理的方法。为此，我们设计了以下三种方案进行指数计算。

1. 方案1

不同省份之间进行比较，关键在于基年（2008年）。先对各指标进行标准化。若采用公式 $\dfrac{X_i - \bar{X}}{\sigma}$，则会出现负数。可考虑变换成0到1之间的数，公式为 $\dfrac{X_i - X_{\min}}{X_{\max} - X_{\min}}$。如果最大值与最小值之间相差比较大，可以先对指标取对数，再按此公式计算。若出现了0则可考虑把公式改为 $\dfrac{X_i - X_{\min}}{X_{\max} - X_{\min}} + 1$，取值范围为［1，2］。然后对全部指标做加权平均，得到各省份的基年指数值，一定在［1，2］。2008年标准化的结果见图1。

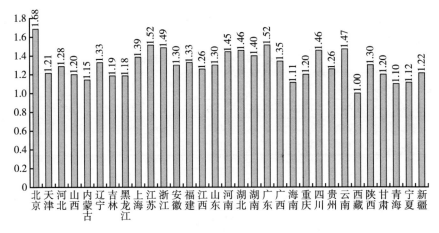

图1 方案1标准化后各省（区市）结果

将发展同比数据连乘，乘以基准年去量纲数据，得到的数据为各省份科普指数，基年（2008年）是各省份的实际指数，反映了各省份之间的差距。以后各年分别在上年的基础上乘以加权平均增长率，即各省份第二种指数乘以对应的各省份基年实际数。这是最直观的各省份科普指数。最终指数计算结果见表7。

表7 同比发展速度连乘积×标准化数据结果

地区 年份	2008	2009	2010	2011	2012	2013	2014	2015
北京	1.68	1.84	1.93	1.97	2.21	2.35	2.17	2.47
上海	1.39	1.65	2.16	2.19	2.58	2.87	4.17	3.06
江苏	1.52	1.94	2.05	2.24	2.32	2.84	2.95	2.98
重庆	1.20	2.11	2.18	2.08	2.05	2.80	3.02	3.49
青海	1.10	1.25	5.83	2.70	3.76	2.63	2.37	4.63
新疆	1.22	1.70	1.78	2.21	2.28	2.64	2.26	3.01

该方案的特点是最终结果数量较小,后发地区优势明显。

2.方案2

首先,计算各地区自身发展速率,获得定基比率,在基期(2008年)各个地区均为1,由于发展情况不同,2015年北京增长率为1.27,河北、山西分别为1.62、1.38。该数据不具备地区间的可比性(见表8)。

表8 部分地区科普定基发展率 (2008年为基期)

地区 年份	2008	2009	2010	2011	2012	2013	2014	2015
北京	1.00	1.02	1.02	1.02	1.13	1.27	1.05	1.27
河北	1.00	1.18	1.32	1.31	1.58	1.42	1.64	1.62
山西	1.00	1.11	1.34	2.02	2.04	2.43	1.68	1.38

第二步,对原始数据采用极值法去量纲后得表9,表9中数据具备地区间的可比性,但在时间上不能体现一个地区的发展情况。

表9 部分地区极值法去量纲处理后结果

地区 年份	2008	2009	2010	2011	2012	2013	2014	2015
北京	0.86	0.80	0.73	0.71	0.74	0.74	0.65	0.71
河北	0.12	0.08	0.10	0.07	0.09	0.06	0.10	0.12
山西	0.18	0.10	0.15	0.16	0.15	0.14	0.13	0.10

第三步,将表8、表9中的数据对应相乘,获得发展指数,对各个指标进行放大、平移,控制在 [40,100]。指数计算结果见表10。

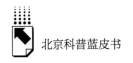

表10　部分地区量纲处理结果×定基发展率

地区＼年份	2008	2009	2010	2011	2012	2013	2014	2015
北京	73.87	72.61	72.38	71.86	76.28	77.16	71.71	76.36
天津	54.19	59.62	60.55	62.44	64.35	63.21	58.55	63.35
河北	43.71	43.69	44.44	44.67	44.95	44.59	45.19	45.43
山西	45.18	43.95	46.72	48.38	48.22	47.51	46.39	44.86

该方案的特点是需要分步骤对数据进行处理，从结果来看，各地区的级差不大。

3. 方案3

将基期的地区间均值作为去量纲标杆数，然后对所有的原始数据均除以去量纲标杆数，直接获得该指标的指数，即利用设立标杆期、计算标杆期地区均值、所有数据除以标杆期均值的三步法将去量纲与计算发展速度一并完成；选择一个年份计算该年份的地区间均值，然后在地区间和时间序列上均除以该均值，计算该科普指标的发展指数。以二级指标（2－1）科普专职人员发展指数为例，设定2008年为标杆年，计算得到31个省（区、市）的平均科普专职人员数量为7409.16人。将表内所有数据除以2008年平均科普专职人员数，得到省级科普专职人员发展指数，该指数中，2008年北京科普专职人员发展指数为0.78，2015年上升至0.99，见表11。

表11　省级科普专职人员发展指数

地区＼年份	2008	2009	……	2015
北京	0.78	0.87	……	0.99
河北	0.72	0.75	……	0.91
……	……	……	……	……
新疆	0.41	0.60	……	0.74

综合考虑科普发展指数应当具备历史可比性、地区可比性、指标综合性、未来研究的可持续性、简便易操作和指标稳定性五个特性，报告最终采用方案3作为计算北京科普发展指数的最终方案，分别使用《中国科普统计年鉴》、《北京科普统计年鉴》数据计算各个指标发展指数。

（六）指数综合

指数综合可分为等权重（不加权）综合、加权综合、幂次加权综合三类方法，在构建科普发展评价指标体系中，不同指标对科普事业发展的推动力有较大不同，故采用幂次加权求和方法进行各个分指标综合，根据下式使用不同的权重幂次测算北京科普发展指数：

$$\frac{\sum_{i=1}^{23} Index_i \times Weight_i^n}{\sum_{i=1}^{23} Weight_i^n}$$

通过幂次加权，n 越大，权重大的变量在指数中就越突出，通过试验对比，最终认为在 n = 2 的情况下，北京市各项科普投入变化情况均能反映在科普发展指数中，计算结果最为合理。

四　研究展望

随着科普事业不断发展，科普的发展方式也在发生转变。在条件允许的情况下，对现有的科普发展评价指标体系进行扩展，把较新的能够反映科普发展新情况的指标纳入进来，如"科普北京"微信公众号的阅读量、注册量等后台数据，北京科普合作单位的网站视频点播量等，可以为新媒体环境下的科普研究提供支持材料。

发展科普事业，促进全国科技创新中心发展战略顺利实施，需要将科普事业对创新创业发展的作用体现出来。根据目前的科普统计数据，双创类统计指标仅有 2015 年的，无法进行发展指数的测算，随着将来双创类统计数据的积累，可以单独构建科普事业双创发展指数。

未来可以进一步收集整理其他国家可进行对比地区，城市科普各类资源投入、科普设施建设情况等相关资料和数据，以便于开展国际比较研究。

在此向中国社会科学院世界经济与政治研究所刘仕国研究员，中国社会科学院数量经济与技术经济研究所沈利生研究员，南京林业大学宏观经济发

展质量研究所所长范金教授，中国社会科学院数量经济与技术经济研究所李金华研究员，北京信息科技大学经济管理学院葛新权教授，国家统计局统计研究所何平研究员，中国科学技术发展战略研究院张九庆研究员，中国人民大学统计学院何晓群教授，国家统计局福建调查队副队长、厦门调查队队长康君研究员等在构建北京科普发展指数过程中提供意见和建议的专家、学者表示感谢。

参考文献

［1］李红、朱建平：《综合评价方法研究进展评述》，《统计与决策》2012 年第 9 期。

［2］佟贺丰、刘润生、张泽玉：《地区科普力度评价指标体系构建与分析》，《中国软科学》2008 年第 12 期。

［3］李婷：《地区科普能力指标体系的构建及评价研究》，《中国科技论坛》2011 年第 7 期。

［4］张艳、石顺科：《基于因子和聚类分析的全国科普示范县（市、区）科普综合实力评价研究》，《科普研究》2012 年第 38 期。

［5］郑学敏：《一种基于粗糙集理论的多指标综合评价方法》，《统计与决策》2010 年第 5 期。

［6］王小顺：《对拉氏指数和派氏指数的再认识》，《财贸研究》1996 年第 6 期。

［7］汤兵勇、张文渊：《协调发展指数模型》，《系统管理学报》1996 年第 3 期。

［8］温东琰、于光：《AHP 及模糊综合评价法在电子资源评价中的应用》，《现代情报》2006 年第 26 期。

［9］李群、凌亢：《企业技术创新能力指标体系的模糊理论综合评价》，《数学的实践与认识》2004 年第 34 期。

［10］李群：《我国宏观经济效益综合指标体系评价的属性理论模型》，《数量经济技术经济研究》2002 年第 19 期。

［11］李红：《谈人类发展指数的理论评价与应用》，《经济问题》2007 年第 5 期。

专　题　篇

Topic Reports

B.7
科技类微信公众号热度探析

贺文俊　周一杨　高俞奇　王　伟[*]

摘　要： 随着移动互联网突飞猛进的发展，网民的上网设备正向手机
端集中，而微信成为移动的端一个重要信息接入口，为人际
传播提供了新的方向和可能。微信公众号作为新媒体的窗口
之一，主要是以信息群发推送和互动为主要形式，已经受到
越来越广泛的关注。本文以全国科技创新中心微信公众号为
主体，以腾讯科技、锐科技、创新创业中关村、上海科技微
信公众号为参照体，寻找热度文章的趣点，深入分析影响微
信公众号关注度和影响力的因素，为全国科技创中心公众号

---

* 贺文俊，社会学硕士，北京科学技术情报研究所，主要研究方向：文化社会学、科技情报分
析；周一杨，北京市科技传播中心新闻部主任，主要研究方向：科技传播；高俞奇，硕士，
山西财经大学教师，主要研究方向：社会学、科技动态；王伟，硕士，北京市科技传播中心
科普部副主任，主要研究方向：科技传播。

的有效运行提供可借鉴的建议。

关键词： 全国科技创新中心　微信公众号　热度探析

微信公众号作为新媒体的窗口之一，已经受到越来越广泛的关注。腾讯公布的截至 2015 年 12 月 31 日未经审核的第四季度综合业绩及经审核的全年综合业绩显示，微信和 WeChat 的合并月活跃账户数达到 6.97 亿[1]，比去年同期增长 39%[2]。而企鹅智库发布 2016 版《微信数据化报告》数据显示，获取资讯成为用户关注公众号的首要目的[3]，全国知名科技类公众号运营情况见表 1。

一　微信公众号现状介绍

本文以全国科技创新中心公众号为主体，以腾讯科技、锐科技、创新创业中关村、上海科技公众号为参照体，寻找热度文章的趣点，为全国科技创新中心公众号的有效运行提供可借鉴的建议。截至 2017 年 8 月初，腾讯科技的关注度是 6506，上海科技的关注度是 441，锐科技的关注度是 178，全国科技创新中心和创新创业中关村暂时没有关注度这一指标。下面对以上微信公众号逐一介绍。

全国科技创新中心微信公众号紧跟国家大政方针政策，及时为大众提供最新最实的信息，如受欢迎的未来科学城，怀柔科学中心，科研人员创新创业，

---

① 黄楚新、王丹：《主流媒体微信公众号：现状、特点和发展》，《文化产业评论》2016 年第 9 期。

② 黄楚新、王丹：《主流媒体微信公众号：现状、特点和发展》，《文化产业评论》2016 年第 9 期。

③ 黄楚新、王丹：《主流媒体微信公众号：现状、特点和发展》，《文化产业评论》2016 年第 9 期。

表 1　全国知名科技类微信公众号运营情况

公众号名称	主管机构/账号主体	所在地区	认证时间	微信号	行业类别	简介	栏目	关注度	点赞数
全国科技创新中心	北京市科技传播中心	北京	2017.1	bjchuangxinzhongxin	科技	"全国科技创新中心"微信公众号，由北京市科学技术委员会下属北京市科技传播中心负责运营，致力于了解读科技政策，服务科技创新，传播科学思想，弘扬创新精神，助力全国科技创新中心建设	解读科技政策，服务科技创新，传播科学思想，弘扬创新精神		
腾讯科技	深圳市腾讯计算机系统有限公司	深圳	2015.8	qqtech	科技	分享互联网,IT,通信领域的新技术、新应用,新模式,网址为 http://tech.qq.com		6506	6
锐科技	科学技术部办公厅	北京	2014.12	mostkjb	科技	发布科学技术部最新通知公告,解读重大科技政策,关注科技前沿,服务科技创新,传播科学思想		178	
创新创业中关村	中关村科技园区管理委员会	北京	2015.7	zgcgwhwx	创新创业	中关村国家自主创新示范区,第一个国家自主创新示范区,第一个国家级人才特区。这里是创新创业的沃土,高端人才的聚集地,战略性新兴产业的策源地,首都高端产业功能区。关注我,创新创业服务早知道			
上海科技	上海市科学技术委员会	上海	2014.10	sh_stcsm	科技	科技引领未来,科技服务民生,科技就在你我身边！欢迎关注上海市科学技术委员会,和我们一同领略科技精彩,感受创新激情		441	0

以"创新驱动临床研究"为主题的论坛,以及首都科技条件平台发展报告等。这些信息都与每一位科研工作者息息相关。

表2　全国科技创新中心阅读量排名前五的文章统计

文章标题	发文时间	阅读量	点赞数
未来科学城｜14家单位共建氢能技术协同创新平台	2017/7/4	3456	16
头条｜大利好！北京"六种模式"鼓励科研人员创新创业	2017/7/7	989	13
刚刚,市科委举办了一个论坛,跟你我密切相关！	2017/7/12	973	14
头条｜8年了,我们的队伍壮大了,能力更强了	2017/7/17	945	16
头条｜亮眼！怀柔科学中心,冲出北京,走向世界	2017/7/14	789	16

腾讯科技公众号主要分享互联网、IT、通信领域的新技术、新应用、新模式。百度、联想以及与互联网密切相关的知名人士李彦宏、陆奇等都是它捕捉的主要对象,另外还有一些社会热点。

表3　腾讯科技阅读量排名前五的文章统计

文章标题	发文时间	阅读量	点赞数
狂揽33亿票房的《战狼2》为何在北美惨遭票房滑铁卢？	2017/8/7	62022	514
李彦宏乘坐无人驾驶汽车上了五环,之后就尴尬了……	2017/7/5	44566	138
还原百度AI派系之争:吴恩达出局,马东敏陆奇定胜负	2017/3/23	40457	84
业绩下滑、战略迷失、变革受阻,什么导致了联想"失去的五年"？	2017/3/30	36622	157
深网｜陆奇先生和他的百度新千亿美金计划	2017/6/26	29298	140

锐科技公众号主要发布科学技术部最新的通知公告,解读重大科技政策,关注科技前沿,服务科技创新,传播科学思想。点击量名列前茅的正是当下科技前沿,如人工智能、科技政策、人工智能发展规划和创新驱动发展改革。

创新创业中关村公众号主要向大众提供创新创业服务、高端人才、战略性新兴产业、首都高端产业功能区等方面的信息。阅读量排名前五的文章中囊括了人工智能创新公司500强、高聚工程新添53名领军人才、离岗创业、"双创"发展等。

表4 锐科技阅读量排名前五的文章统计

文章标题	发文时间	阅读量	点赞数
一图读懂新一代人工智能发展规划	2017/7/20	12994	55
聚焦丨学术期刊集中撤稿事件调查处理情况新闻通气会在京召开	2017/7/27	7046	39
国家临床医学研究中心建设工作推进会在北京召开	2017/7/22	4845	23
国务院关于印发新一代人工智能发展规划的通知	2017/7/20	4653	13
将改革进行到底:创新驱动发展新阶段	2017/7/19	4010	18

表5 创新创业中关村阅读量排名前五的文章统计

文章标题	发文时间	阅读量	点赞数
"人工智能创新公司50强"榜单出炉,半数企业来自中关村	2017/8/2	3500	14
中关村2016年高聚工程新添53名领军人才	2017/6/30	2396	22
重磅!北京事业单位专业技术人员离岗创业基本待遇三年不变	2017/7/6	2378	12
国务院再出新政进一步推进"双创"发展	2017/7/27	1853	5
今天,我们要为有梦想敢拼搏做真我的中关村人点赞	2017/7/26	1733	37

上海科技公众号中阅读量排名前五的文章主要围绕科技类的重要通知、通告、排名报道、重要结果公示等信息展开。以科技服务民生,这正是它特有的行政职能所赋予的,有人关注,自然就会激发阅读兴趣。而全国科技创新中心目前没有这方面的职能,故阅读量略显逊色。

表6 上海科技阅读量排名前五的文章统计

文章标题	发文时间	阅读量	点赞数
【重磅】2017年度上海市科技奖初评结果公示中,282项(人)通过(附名单)	2017/8/8	8238	17
【小喇叭】2017年度科技型中小企业技术创新资金立项名单出炉,1808项上榜!	2017/7/24	2874	9
【小喇叭】2017年度科技小巨人工程拟立项名单出炉啦～看看哪家企业新晋"小巨人"!	2017/7/25	1717	5
【小喇叭】7月31日截止!想认定2017年度高新技术企业的小伙伴们可别错过哦～	2017/7/20	1148	3
【小喇叭】福利来了!2017～2018年度上海市科技创新券开始申请啦	2017/7/11	1053	3

二 "全国科技创新中心"区别于其他公众号的主要特征

通过介绍可以看出，"全国科技创新中心"区别于其他公众号的主要特征有两个，一是认证时间，二是受众群体特征。

时间的长短直接影响受众的认知度。从认证时间看，"全国科技创新中心"上线时间是 2015 年 4 月，在科技公众号中较晚，这也是全国科技创新中心阅读量少的一个不可忽视的原因。

受众群体的范围直接关系公众号推广的深度和广度。受众群体特征要从各个公众号的主管机构说起，"全国科技创新中心"、"锐科技"、"上海科技"和"创新创业中关村"均为官媒，也就是说这些公众号的受众以从事科技相关工作的群体为主，这些公众号的受众本身是保守的，在建立之初关注者多是出于工作原因，所以基本是主管机构管理范围内的员工，之后随着公众号的成长成熟，才逐渐推广到社会群体中对科技感兴趣的个体。在这方面，"全国科技创新中心"与"腾讯科技"形成了鲜明的对比。全国科技创新中心的受众以从事科技相关的工作者为主，而腾讯科技则是面向社会大众，只要是对微信、QQ 有接触的人就都有机会接触，加上腾讯科技内容更加自由，形式更加活跃，关注度自然高，因此，受众群体特征也是导致全国科技创新中心与腾讯科技相比受关注度较低的重要原因。

三 影响科技自媒体文章关注度和阅读量的因素

影响科技自媒体文章关注度和阅读量的因素很多，既有客观因素，也有主观因素。其中，重要的有五个，分别是：（1）科技自媒体的"先天基因"；（2）自媒体抓取热点的能力；（3）对热点再创造、再消费的能力；（4）自媒体对科技资讯娱乐化的程度；（5）所呈现的信息与现实的贴合程度。本文以"全国科技创新中心"公众号为例，从这五个方面解释它们是如何影响自媒体文章阅读量的。

（一）科技自媒体的"先天基因"

科技自媒体的"先天基因"，即这个自媒体背后的平台或挂靠单位。这个因素非常重要，因为如果拥有一个好的平台或挂靠单位，这个自媒体就可以领先对手一大步。这一点在腾讯科技上表现得尤为明显。在本文所收集的腾讯科技的文章中，其阅读量要超过其竞争对手数倍，其中一个很重要的原因就是腾讯科技所依靠的是腾讯这棵移动互联网大树。众所周知，腾讯的拳头产品微信和QQ从多个维度占据了互联网和移动互联网的入口。凭借强大的流量，腾讯可以很容易地将自家产品扩散出去，腾讯科技也不例外。用户在通过微信或者QQ进行社交时，可以无缝衔接到腾讯科技中，用户也会在不知不觉中习惯这种衍生功能的推送，甚至认为这样会很方便。这是像全国科技创新中心这样需要推广和营销才能打开市场的自媒体所不具有的"先天优势"。

（二）自媒体抓取热点的能力

当然，对于一家自媒体的点击量而言，"后天的努力"也是必不可少的。这里就涉及一个概念：热点。在进行文章推送时，只有抓住时下热点的文章，才有可能成为爆款。

以全国科技创新中心公众号为例，它紧跟国家大政方针政策，及时为大众提供最新最实的信息，从中可以明显看出通知类、消息类文章的点击量居于前列。

而一个大的热点就是有关科技行业政策法规的制定和发布。我国科技创新创业环境受政策环境的影响非常大，因为科技创新领域有很多都是社会新事物，当它形成一定的规模（如共享单车等）时，与其配套的政策措施也会随之产生。这些政策规章会极大地改变科技创新的轨迹。同时，国家对科技创新的引导作用也十分强大，因为涉及补贴和扶植，所以众多的科技类单位和科技从业者都十分关心政府对自身所在行业的态度和动作，因此就有全国科技创新中心这样的公众号专门介绍和解读科技相关政策。

除了政策法规消息类的内容，行业前沿也是一个很好的热点。我们可以发现，几乎每一家自媒体都会提到当下十分流行的"人工智能"或者"AI"等科技前沿领域。而凡是抓住行业前沿热点的文章，在各家的排行榜上点击量也都很靠前。不过同样是涉及人工智能的文章，其访问量也可能大不相同。这就涉及影响自媒体的第三个因素：对热点再创造、再消费的能力。

（三）对热点再创造、再消费的能力

自媒体对热点再创造、再消费的能力是影响访问量的又一重要因素。以人工智能为例，作为一项技术，如果单纯地介绍它的原理、描述它的应用前景，虽然可以得到一部分科技爱好者的关注，但显然不足以引起公众的兴趣，因为大众并没有对于技术的非常纯粹的追求。所以，高明的自媒体会对人工智能这个热点进行加工创造，从技术引申到社会或者企业管理，激发大众对人工智能新的关注点。例如，表4、表5中"创新创业中关村"和"锐科技"中关于人工智能的文章受关注度就很高，这些阅读量高的文章会把人工智能作为背景，真正说的却是科技企业巨头的八卦，或者公众关注度比较高的人物通过人工智能所做的一些营销和推广。这一点"全国科技创新中心"可以尝试借鉴。另外，要想更进一步，还要掌握涉及自媒体文章点击量的一个技术手段：娱乐化。

（四）自媒体对科技资讯娱乐化的程度

不可否认，在物质文明飞速发展的今天，我们处在一个娱乐化的时代。公众对娱乐的消费需求似乎越来越难以满足，科技资讯也不例外。除了在文章标题上动手脚，如设置悬念激发阅读兴趣外，科技公司和科技行业本身也在娱乐化，希望借此为自己赢得更多的流量和关注度，所以可以发现很多科技资讯其实和娱乐行业的信息紧密相连，而且这样的文章点击率极高。如果运作妥当，从当下科技前沿的一个热点着手，对其进行二次开发并加以娱乐化，文章的点击量可能会迎来井喷式增加。很多科技文章其实是以娱乐消息的姿态出现的。而大众对娱乐消息从来都是来者不拒的。

（五）所呈现的信息与现实的贴合程度

自媒体所呈现的信息与现实的贴合程度，会对文章点击量产生重要影响。毕竟技术是少数精英的特权，而大众更关心的是自己生活的世界。如果一条科技资讯能够和读者自己的世界产生联系，那么它的阅读量肯定很可观。例如，"腾讯科技"在2017年8月7日发布的一篇关于《战狼2》的文章很好地说明了这样一个组合所产生的能量。首先，《战狼2》本身就是一部现象级电影。"腾讯科技"结合现实对影片的内容进行了再创造，将它与世界电影排名、民族自尊心以及中国电影工业联系起来，使读者产生了强烈的共鸣。在抓热点、再创造、娱乐化和结合现实之后，这篇文章的阅读量暴涨，把其他文章远远甩在身后。而"全国科技创新中心"由于其特有的官方强制职能，内容特定且相对古板，缺少娱乐性，导致文章的阅读量欠佳。

具有可读性、新闻性和与公众切实利益相关的政策也比较受欢迎，"全国科技创新中心"、"创新创业中关村"、"锐科技"、"上海科技"公众号均有涉及。通知类的一些名单、政策新规也会格外受关注，这一特征在"上海科技"这一公众号上体现得更明显。

当然，对于一个自媒体来说，影响一篇文章点击量的因素还有很多，如假期的因素、大众心理的变化、炒作的干预等。当对各种因素综合考虑时，需要更多更大的样本进行模型分析，这样才能得到更加科学且令人信服的解释。

四　提高大众对全国科技创新中心微信公众号关注度的途径

（一）建立相对完善的微信公众号运行体制机制

设立专门的运营机构，紧跟时代步伐，及时改革更新。将微信公众号做活，避免官僚作风的形成，适当放大权限，尤其是针对一些政治职能明显的

微信公众号。

在公众号运营方式的探索上，科技机构做公众号有很多的路径可以选择。其一是设立专门的运营机构，优点是管控强，弊端是效率一般；其二是外包，虽然效益有所提升，但是容易在市场环境中背离机构创办的宗旨，使公众号成为牟利的工具。如何尽量让二者的优势整合，而将短处规避呢？

一方面，对运营微信公众号的部门放权，让其有足够的自主权来进行工作，在选题、点击量、工作时间方面更加灵活自由，公众号获得的广告收入尽量不要截留，以此来激励工作人员的积极性；另一方面，机构可以为公众号运营部门设立"非绩效"目标（如年底向贫困山区捐献科普书籍和教具），通过对目标的追求来达到促进公众号发展的目的。在年底考核中，机构可以以某个指标（点击量、转发量等）为基准，规定如果达到一定的要求，那么机构可以对"非绩效"目标予以补贴和帮助，否则就需要公众号运营部门自行承担。通过这种反逼、倒逼刺激内部员工的创新动力，进而促使公众号良性发展。

（二）有效挖掘用户数据，增强账号推广的力度

通过对订阅用户的资料、阅读习惯、信息获取渠道、信息提取关键字等数据的挖掘，更加深入地了解用户的喜好，精准对接用户的需求，为用户提供其所关注领域专业且权威的信息，保证独特性，提高信息传播的效率，促使公众号良性运行。

此外，对微信公众号在一定时期内发布的文章进行综合考量，分别从阅读频次、点赞数、评论数、转发量等入手，对微信公众号的传播力度和影响力度进行评估，从而有效地利用用户的数据信息推动微信公众号稳定发展。

在把握用户需求的同时，注重形式的表达，可加入背景音乐、动画、视频、语音等多种新媒体元素，增加立体性、可读性。

（三）建立一支优秀的运营团队

一个微信公众号的壮大，需要专业的团队进行编辑和运营，所以人才的

聚集和培养是必不可少的。对于科技传播类微信公众号而言，它至少需要两类人才。

首先是进行内容生产的编辑。科技传播类微信公众号的编辑，不仅需要具备一定的科学素质和专业知识，而且必须具备将艰深的科学原理和繁复的技术手段"转译"为通俗易懂、风趣幽默的大众文字的能力。这种"转译"能力直接决定了一个科技传播类微信公众号内容的质量，并且与关注度、点击量息息相关。综观国内目前做得较为成功的科普类微信公众号，其文章一定是通俗易懂的，如果能在通俗的基础上做到风趣幽默，那么一定会大受欢迎。

除了内容生产，一个成功的微信公众号还离不开运营人才。运营人才分为两种。一种是技术人员，他们负责微信公众号的技术维护，让微信公众号顺畅运行。另一种是传播人才，他们当然也要具备基础的科学素质和专业知识，但是他们的工作主要是把握现阶段的科技热点和爆款，为微信公众号的内容生产进行主题筛选和话题把握，保证微信公众号生产的内容与时代息息相关，这样才能在主题和选材上不落后于人，占据主动。

总之，全国科技创新中心要综合考虑以上各方面因素，取长补短，紧抓热点、趣点和微信公众号平台与公众的对接点，尽量满足不同层级、不同类属群体的需求，提高大众对全国科技创新中心微信公众号的关注度，以使这一微信公众号有效、良性地运行。

参考文献

［1］徐雅琴：《微信营销的特点、优劣势和解决之道》，《新闻世界》2015 年第 5 期。

［2］吴晓天：《微信公众平台的传播策略分析》，《新闻研究导刊》2015 年第 7 期。

［3］张艳萍：《科技期刊的微信公众号运营模式研究——基于 4 种核心科技期刊的量化分析》，《中国科技期刊研究》2015 年第 5 期。

［4］程雪娇：《微信营销模式利弊分析》，《新闻传播》2015 年第 4 期。

［5］　王海燕：《传统媒体微信公众号编辑与运营策略分析》，《编辑之友》2015 年第 2 期。

［6］　陈海波：《融媒时代纸媒微信公众平台的发展策略》，《新闻前哨》2015 年第 1 期。

［7］　刘博文：《浅析基于微信平台的企业网络营销策略》，《新闻世界》2015 年第 1 期。

［8］　朱建华：《微信公众号运营效果冷热两重天——武汉地区微信公众号调查》，《新闻前哨》2014 年第 12 期。

［9］　刘景景、杨淑娟、沈阳：《2014 年传统媒体微信公众号分析》，《新闻与写作》2014 年第 12 期。

［10］　邬晶晶：《个人微信公众号的时尚传播新模式——以"石榴婆报告"为例》，《当代传播》2014 年第 6 期。

［11］　黄楚新、王丹：《微信公众号的现状、类型及发展趋势》，《新闻与写作》2015 年第 7 期。

［12］　黄娟：《微信公众号的营销效果研究——以"我的美丽日志"微信公众号为例》，华中师范大学，2016。

B.8

大数据技术与北京科技传播体系建设*

董全超　侯岩峰　李　群　刘建成**

摘　要： 科学普及和科技传播是提升全民科学素质的重要手段，研究
利用大数据技术为科技传播工作服务有深远的意义。本文拟
分析大数据技术为社会带来的发展机遇，总结"十二五"期
间北京市科技传播取得的成绩，梳理目前北京市科技传播工
作现状和存在的问题，探讨新时期如何借助大数据技术提升
北京市科技传播工作。

关键词： 大数据　北京　科技传播　科普

一　引言

科技传播是科学普及工作的一个重要方面，对提高公民科学素质具有重
要意义。2016 年，习近平总书记在全国科技创新大会上指出，"科技创新、
科学普及是实现创新发展的两翼，要把科学普及放在与科技创新同等重要的

* 本文得到科技部科技创新战略研究专项"公众获取科普知识主要途径和渠道研究"
（ZLY2015056）和北京市科普专项"北京市公民科学素质基准水平提升与测评"
（Z161100003216129）资助。
** 董全超，博士，中国科学技术交流中心综合处副处长、副研究员，主要研究方向：科普政策、
科普理论研究；侯岩峰，硕士，北京国际科技服务中心中级工艺美术师，主要研究方向：科
普理论与卡牌活动；李群，中国社会科学院数量经济与技术经济研究所综合研究室主任，研
究员、博士生导师，主要研究方向：经济预测与评价、人力资源与经济发展；刘建成，博士，
福建省科技厅社发处副调研员，主要研究方向：社会发展领域科技管理与科普研究。

位置"。为贯彻落实这一要求，近些年北京市各级政府高度重视科普和科技传播事业发展，出台了一系列重要文件。2010 年，北京市科学技术委员会、中共北京市委宣传部、北京市发展和改革委员会等联合印发《关于加强北京市科普能力建设的实施意见》；2012 年，北京市人民政府办公厅印发《北京市全民科学素质行动计划纲要实施方案（2011—2015 年）》；2016 年，北京市科学技术委员会、北京市科普工作联席会议办公室印发《北京市"十三五"时期科学技术普及发展规划》。并不局限于出台科普政策，北京市也加强了对科普事业的投入。"十二五"期间，年度科普经费筹集额稳中有升，从 2010 年的 20.4160 亿元上升至 2015 年的 21.2622 亿元，科技馆从 12 家增加至 25 家，科普人员、科普出版物的数量也有了长足进步。报纸、期刊、广播电视等传统媒体传播科学知识的力度不断加大，能力不断增强，电台、电视台播出科普（技）节目时间达到 9.97 万小时。科普原创水平显著提高，科普图书年出版种类和册数逐年增长，北京地区入围全国优秀科普作品 104 部，累计占全国的 52%。以微博、微信、移动客户端等为代表的新媒体成为科技传播的重要方式和向社会公众答疑解惑的重要渠道，有效支撑了北京科技工作。

虽然北京市的科技传播工作取得突出成效，在全国处于领先地位，但随着全国科技创新中心建设的全面推进，全市科技传播工作面临新的形势和要求。特别是新一代信息技术、"互联网＋"等科技传播手段日新月异，虚拟现实（VR）、增强现实（AR）、混合现实（MR）等新技术和微博、微信、移动客户端等新媒体逐渐渗透到各领域，要求以新技术、新手段、新模式开创科普工作新局面。而目前北京市科技传播体系建设相对滞后，科普传播方式略显单一，电视、网络等新媒体科技宣传工作有待加强，这些问题仍然制约着北京科普事业的发展。

数据是国家基础性战略资源，是 21 世纪的"钻石矿"。大数据技术是对社会和自然中大量的各类信息采集、存储、分析系统的总称。近年来，大数据技术成为社会热点，对社会经济发展有着重大的影响作用。党中央、国务院高度重视大数据在经济社会发展中的作用，中共中央十八届五中全会提出"实施国家大数据战略",习近平总书记在党的十九大报告中指出"加快建设制造强国,加快发展先进制造业,推动互联网、大数据、人工智能和实体经济深度融合",国务院印发《促进大数据发展行动纲要》,工业和信息化部正式发布《大数据产业发展规划(2016—2020 年)》等一系列政策,全面推进大数据发展,加快建设数据强国。如何利用大数据技术,提高科普传播效率,增强科普管理能力,促进北京市科技传播体系建设,是科普工作者面临的新课题。

目前,虽然大数据技术在经济社会发展方面的应用研究已经较为成熟,但如何借助大数据技术开展科技传播方面的研究较少。刘峰探索了如何借助大数据技术丰富和拓展电视科普节目的传播方式。李大光研究了大数据时代对传统的公众理解科学提出的挑战。邢佳妮在对大数据时代下科学传播面临的新问题进行细分的基础上,从传播主体的视角,有针对性地提出了解决策略。张璐就大数据时代如何进行信息化建设,更好地开展科普工作进行了探讨。徐锡莲提出了用大数据方法开展科普工作的建议。董全超等分析了"十三五"时期我国科普工作面临的新形势,提出借助大数据技术开展科普工作的建议,特别是如何借助大数据技术创新科技传播方式。本文简要介绍北京市科普工作目前的发展现状,分析存在的问题,最后提出利用大数据技术促进北京市科技传播体系建设的若干建议,期望对北京市科技传播体系建设工作提供借鉴。

二 北京科普发展现状与问题

(一)发展现状

"十二五"期间,北京主要科普指标稳步增长,科技部最新科普统计显示,2015 年,北京共有科普专职人员 7324 人,年度筹集资金达 21.2622 亿元,共有各类科普场馆 25 个(建筑面积在 500 平方米以上),科技馆建筑总面积达 21.5659 万平方米。2015 年,出版各类科普图书 4595 种,出版各

类科普音像制品 253 种，电视台播出科普（技）节目总时长为 0.8922 万小时，广播电台播出科普（技）节目总时长为 1.2592 万小时，科普网站数为343 个（见表 1）。

表 1　2010～2015 年北京市部分科普指标统计

年度	科普专职人员（人）	科技馆建筑面积（m2）	年度筹集资金（万元）	科普图书出版种数（种）	科普音像制品出版种数（种）	电视台播出科普节目时间（小时）	电台播出科普节目时间（小时）	科普网站数（个）
2010	6762	153431	204160	2044	560	9935	4441	185
2011	6147	167299	202819	2830	830	4575	11606	202
2012	6728	170509	221402	2864	1681	4947	11400	237
2013	7727	184852	203614	3747	66	9055	27450	234
2014	7062	319979	217381	3605	71	8822	9885	184
2015	7324	215659	212622	4595	253	8922	12592	343

资料来源：《中国科普统计》。

（二）存在的问题

1.科技传播体系发展不平衡

在肯定北京市科普事业稳步发展、注重科普投入的同时，北京市科技传播体系发展不平衡的现象也不容忽视。从表 1 中可以看出，2010～2015 年，北京市科普图书出版种数稳步增长，科普影像制品出版种数、科普网站数量未见明显增长。从图 1 中可以发现，2010～2015 年北京市电视台播出的科普节目时间少于电台播出科普节目时间。据调查，在我国通过电视、互联网、报纸获取科技信息的公众分别占 93.4%、53.4%、38.5%。上述数据表明电视是我国公众获取科技信息最有效的传播方式，互联网次之，有半数以上的公众通过互联网获取科技信息。报纸等纸质传媒影响力下降，全国仅有 38.5% 的公众通过报纸获取科技信息。

从上述两组数据可以发现，北京市科普传播方式略显单一，过度依赖传

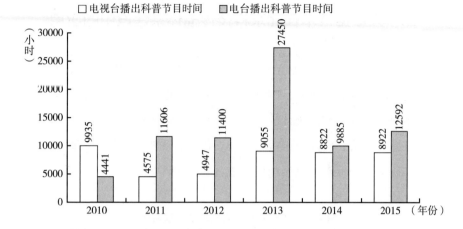

图1　2010～2015年北京市电视台与电台播出科普（技）节目时间

资料来源：《中国科普统计》。

统传播方式，对新媒体运用不足。作为传统传播方式的科普图书被过度强化，而作为科技传播有效手段的电视、互联网等媒介却发展缓慢。电视台播出的科普节目时间少于电台同类节目时间，这表明在较易被大众接受的媒体内发展也是不平衡的，电视比电台更容易为大众所接受，但是电视播出的科普节目时间却少于电台，这种情况亟待改善。

2. 科普类电视节目、网站、微信、出版物等缺乏创意，受欢迎程度低

目前，北京市大众传媒的科普宣传形式缺乏创新，质量仍不能满足人民群众对美好生活的需要，还有很大潜力尚待发掘。例如，科技类节目播出时间占电视节目播出时间的比例明显偏低，与发达国家相差较大。电视科普栏目收视率普遍偏低，尚未形成具有广泛影响力的栏目品牌。广播、电视中的科普节目存在形式单一、科普内容偏少、节目制作粗糙等问题，很难吸引更多的公众。从出版行业看，缺乏优秀科普书刊，关注科普图书的人相对较少，科普书刊发行难度大。相当一部分科普网站内容贫乏、表现形式单一，且各网站之间缺少合作，科普内容低水平重复，缺乏与网络使用者的互动。

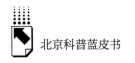

三 大数据技术在北京科技传播体系建设中的应用

《中国统计年鉴》数据显示，2012 年以来北京互联网用户不断攀升，城乡宽带接入用户保持稳定，网站数、移动互联网用户与日俱增（见表2），这说明北京市具备大数据统计的基础。北京科技传播体系发展不平衡，科普类电视节目、网站、微信、出版物等缺乏创意，受欢迎程度低等阻碍因素可以利用大数据发展带来的机遇加以解决。

表2　2012～2016 年北京互联网数据统计

指标 年份	互联网上网人数 （万人）	城市宽带接入 用户（万户）	农村宽带接入 用户（万户）	网站数 （万个）	移动互联网 用户（万户）
2012	1379	416.9	93.9	38.5	
2013	1458	379.3	94.4	39.8	
2014	1556	383.6	96.8	43.9	
2015	1593	377.7	104.7	45.7	2785.4
2016	1647	406.0	85.9	51.5	3251.7

资料来源：《中国统计年鉴》。

（一）推动科技传播大数据开发共享

发展以互联网为载体、线上线下互动的科技传播方式，构建面向公众的一体化在线科技传播服务体系。发展基于互联网的科技传播内容生产方式，形成机构、专家和公众共同参与的工作模式，跟踪反馈，实时回应，提升科技传播的互动性和有效性。协同整合机构、群体、企业、公众资源，汇聚科普信息，建设科普信息大数据服务平台，提升科普资源利用效率。

（二）运用大数据技术推动互联网等新型科普传播方式

截至2016 年，北京互联网用户达 1647 万人，城市宽带接入用户 406.0万户，农村宽带接入用户 85.9 万户，移动互联网用户达 3251.7 万户，这为北京科技传播体系利用互联网尤其是移动互联网进行科学技术普及提供了广泛的群众基础。可以利用如此庞大的受众群，推出微信科普公众号、微信科普游戏、网页科普游戏、科普宣传网站等形式多样、创意新颖、互动性强的科普传播新方式。将大数据技术运用在这些方式中，将用户反馈的信息通过大数据分析，获取受众的喜好、知识面、使用时有哪些不足等数据，从而进一步完善上述科普传播方式，还可以获取北京市公民科学素质的相关数据，并以此针对性地指导今后北京的科普工作。

（三）运用大数据技术提高科技类电视节目制作水平

目前，北京市电视科普节目面临的问题是如何得到更加广泛的传播、获得更有效的科普效果。具体而言，一是电视科普节目的收视率偏低，如何提高科普节目的资讯性、趣味性，使其能够比肩新闻、娱乐、电视剧等节目类型，从而提高电视科普节目的收视率。二是数字新媒体技术的不断发展，分流了大量电视观众，使电视科普节目面临比过去更为复杂的传播环境，对收视效果形成进一步的影响。

面对上述问题，可以利用大数据技术对公众的兴趣点、关注点等方面进行针对性的数据分析，确定观众对电视科普节目的喜好和期待，并改进相关节目，以提高电视科普节目的关注度与收视率。而面对数字新媒体的竞争，电视科普节目应该打破电视传播平台的壁垒，将传播形式延伸至网络，创办网络电视科普节目，有效利用互联网技术，而这也更有利于利用大数据技术收集相关信息。

（四）运用大数据技术对北京科技传播体系运行绩效进行评价

对科技传播体系运行效果进行评估，是实现科技传播工作闭环管理的重要环节之一，对科普图书、电视科普节目、微信科普游戏、网络科普平台等各项工作效果进行有效评估是北京市对科普资源进行优化调整的依据。目前，调查问卷仍是社会工作效果反馈所依靠的主要方式，这种方式极易出现被调查者消极填表、为奖品胡乱填报等情况；另外，这种方式一般采取抽样

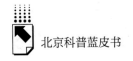

调查，这就容易出现调查结果以偏概全的现象。以上两种情况容易导致调查问卷的结果出现偏差，甚至与实际情况相反，如果采用这样的结果分析总结相应的指导意见，则会导致严重的后果。大数据技术可以有效避免上述问题，它可以有效地通过微信、网站平台、微信游戏等方式，对参与科普活动的受众进行有效的引导，并在寓教于乐的同时了解北京科技传播体系中哪种方式最高效，哪种方式效果最好，哪些节目、游戏最受欢迎等，进而针对性地制定相应的政策予以鼓励或调整。

（五）运用大数据技术对北京科技传播体系发展进行调节

上文已经指出北京市科技传播体系存在方式略显单一，过度依赖传统传播方式，缺乏新媒体的运用等问题。为改变这种发展不平衡的现状，可以运用大数据的技术手段，每年针对不同的传播方式进行数据统计、分析，发现哪些媒介需要加强运用，哪些需要调整等，如利用大数据手段统计出微信游戏使用人数远大于科普图书使用人数，但是当年推出的微信游戏种类却远远少于科普图书出版种数，这说明科普微信游戏的传播手段更能被大众接受，这样就可以出台相关科普政策，鼓励相关公司多开发科普微信游戏，以满足公众需求。

四　结语

本文分析了北京科普发展的现状，发现了北京科技传播体系中存在的不足，介绍了大数据技术，探讨了将大数据技术运用到北京科技传播体系的方式，从而促使北京科技传播体系均衡发展，使科普知识切实普及于广大人民群众之中，更加符合大众对科学技术普及的期待。期待在不远的未来，以大数据技术为支撑的北京市科技传播政策更加高效，传达信息更加准确，科普活动更受群众欢迎，使北京市的科技传播工作更进一步，为全国科技创新中心建设提供有力支撑。

参考文献

[1] 刘峰：《大数据时代电视科普节目的传播策略探析》，《科普研究》2013 年第 8 期。

[2] 邢佳妮：《大数据时代下科学传播中存在的问题及对策研究》，《理论观察》2014 年第 6 期。

[3] 李大光：《大数据时代的公众理解科学》，《科普研究》2015 年第 10 期。

[4] 张璐：《大数据时代科普信息化建设的思考》，《科技展望》2015 年第 18 期。

[5] 徐锡莲：《利用大数据开展科普工作的设想》，《科技资讯》2015 年第 8 期。

[6] 董全超、李群、王宾：《大数据技术提升科普工作的思考》，《中国科技资源导刊》2016 年第 48 期。

[7] 董全超、刘涛、李群：《浅析大数据技术对科普工作的推动作用》，《科技创新导报》2017 年第 11 期。

B.9
北京科普人员现状分析与评估

马宗文　陈　雄*

摘　要： 根据《中国科普统计》和《北京科普统计》中的相关数据，
对北京市科普人员现状进行分析和评估，得出如下主要结论：
(1) 科普人员总量不多，但总体素质较高，科普专职人员比
例较高，人均拥有科普人员数量居全国前列；(2) 女性科普
人员占总数一半以上，农村科普人员比例特别低，科普管理
人员占科普人员总数比例高于全国平均水平，是全国科普创
作人员的主要集中地之一，科普志愿者数量还较少；(3) 科
普人员各区分布不均匀，主要集中在核心区，越往郊区科普
人员越少；(4) 科普人员综合发展水平各区差异较大，西城
区、东城区和海淀区三区得分位列前三，其余各区得分无明
显的地域差异。根据研究和调查分析，提出了促进北京市科
普人员发展的 7 点建议。

关键词： 科普人员　现状分析　综合评估　北京

一　引言

习近平总书记在 2016 年全国科技创新大会上指出，科技创新和科学普

---

* 马宗文，理学硕士，中国科学技术中心助理研究员，主要研究方向：公民科学素质、科学技
术普及和科技扶贫开发等；陈雄，理学硕士，中国科学技术中心处长，主要研究方向：科学
技术普及理论和政策、国际科技合作等。

及是实现创新发展的两翼，要把科学普及放在与科技创新同等重要的位置；科普工作是营造创新环境、培养创新人才的基础性工作，是建设创新型国家和世界科技强国的基础性工程。

科普人员一般是指具备一定科学素质和科普专业技能、从事科普实践的工作者。科普人员既包括科普管理人员、科普创作者、科技类场馆从业人员等专职人员，也包括从事科普兼职工作的科学家和注册科普志愿者。高素质的科普人员不仅需要具备知识的再生产和传播能力，更需要具有创造性思维和掌握创新性方法[1]。科普人员是科普事业发展的主力军，其科学素质和科普能力水平的高低对科普工作具有重要影响。

近年来，中国科普人员数量持续增长，根据科技部发布的《中国科普统计》中的数据，2015 年全国共有科普人员 205.38 万人，比 2010 年增长 17.26%，年均增长 3.5%。科普人员中以科普兼职人员为主，2015 年有 183.23 万人，占总数的 89.21%。科普人员数量虽多，但质量相对不高，2015 年具有中级职称以上或大学本科以上学历的科普人员有 101.57 万人，占总数的 49.46%。科普人员中的创作人员数量极少，2015 年仅有 13337 人，占总数的 0.65%。科普创作人员相对匮乏，在一定程度上已经成为科普事业发展的瓶颈[2]。

二　北京科普人员现状分析

北京科普工作近些年虽然取得了很大成绩，但市民总体科学素质与发达国家相比还存在较大差距，城乡差别较大，对实施创新驱动发展战略和建设全国科技创新中心的支撑还不够[3]。科普工作取得的成绩离不开科普工作人员的努力和辛勤付出，新形势新发展对科普工作提出的新要求需要科普人员发挥更大更积极的作用。

---

① 吕朋飞、吴琼石：《国内科普人才现状及培养策略研究》，《前沿》2015 年第 8 期。
② 郑念：《我国科普人才队伍存在的问题及对策研究》，《科普研究》2009 年第 4 期。
③ 朱世龙、伍建民：《新形势下北京科普工作发展对策研究》，《科普研究》2016 年第 4 期。

根据《中国科普统计（2014年版）》对科普人员的界定，科普专职人员是指从事科普工作时间占其全部工作时间60%及以上的人员，包括各级国家机关和社会团体的科普管理工作者，科研院所和大中专院校中从事专业科普研究和创作的人员，专职科普作家，中小学专职科技辅导员，各类科普场馆的相关工作人员，科普类图书、期刊、报纸科技（普）专栏版的编辑，电台和电视台科普频道、栏目的编导，科普网站信息加工人员等。科普兼职人员是指在非职业范围内从事科普工作，仅在某些科普活动中从事宣传、辅导、演讲等工作的人员以及工作时间不能满足科普专职人员要求的从事科普工作的人员，包括进行科普讲座等科普活动的科技人员、中小学兼职科技辅导员、参与科普活动的志愿者、科技馆（站）的志愿者等。注册科普志愿者是指按照一定程序在共青团、科协等组织或科普志愿者注册机构注册登记，自愿参加科普服务活动的志愿者。

（一）科普人员总体情况

北京科普人员总量不多，科普专职人员比例较高，人均拥有科普人员数量居全国前列。根据《中国科普统计（2016年版）》，2015年北京市拥有科普专兼职人员共48263人，占全国总数的2.35%，在全国31个省（区、市）中排名第19位，低于6.63万人的全国平均水平。其中，科普专职人员7324人，全国排名第15位，高于各省（区、市）的平均值7146人；科普兼职人员40939人，全国排名第20位，低于各省（区、市）的平均值5.91万人。从科普专职人员占全部科普人员的比例来看，北京为15.18%，全国排名第9位，高于全国平均水平10.79%。从人均拥有量来看，2015年北京平均每万人口拥有科普人员22.24人，全国排名第5位，远高于全国平均水平15.98人。其中，每万人拥有科普专职人员3.37人，全国排名第2位；每万人拥有科普兼职人员18.86人，全国排名第6位。

（二）科普人员构成情况

总体来看，北京科普人员素质较高，拥有中级职称或大学本科学历及以上人员比例在全国名列前茅；女性科普人员占总数的一半以上，远高于35.7%的全国平均水平；农村科普人员比例远低于全国平均水平；科普管理人员占科普专职人员总数的1/5左右，科普管理人员与科普人员总数之比约为1：31，高于全国平均水平，科普管理水平有待提升；科普创作人员占全国科普创作人员总数的8.13%，处于领先水平；科普志愿者数量不多，每万人拥有科普志愿者的数量低于全国平均水平。

1. 科普人员职称及学历

2015年，北京科普人员中中级职称或大学本科学历及以上人员共31760人，占总数的65.81%，全国排名第2，远高于全国平均水平49.30%。其中，科普专职人员中拥有中级职称或大学本科学历及以上人员5070人，占科普专职人员的比例为69.22%，全国排名第5；科普兼职人员中拥有中级职称或大学本科学历及以上人员26690人，占科普专职人员的比例为65.19%，全国排名第2。

2. 女性科普人员

2015年，北京共有女性科普人员25849人，全国排名第12，高于各省（区、市）平均水平。北京市女性科普人员比例为53.56%，全国排名第2，远高于全国平均水平35.70%。其中，女性科普专职人员3593人，占科普专职人员总数的49.06%，全国排名第1；女性科普兼职人员22256人，占科普兼职人员总数的54.36%，全国排名第2。

3. 农村科普人员

2015年，北京共有农村科普人员5459人，占北京市科普人员总数的11.31%。其中，科普专职人员956人，占科普专职人员总数的13.05%；科普兼职人员4503人，占科普兼职人员总数的11.00%。二者均远低于全国平均水平，与上海市、天津市水平相当，较低的比例与城市化水平高密切相关。

4. 科普管理人员

2015年，北京共有科普管理人员1536人，占科普专职人员总数的20.97%，全国排名第19，位于中游水平，略低于全国平均水平22.21%；

占科普人员总数的比例为 3.18%，全国排名第 5，高于全国平均水平
2.57%。这说明北京市科普管理水平在全国来看没有优势，管理水平和管理
效率提升潜力还较大。

5.科普创作人员

2015 年，北京共有科普创作人员 1084 人，占科普专职人员总数的
14.8%，仅次于上海市的 16.06%，全国排名第 2。北京市科普创作人员数
量占全国总数的 8.13%，在全国居于领先水平。

6.注册科普志愿者

2015 年，北京共有注册科普志愿者 24083 人，每万人拥有科普志愿者
11.09 人，全国排名第 18，低于全国平均水平 18.26 人。

三　北京科普人员现状评估

以下分别从科普人员总量和综合发展水平两方面，对北京市各区的科普
人员现状进行评估。

（一）总量评估

从 2015 年统计结果来看，北京各区科普人员总数相差较大，海淀区最
多，为 9059 人；门头沟区最少，为 818 人。仅从科普人员总数看，大致可
以将各区分为四组。见表 1。

表 1　2015 年北京市各区科普人员数量

单位：人

序号	区名	科普专职人员数	科普兼职人员数	科普人员总数
1	海淀区	2079	6980	9059
2	朝阳区	909	5236	6145
3	西城区	792	4588	5380
4	东城区	452	4733	5185
5	大兴区	714	3503	4217

续表

序号	区名	科普专职人员数	科普兼职人员数	科普人员总数
6	顺义区	118	3138	3256
7	昌平区	212	2703	2915
8	丰台区	373	2013	2386
9	密云区	221	1645	1866
10	房山区	162	1335	1497
11	延庆区	195	1252	1447
12	通州区	212	918	1130
13	怀柔区	156	906	1062
14	平谷区	518	456	974
15	石景山区	59	867	926
16	门头沟区	152	666	818

第Ⅰ组：核心区，包括海淀、朝阳、西城和东城四区，科普人员总数超过5000人，科普人员中中级职称或大学学历及以上人员比例接近80%，无论是科普人员总量还是素质，都处于首都科普事业发展第一梯队。

第Ⅱ组：外围城区，包括大兴、顺义、昌平和丰台四区，科普人员总数在2000～5000人，科普人员中中级职称或大学学历及以上人员比例平均在60%左右，科普发展水平相对较高，但与核心区还有一定差距，处于首都科普发展的第二梯队。

第Ⅲ组：远郊区，包括密云、房山、延庆、通州和怀柔五区，科普人员总数在1000～2000人，科普人员中中级职称或大学学历及以上人员比例平均在50%左右，科普发展水平相对较低。

第Ⅳ组：东西边缘区，包括平谷区、石景山区和门头沟区，科普人员总数在1000人以下，科普人员中中级职称或大学学历及以上人员比例差别较大，从50%到80%不等，石景山区比例较高。

通过以上简单分类方法，将北京16区分为四组，基本可以看出北京科普人员的地区分布情况，但因为只考虑了总量因素，还比较粗糙，不能完全反映各区科普发展的真实水平。

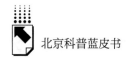

（二）科普人员综合发展水平评估

1. 指标选取

一级指标选取科普专职人员、科普兼职人员、科普志愿者三个指标；二级指标主要考虑科普人员数量和质量两方面因素，选取万人拥有科普专职人员数量、科普专职人员素质（中级职称或大学学历及以上所占比例）、万人拥有科普兼职人员数量、科普兼职人员素质（中级职称或大学学历及以上）所占比例、万人拥有科普志愿者数量5个指标。见表2。

表2   综合现状评估指标选取

一级指标	二级指标	指标代码	指标单位
科普专职人员	万人拥有科普专职人员数量	x_1	人
	科普专职人员素质(中级职称或大学学历及以上所占比例)	x_2	%
科普兼职人员	万人拥有科普兼职人员数量	x_3	人
	科普兼职人员素质(中级职称或大学学历及以上所占比例)	x_4	%
科普志愿者	万人拥有科普志愿者数量	x_5	人

2. 指标数据的标准化处理

不同评价指标往往具有不同的量纲，指标之间的量纲会影响数据分析的准确性。为了消除指标之间的量纲影响，需要进行数据标准化处理，以保证数据指标之间的可比性。原始数据经过数据标准化处理后，各指标处于同一数量级，适合进行综合对比评价。本文采用极值标准化方法对原始数据进行无量纲化处理，无量纲化后的每个指标的数值都在1至100之间，并且极性一致。

当指标为正向指标（指标值增加对科普人才的竞争力有积极影响）时，x_i 的无量纲化值 X_i 为：

$$X_i = \frac{x_i - x_{min}}{x_{max} - x_{min}} \times 100$$

其中，X_{max}和X_{min}分别代表参加比较的同类指标中的最大原始值和最小原始值。

3. 指标权重选择

指标权重，即某被测对象各指标在整体中价值的高低和相对重要程度以及所占比例的大小量化值。权重的赋值合理与否，对评价结果的科学合理性起着至关重要的作用。若某一因素的权重发生变化，将会影响整个评判结果。因此，权重的赋值必须做到科学和客观，这就要求寻求合适的权重确定方法。

经过与多位科普专家讨论，最终确定各指标权重（见表3）。在一级指标中，主要考虑到科普专职人员对地区科普工作推动和科普事业发展具有重要的决定作用，所以赋值0.5；科普兼职人员与科普志愿者相比，前者的重要性更大，所以分别赋值0.3和0.2。二级指标中，主要考虑是科普人员数量和质量具有同等的重要性，所以权重均分。

表3　综合现状评估指标权重

一级指标	指标权重	二级指标	指标权重
科普专职人员	0.5	万人拥有科普专职人员数量	0.25
		科普专职人员素质（中级职称或大学学历及以上所占比例）	0.25
科普兼职人员	0.3	万人拥有科普兼职人员数量	0.15
		科普兼职人员素质（中级职称或大学学历及以上所占比例）	0.15
科普志愿者	0.2	万人拥有科普志愿者数量	0.20

4. 评价结果

根据加权平均方法：

$$Y = X_1 \times 0.25 + X_2 \times 0.25 + X_3 \times 0.15 + X_4 \times 0.15 + X_5 \times 0.20$$

计算得到北京市各区得分，见表4。

表4 科普人员综合现状评估结果

序号	区名	万人拥有科普专职人员数量	领域1得分	科普专职人员素质	领域2得分	万人拥有科普兼职人员数量	领域3得分	科普兼职人员素质	领域4得分	万人拥有科普志愿者数量	领域5得分	加权平均分
1	西城区	6.10	45.8	0.79	87.5	35.35	62.9	0.73	71.4	49.44	100	73.48
2	东城区	4.99	36.1	0.87	100	52.30	100	0.79	83.0	4.80	9.7	63.41
3	海淀区	5.63	41.6	0.76	82.9	18.90	26.8	0.74	73.8	23.48	47.5	55.72
4	延庆区	6.21	46.8	0.73	78.9	39.87	72.8	0.58	41.4	3.18	6.4	49.83
5	石景山区	0.90	0	0.85	96.6	13.30	14.5	0.87	100	15.41	31.2	47.56
6	朝阳区	2.30	12.3	0.83	93.1	13.24	14.4	0.78	81.2	8.07	16.3	43.96
7	平谷区	12.25	100	0.52	46.0	10.78	9.0	0.41	6.5	3.64	7.4	40.31
8	门头沟区	4.94	35.5	0.72	77.4	21.62	32.8	0.56	36.5	1.85	3.7	39.37
9	大兴区	4.57	32.3	0.51	44.9	22.43	34.5	0.38	0	11.94	24.2	29.32
10	丰台区	1.60	6.2	0.65	65.4	8.66	4.4	0.68	60.3	3.33	6.7	28.93
11	昌平区	1.08	1.5	0.66	67.6	13.77	15.6	0.63	50.0	2.98	6.0	28.32
12	通州区	1.54	5.6	0.61	60.3	6.66	0	0.69	64.3	2.75	5.6	27.22
13	密云区	4.61	32.7	0.38	24.8	34.34	60.7	0.45	13.1	0.00	0.0	25.44
14	房山区	1.55	5.7	0.58	55.2	12.76	13.4	0.49	22.8	4.22	8.5	22.34
15	顺义区	1.16	2.2	0.50	42.7	30.76	52.8	0.45	14.2	0.02	0	21.30
16	怀柔区	4.06	27.8	0.22	0	23.59	37.1	0.54	33.2	0.05	0.1	17.53

从评价结果来看，综合得分超过 50 分的有三个区，分别是西城区、东城区和海淀区；综合得分在 40～50 分的有 4 个区，分别是延庆区、石景山区、朝阳区和平谷区；综合得分在 30～40 分的有 1 个区，为门头沟区；综合得分在 20～30 分的有 7 个区，分别是大兴区、丰台区、昌平区、通州区、密云区、房山区和顺义；综合得分低于 20 分的有 1 个区，为怀柔区。

从综合评价结果来看，各区科普人员发展水平差异较大，除中心城区综合得分较高外，其他各区得分无明显的地域差异。中心城区科普发展水平普遍较高，人均科普人员数量虽然不多，但整体素质较高，其中科普专职人员素质得分基本在 80 分以上。中心外围区和远郊区科普发展水平并无明显的地域差异，如远郊区的延庆区和平谷区总体水平较高，主要是因为人均拥有科普人员数量较多，如平谷区每万人拥有科普专职人员数量在各区中排名第 1，得分为 100；延庆区每万人拥有科普兼职人员数量在各区中排名第 2，仅次于东城区。

从各领域表现来看，有些指标各区得分差别较大，有些指标表现普遍较好，有些指标普遍较差。如科普专职人员素质指标，除怀柔区得分最低外，其他各区得分普遍较高；万人拥有科普专职人员数量和万人拥有科普兼职人员数量两个指标各区得分差异较大，除个别得分较高外，多数集中在 30～50 分，还有一些指标得分为个位数；万人拥有科普志愿者一项得分普遍较低，有 11 个区得分低于 10 分。

四 结论和建议

（一）主要结论

通过以上对北京科普人员的分析和评价，得出几点主要结论。

（1）北京科普人员总量不多，但总体素质较高，科普专职人员比例较高，人均拥有科普人员数量居全国前列。

（2）从科普人员构成情况来看，女性科普人员占总数的一半以上，农

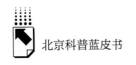

村科普人员比例特别小,科普管理人员占科普人员总数的比例高于全国平均水平,是全国科普创作人员的主要集中地之一,科普志愿者数量还较少。

(3)北京科普人员各区分布不均匀,主要集中在核心区,越往郊区科普人员越少。

(4)对北京科普人员综合发展水平进行评价,各区差异较大,西城区、东城区和海淀区三区得分位列前三,接下来依次是延庆区、石景山区、朝阳区、平谷区、门头沟区、大兴区、丰台区、昌平区、通州区、密云区、房山区、顺义区和怀柔区。各区得分无明显的地域差异。

(二)相关建议

根据以上分析结果和相关调查分析,提出促进北京科普发展的几点建议。

1. 完善科普人才成长环境

提升科普人员的整体素质,重点培养和支持科普人才的发展。要根据国家对科普事业发展的总体规划和布局,如《"十三五"国家科技创新规划》《"十三五"国家科普和创新文化建设规划》等,制定北京市促进科普人才成长的激励政策,为科普人才成长营造良好的政策环境。

2. 调动各类科技人员开展科普工作的积极性

依托北京高等院校和科研院所集中的优势,调动各类专业人员开展科普工作的积极性。完善科普工作和科研工作评价体系,特别是探索将科普绩效纳入科研人员职称评定、北京市各类科技计划项目考核。

3. 加大对科普专门人才的培养培训力度

北京拥有种类繁多、门类齐全的上百家科普场馆和科普基地,要加大培养培训科普场馆和科普基地的专门人才。利用科技馆、自然博物馆、天文馆等科普场馆设施资源,围绕科普场馆的建设与运行管理,重点培养急需紧缺的科普展览设计开发、科学教育活动组织策划、科学实验、场馆情报理论和运营管理等方面的科普专门人才。

4. 大力提升科普研发和创作能力

北京拥有庞大的科普研发创作人员队伍，要着力建设高水平的科普创作与设计团队。通过加大对科普创作的支持力度，借助北京推进文化创意产业发展的"东风"，充分利用文化创意产业基地，培育高水平科普创意人才，打造北京科普研发创意品牌。

5. 重点培养面向社区和基层的科普人才

培养造就根植基层的社区科普人才。在市区，重点开展科教进社区、卫生科技进社区、全民健康科技行动、社区科普大讲堂、社区科普大学、社区青少年科学工作室等活动；在远郊区，适应社会主义新农村建设的需要，培养大批面向城乡基层的实用型科普人才。

6. 发展壮大科普志愿者队伍

研究发现，北京科普志愿者数量低于全国平均水平。建议鼓励更多市民加入科普志愿者队伍，已有的一些成功做法要延续下去，如鼓励更多的中小学生走进博物馆、科技馆，担任科普小讲解员；鼓励在校大学生充分利用开展各种科普活动的机会，参与科普志愿服务；鼓励从事科技工作的离退休人员加入科普志愿者队伍等。

7. 注重科普人才的均衡化发展

从综合评价结果看，北京市各区科普人员发展水平差别较大，为了让全市公众享受到更公平优质的科普服务，建议一方面加大对科普人员发展水平较低地区的支持力度，另一方面多措并举，激励科普人员发展水平较低地区更加重视科普人才工作，推动科普服务均衡发展。

B.10

北京科普产品和科普服务供给研究

李达 李群*

摘 要: 北京科普产品和科普服务供给具有非常鲜明的特点，并且无论是科普的硬件设施还是软实力方面都走在全国的前列。本报告主要通过梳理北京科普产品和科普服务供给的特点，结合当前存在的困难和未来可能的发展方向，提出科普产品和科普服务供给侧改革的可能方向，为北京在科普产品和科普服务供给方面继续保持领先地位提供一些建议。

关键词: 科普产品 科普服务 科普供给

一 引言

近年来北京市"以提高市民科学素质为宗旨，围绕提升科普能力、培育创新精神、关注目标人群、丰富科普活动、打造科普精品"等重点任务，开展了一系列工作，使得北京市的科普工作保持在全国前列的水平。"十二五"时期，北京市通过落实科普法、科普条例、《北京市"十二五"时期科学技术普及发展规划纲要》和《北京市全民科学素质行动计划纲要实施方案（2011—2015 年）》（以下简称《实施方案》），极大地促进了市民科学素

---

* 李达，经济学博士，中国社会科学院数量经济与技术经济研究所博士后；李群，应用经济学博士后，中国社会科学院基础研究学者，数量经济与技术经济研究所研究员、博士生导师、博士后合作导师，主要研究方向：经济预测与评价、人力资源与经济发展。

质达标率的提升。根据北京市发布的《"十三五"时期科学技术普及发展规划》，北京市公民科学素质达标率从 2010 年的 10.0% 提高到 2015 年的 17.56%，超额完成"十二五"设定的 12% 的目标。

多位专家学者对全国各省份的科普规模能力和科普强度能力进行了评价。李婷（2011）通过主成分分析法评价为全国省份进行打分，结果为北京市排名稳居第一，并且远高于第二名。此外，刘广斌（2017）采用我国 2008~2014 年的数据，基于 DEA（Data Envelopment Analysis）的分析，发现北京实现了 7 年 DEA 有效，但是文章指出北京之所以能够实现 DEA 有效是因为北京经济相对发达，科普资源远比其他省份丰富，同时管理水平和技术方法都较为先进，所以有能力充分利用科普资源，实现科普资源的合理配置，获得较高的投入产出效率。杨传喜等（2017）采用 2014 年《中国科普统计》收录的 2006~2013 年的数据，采用 BCC 模型分析了 2008 年和 2013 年截面数据：北京的综合效率从 2008 年的 0.984 上升到 2013 年的 1.000，纯技术效率在这两年的得分都是 1.000，规模效率从 2008 年的 0.984 上升到 1.000，规模报酬在 2008 年减少，在 2013 年保持不变。同时，北京属于高增长的 15 个省份之一。

二　北京科普供给侧现状

（一）近年来北京科普供给能力发展情况

北京市的科普产品和科普服务在不断跃升，投入在逐年增加。我们从以下六个维度分析北京近年科普供给能力发展的情况。

1. 科普人员数量不断增加

从人员组成来看，科普专职人员已经从 2008 年的 5814 人上升到 2015 年的 7324 人，科普兼职人员从 2008 年的 37044 人上升到 2015 年的 40939 人，科普志愿者人数从 2008 年的 5609 人上升到 2015 年的 24083 人，科普创作人员从 2008 年的 791 人上升到 1084 人，专职科学家和工程师人数从

2008 年的 3603 人上升到 4915 人，兼职科学家和工程师人数从 2008 年的 19791 人上升到 21456 人。

2. 科普经费投入持续上升

从资金支持来看，2008 年科普经费筹集额仅有 13.48 亿元，到 2015 年则增加到 21.26 亿元；科普专项经费额 2008 年仅有 8 亿元，到 2015 年增加到 11.98 亿元；科普经费的使用额也大幅上升，从 2008 年的 13.31 亿元上升到 2015 年的 20.16 亿元。

3. 科普基础设施规模不断扩大

科普产品和科普服务的硬件设施建设也在不断加快，科技场馆的建设卓有成效，科技馆数量从 2008 年的 11 个上升到 2015 年的 25 个，科学技术博物馆的数量也从 2008 年的 37 个上升到 46 个，青少年科技馆的数量从 2009 年的 11 个上升到 2015 年的 20 个，科技馆展厅面积从 2008 年的 5.03 万平方米上升到 2015 年的 12.52 万平方米。不过城市社区科普（技）专用活动室数量呈先下降再上升的趋势，从 2008 年的 1271 个下降到 2013 年的 974 个，然后又回升到 2015 年的 1112 个；农村科普（技）活动场地从 2008 年的 2403 个上升到 2015 年的 12011 个。

4. 科普形式日益多样

北京科普产品和科普服务充分利用最新的互联网技术，科普网站数量增长较快，从 2008 年的 186 个上升到 2015 年的 343 个。除通过网络开展科普的新兴形式之外，传统科普形式也不断丰富全市举办科普讲座次数从 2008 年的 43518 次增加到 2015 年的 46345 次；科普展览次数从 2008 年的 4143 次上升到 2015 年的 5170 次。

5. 科普作品总体规模向好

从科普作品的供给来看，科普图书从 2008 年的 1019 种上升到 4595 种，科普期刊从 2008 年的 64 种上升到 2015 年的 111 种。随着网络的普及，音像制品也出现了从上升到下降的变化过程，2008 年有 851 种，到 2012 年达到顶峰（1681 种），2015 年又下降到 253 种。

6. 科普活动数量和规模日益增加

科普竞赛举办的次数从 2008 年的 3203 次增加到 3362 次；科普国际交流次数出现了先上升再下降的变化，2008 年为 418 次，到 2010 年上升到 442 次，2015 年时下降到 345 次；科技活动周科普专题活动次数攀升幅度很人，从 2008 年的 1774 次上升到 2015 年的 6662 次；重大科普活动次数也从 2008 年的 789 次上升到 2015 年的 983 次。

（二）北京各区科普能力发展情况

本部分通过科普人员数量、科普经费投入和科普活动规模三个维度考察北京市各区的科普能力发展状况。

1. 科普人员数量

从科普队伍发展状况来看，根据《北京科普统计（2016 年版）》，2015 年东城区有科普专职人员 452 人，西城区有 792 人，朝阳区有 909 人，丰台区有 373 人，石景山区有 59 人，海淀区有 2079 人，门头沟区有 152 人，房山区有 162 人，通州区有 212 人，顺义区有 118 人，昌平区有 212 人，大兴区有 714 人，怀柔区有 156 人，平谷区有 518 人，密云区有 221 人，延庆区有 195 人。

2015 年，北京各区科普兼职人员数量为：东城区 4733 人，西城区 4588 人，朝阳区 5236 人，丰台区 2013 人，石景山区 867 人，海淀区 6980 人，门头沟区 666 人，房山区 1335 人，通州区 918 人，顺义区 3138 人，昌平区 2703 人，大兴区 3503 人，怀柔区 906 人，平谷区 456 人，密云区 1645 人，延庆区 1252 人。

2. 科普经费投入

2015 年，北京各区科普经费筹集额为：东城区 23338.42 万元，西城区 15647.41 万元，朝阳区 89261.05 万元，丰台区 24456.36 万元，石景山区 7718.48 万元，海淀区 17052.8 万元，门头沟区 4212.08 万元，房山区 2314.28 万元，通州区 4088.52 万元，顺义区 1114.49 万元，昌平区 10727.51 万元，大兴区 2272.54 万元，怀柔区 2369.22 万元，平谷区

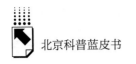
1652. 96 万元，密云区 3307. 13 万元，延庆区 3088. 44 万元。

2015 年，北京各区科普专项资金为：东城区 12402. 13 万元，西城区 5656. 35 万元，朝阳区 72200. 2 万元，丰台区 8199. 89 万元，石景山区 5747. 85 万元，海淀区 3181. 81 万元，门头沟区 976. 4 万元，房山区 1469. 62 万元，通州区 1321. 72 万元，顺义区 576. 5 万元，昌平区 2868. 53 万元，大兴区 557. 31 万元，怀柔区 1205. 07 万元，平谷区 580. 61 万元，密云区 1546. 85 万元，延庆区 1360. 96 万元。

2015 年，北京各区科普经费使用额为：东城区 20826. 45 万元，西城区 10129. 58 万元，朝阳区 89446. 02 万元，丰台区 23887. 41 万元，石景山区 7469. 75 万元，海淀区 15256. 24 万元，门头沟区 4135. 04 万元，房山区 2407. 18 万元，通州区 2443. 34 万元，顺义区 1122. 14 万元，昌平区 11089. 44 万元，大兴区 2198. 27 万元，怀柔区 3667. 27 万元，平谷区 969. 99 万元，密云区 3550. 29 万元，延庆区 3002. 76 万元。

3. 科普活动规模

2015 年，北京科技活动周科普专题活动次数为：东城区 573 次，西城区 379 次，朝阳区 3355 次，丰台区 259 次，石景山区 120 次，海淀区 270 次，门头沟区 562 次，房山区 70 次，通州区 108 次，顺义区 90 次，昌平区 123，大兴区 138 次，怀柔区 171 次，平谷区 126 次，密云区 145 次，延庆区 173 次。

（三）北京市"十二五"时期科普产品和科普服务取得的成绩

《北京市"十三五"时期科学技术普及发展规划》（以下简称《发展规划》）列举了北京市"十二五"科普产品和科普服务的成绩。《发展规划》通过三个方面分析了北京的科普产品和科普服务，从《发展规划》列举的情况来看，北京市的科普产品和科普服务在过去的五年里获得了较大的进步，取得了骄人的成绩。

第一，《发展规划》指出北京市的科普能力不断增强。北京地区 500 平方米以上的科普场馆达到 101 个，比"十一五"增加 36 个。同期，科技馆、科学技术博物馆建筑面积达 109 万平方米，比"十一五"增加 41 万平方米；每万人拥有科普场馆展厅面积 221.28 平方米，比"十一五"增长 24.45%。社区科普体验厅增加至 50 家，覆盖 16 区 50 余万人；市级科普基地达到 326 家，市级社区青年汇达到 500 家，科普活动室现存 2000 余家，科普画廊多达 3500 余个。

第二，北京市的科普产品和科普服务等相关科普活动蓬勃发展。北京市举办的各类科普（技）讲座、科普（技）专题展览、科普（技）竞赛分别达到 4.89 万次、4835 次、3035 次，均高于全国同期平均水平 2.81 万次、4375 次、1525 次。

第三，北京市的科普资源越来越丰富多样。无论是科普经费还是科普项目都有很大增长。《发展规划》指出，人均科普专项经费由"十一五"的 36.42 元上升至 46.01 元，增长 26.33%，远高于全国 4.68 元的平均水平。《发展规划》还指出科普项目以社会征集为抓手，充分利用社会优势科技资源，推进高校院所和企事业单位面向公众开放科技资源，目前科研机构和院校向社会开放数量达 569 家，比"十一五"增加 190%。

综合来看，北京市的科普产品和服务的供给出现了较快的增长，产品和服务的种类不断丰富，这也为后续工作奠定了良好的基础。

三　北京科普事业的特点与科普供给侧改革面临的挑战

（一）北京科普供给侧的特点

北京市的科普产品和科普服务具有非常鲜明的特点，一方面得益于北京市总体的人才储备，另一方面得益于北京市得天独厚的地理位置和政治资源。至少可以从以下四个方面看出北京科普事业的特点。

第一，重视制度建设，科普相关的工作制度建设已经非常完善。除了国家颁布的《科普法》之外，北京市先后制定了《北京市科学技术普及条例》《关于加强北京市科普能力建设的实施意见》《北京市"十一五"科普工作

发展规划纲要》《北京市"十二五"科普工作发展规划纲要》《北京市"十三五"科普工作发展规划纲要》等地方法规和政策文件，同时北京市按照国家科普统计有关要求，建立了科普统计监测工作体系，该体系为全市科普工作开展提供了法律保障和制度支持。

第二，健全北京科普事业发展的组织体系。《发展规划》指出早在2011年，北京市全民科学素质工作领导小组办公室就已经被纳入科普工作联席会议体系，从而理顺了全市科普工作的体制和机制。恰恰是由于这样的机制，朱世龙（2015）采用2012年和2013年的数据分析了北京市的科普工作特点，指出"政府在科普工作中发挥了引导作用"。

第三，全社会积极参与科普。朱世龙（2015）同时指出，北京市通过政府推动使全社会都参与科普，并且动用社会力量兴办科普。通过向社会征集科普项目，文章指出，一些企业、高校、科研院所和社会组织利用自身优势参与科普事业，形成社会力量办科普的局面。朱世龙（2015）指出，据统计，"累计二百多个科普项目"落地，其中"政府引导资金和社会资金配套投入比约为1∶2"，这不仅充分调动了全社会参与科普工作的积极性，而且对培育科普品牌、促进科普事业发展起到了积极作用。

第四，在创新科普工作内容和形式等方面不断改善。北京市具有非常明显的区位优势，从而可以将科普与科技、文化、旅游融合。例如，将"科技创新项目与科技成果实施地"作为科技旅游的目的地，同时培育了"蓝色之旅"品牌，此外还组织了科技旅游季、中关村科教旅游节、科普之旅等活动，让公众可以便捷地接触科普场馆、科技企业和科技园区，直接与相关人士面对面交流。

（二）北京科普供给侧存在一定程度的结构性失衡

北京虽然有很多优势，但是在进一步提升科普水平上仍然面临一系列挑战。第一，北京市的科普经费至少有一半依赖于政府资金投入，虽然有社会资本参与，但是大部分依然是政治性资金，而不是经营性资金。而且人均科普经费也仅有46元，依然处于较低的水平。第二，北京市的科普人才数量已经领先于国内其他省份，但是依然有限，科普专职人员仅有 7324 人。第三，科普受众自发性不强是科普领域普遍存在的问题。正如刘敢新（2013）指出的，科普产品和科普服务一般都会面临如下几个问题。第一，基层科普经费来源单一。第二，人才相对匮乏。第三，基层科普受众的自发性不强。第四，基层科协网络子平台建设不完善。北京市的网站建设相对领先，但依然发展不充分，2013 年数据显示，"北京科协网站上仅有 29 个基层单位的具体地址联系方式与职能介绍"。第五，"伪科普"网络信息资源泛滥。科普受众人数多但背景各异，所以科学素质参差不齐，很多人不具备基础的科学素质，因而很难对网络科普信息进行辨别，进而容易盲目相信网络科普信息。因此，网络科普信息资源虽然很大，但是也使基层科普受众不知所措。

刘敢新（2013）指出，这主要表现在两个方面，一是"科普活动参与率低"，二是"主要是由政府来组织和领导，自发组织科普活动积极性不高"。第二方面与我国的行政特点有关。我国的基层科普工作主要由相应的政府部门组织和统筹规划，实行以财政支持科技工作部门的机制。一方面，政府的宏观干预和经费支持可以让基层科普工作有坚实的基础，但由于没有反馈，基层科普活动的质量也无法及时提高，从而可能造成经费浪费；另一方面，基层科普工作的范围"广而杂"，要求科普工作人员具有各领域及不同程度的科普知识，使科普工作者工作压力较大，业务质量难以提高。

（三）北京市科普受众对科普服务能力提出新需求

科普产品和科普服务本质上是为了提高受众的科普素质，因此我们必须了解受众的需求特点。在目前现有的田野调查文献中，我们可以得到一些有意义的结论。

任蓉（2017）提供了针对科普类临时展览受众群体调研的一手信息。其调查对象来自三家科普场馆，分别是中国科学技术馆、北京天文馆以及北京自然博物馆。采访对象大致平均分布在三家场馆。从统计的结果来看，第一，女性人数多于男性；第二，29～55 岁的人群占多数；第三，高中以上学历人员占多数；第四，外地参观者占多数。最后一点充分表明北京市科普

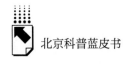

的外溢效应是非常明显的。

调查结论还显示超过七成的观众愿意为了一个科普临时展览专程到科普场馆参观。而且在网络时代，微博、微信等网络工具和传统的媒体工具作用一致，并且比传统媒体工具略胜一筹。电视、广播、报纸、传单、海报等依然是大约一半人获得信息的方式。这充分说明民众对科普本身还是有所期待的，并且愿意通过一些便捷的方式获得相关资讯并参与其中。

从被调查的观众来看，人们对展览的内容和主题是最看重的。这意味着我们的科普工作应该有的放矢，这样才能提高效率。此外，观众对自然科学知识的兴趣还是很大的，这类主题的展览排在第一位，随后是航空宇宙知识、地理历史知识等。这对于开展科普活动有很好的指导意义。此外，相关的配套措施也需要跟进。例如，有接近六成的人认为需要有明确的导向标牌和休息区。以上这些调查结论对于我们深入开展科普活动有着非常重要的指导意义。

在一次针对中学生科普教育的调查中，王晶莹、张宇（2017）对北京市四所中学开展了问卷调查，分别是北京市第十五中、北京市第一六五中学、上庄中学、通州三中。本次调查完成有效问卷 2780 份，其中初中 1280 份，高中 1500 份，城区 1670 份，郊区 1110 份。在调查中，她们发现"北京市学校科普工作在各个维度、各个方面处于较好的水平"，例如学校科普有科普宣传栏和图书馆，同时有科普讲座和科普展览活动，"向学生传递有关应急避险、保护环境、生活健康和道德素质等与学生实际生活息息相关的科普内容"，学生的知识面有所扩大、实用技能有所提高，学生的科学责任感有所增强，同时也对学生的生活实际产生了积极影响。

但是仍有许多地方需要改进。王晶莹、张宇（2017）指出应该提高科普活动的频率。数据显示，"有绝大多数学生认为学校科普活动每季度或每月间才开展一次"，如此低频率的活动"对学生科普知识的掌握、科学方法的学习、科学责任感的唤醒以及对学生生活实际的影响势必会造成障碍"，学校科普工作所取得的效果会被削弱，也不利于科普工作目标的达成。

另外，王晶莹、张宇（2017）进一步指出，"学校科普活动依然主要是采取'你讲我听'的方式，学生亲自动手参与的机会较少，很难将通过学校科普学到的理论知识运用到实践中去，因此学生的行为促进及行为传播也不尽如人意"。此外，还需要注意的是，"学校科普工作对学生情感方面的促进效果也相对较弱"。学生普遍认为在个人收获方面不太确定。王晶莹、张宇（2017）认为其可能与场所组织维度中的科普培训和科普咨询次数较少有一定的关系，并且学校科普活动涉及科普前沿的内容较少，虽然学生在认知上得到了充分锻炼与收获，但在情感迁移上还未达到相应水平。

以上充分说明，民众对科普产品和科普服务的需求与北京市对科普产品和科普服务的供给存在很多不匹配的地方。但是民众的需求本身表明科普产品和科普服务供给是存在很大的市场的，我们需要关注的是民众最迫切和最感兴趣的需求，按照相关的需求提供相应的产品，不但可以利用政府资源，同时还可以引入社会资本，量身打造适合民众的科普产品和科普服务。

（四）科普供给侧与需求侧不匹配问题日益凸显

民众到底需要什么样的科普产品和科普服务？胡俊平和石顺科（2011）采用2010年11～12月"社区科普益民机制及载体研究"课题组在全国范围内组织开展的城市社区居民科普需求和满意度抽样调查的结果进行分析，得出了很多有意义的结论。调查的对象为14个城市所辖区县的社区居民。结果显示，"超过半数的城市社区居民对医疗保健、食品安全、营养膳食3类科普话题最为关注"。此外，统计调查暴露出我们科普工作的盲区。虽然本次受访社区居民在社区获取科普知识的主要途径排在前3位的分别是电视/广播、网络/手机、书报，但是仅有30.1%的受访社区居民知道所在社区有图书室。并且在知晓社区图书室的人中，"经常去"社区图书室的仅占13.4%。

文章指出，"居民对于科普活动参与程度较低，从不参加科普活动的占71.0%"。而不参加科普活动的主要原因居然是"不知道社区有科普活动"，这类人群的比例为77.6%。但是有人认为社区有必要组织科普活动，这类人群占受访人群的近70%，而且其中35.5%的居民期望社区每月组织2～3

次科普活动。

更令人惊讶的是，"59.7%的受访社区居民不知道社区是否有科普志愿者，仅有19.3%的居民确切地知道所在社区有科普志愿者"。此外，"67.2%的受访社区租户不知道所在社区的科普志愿者。48.8%的受访社区居民不知道企事业单位或高校在社区开展科普活动"。

四 北京科普供给侧结构性改革路径分析

（一）进一步提升北京科普供给质量

北京科普产品和科普服务供给不断适应新的形势和要求，取得了很大的进步和成绩，但是仍然存在很大的改进空间。《发展规划》指出了北京科普存在的一些问题。

首先，《发展规划》指出北京市民总体科学素质与发达国家还存在较大差距，并且城乡之间差别较大。北京实施创新驱动发展战略和全国科技创新中心的城市战略定位，对市民素质提出了更高的要求，也对我们提供的科普产品和科普服务的差异性提出了要求，只有全面提升科普供给质量，才有可能把科学普及和公众科学素质推到新高度。

其次，科普产品和科普服务虽然很多，但是具有国际影响力的科普品牌较少，"社会化、市场化、常态化、泛在化"的科普工作局面尚未形成。此外，京津冀协同发展战略、"一带一路"倡议等都对北京市科普提出了新的要求，北京市必须与相关区域协同发展，进一步密切与国际社会的合作，这样才能开辟更广阔的科普新天地。

第三，通信领域内的信息技术、"互联网＋"等科技传播手段日新月异。《发展规划》指出，"虚拟现实（VR）、增强现实（AR）、混合现实（MR）等新技术和微博、微信、移动客户端等新媒体逐渐渗透到各领域，要求以新技术、新手段、新模式开创科普工作新局面"。

第四，通过深化改革以及政府职能转变，从而实现科普体制机制创新，

"对科研院所、高校和高科技企业的科技资源进行深度挖掘，对前沿技术和最新成果进行推广和普及"，使科普工作有新思路、新想法。

最后，《发展规划》进一步指出，"科技服务业将科普列为重点产业内容，对处于起步阶段的科普产业发展提出了新要求"。

（二）以科技驱动促进北京科普供给能力飞跃

由于科技的驱动，未来的科普必然会与当下的科普有所不同。首先，科普不再是单向的，而是交互的。张加春（2015）指出，"没有互动性的科普产品将逐渐失去生命力"，科普内容生产和科普活动将主要以互动为主。其次，科普产品和科普服务的供给必然是具有趣味性的。张加春（2015）认为，枯燥、严肃是传统科普形式的致命弱点，多元、多样、趣味性的科普产品将成为科普的亮点，比如"以游戏、戏剧展现的科普产品将更能受到青少年群体的欢迎"。最后，科普产品和科普服务必然是智能化的。张加春（2015）认为"人工智能的发展极大地改善了人与科普产品之间的关系"，用户将凭借现代媒介技术特别是人工智能实现对科普产品的再造，用户之间的协同化、产品的个性化得到增强。同时，科普产品和科普服务必然是生活化的。目前科普远离生活，往往被当作"一种教育方式而存在于固定化的空间"，从而严重制约了科普的发展与推广。科普存在于生活的方方面面，随着现代媒介技术的发展，张加春（2015）认为未来的科普不论是"从产品设计、用户使用、传播过程都将向生活靠拢，实现微细化、随身化、即时化的科普"。

（三）北京科普产品和科普服务供给侧改革可借鉴的经验

发达国家在科普产品和服务方面走在了前列，作为发展中国家，我国有必要向先进国家学习相关的经验。董全超（2011）总结了发达国家科普事业发展的一些特点。从国际经验来看，其一，发达国家的科普活动"更关注社会热点"。发达国家的科普工作"在内容选择上很注重就公众关注的热点问题开展科普活动"，由于具有即时性，所以很容易引起公众的共鸣，其

科普效果比常规活动好。其二，发达国家科普的宗旨"在于促进公众理解科学"。科技的发展离不开公众的支持，董全超（2011）指出，"近年来科学技术在为人们带来巨大利益的同时，也在健康、环境和伦理道德等方面带来了许多问题，致使部分公众对科学产生怀疑和恐惧心理"。因此，发达国家政府时刻以促进公众理解科学为宗旨，降低公众对科学的怀疑和恐惧。其三，发达国家政府在引导科普的同时鼓励主流媒体积极参与。其四，发达国家的科普投入更加多元化。董全超（2011）指出，"发达国家的政府对科普项目普遍采取'费用分担'的资助方式，建立了政府、科普组织、科技团体等积极参与，企业、基金出资赞助的科普实施运行框架"，目的是希望以政府的支持作为种子经费或催化剂，吸引更多的社会力量共同支持科普事业。其五，发达国家的青少年科普工作大都以"激发青少年的科学兴趣"为首要目的，主要方式有以下几种："第一，抓住重大科技事件搞科普；第二，利用名人效应；第三，利用青少年喜欢的活动方式搞科普；第四，让青少年通过动手参与科研来学科学；第五，发挥教师和家长等对青少年的引导作用。"

就国内发展来看，由于我国经济发展迅速，科技对生活的方方面面都有很深的影响，对于科普工作来说同样如此。目前我国科普经费主要是由政府划拨，所以第一个值得注意的经验就是科普经费筹集渠道的多元化。刘敬新（2013）认为这种做法可以使科普工作更加有效，并且还可以进一步加强科普工作人员培养。

此外，科普产业应该得到合理发展。莫扬等（2014）提出一些具体的促进科普产业发展的政策措施。根据莫扬定义，科普产业指的是"以市场机制为基础，向社会提供科普产品和科普服务及其关联产品和服务的各类经济组织及活动的集合"。这个定义主要反映科普产业的如下内涵：第一，科普产业"一定是以提供科普产品和科普服务为核心产品或其关联产品和服务集合"；第二，科普产业"主要通过市场机制发生和发展"；第三，科普产业是"经济组织及活动的集合，遵循经济规律。与公益性科普事业有所区别"。

张加春（2015）指出，互联网"重塑了科普的场域，赋予了科普广阔的发展空间，并改变了科学传播的链条，赋予了科普新的生命力"。这主要体现在以下几个方面。一是"改变了科普的时空结构"。张加春（2015）指出，新媒体的特点是时空一体化，原有的时空界限被网络消融，多终端传播、多平台集成、多网络交融成为科普今后传播的时空特征。二是"改变了科普的互动结构"。受众将不再是科普的简单接受者，而是会成为科普资源的直接创造者，科普的接受者和传播者之间的界限将进一步模糊。三是"改变了科普的传播结构"。张加春（2015）指出，"受众的主体性会逐渐凸显，选择什么样的科普信息和如何选择科普信息将成为科普传播中核心的命题，那些具有高体验性和高互动性的科普模块将越来越获得关注"，受众将会把科普能够为自己带来什么样的体验作为自己选择科普源的依据。

（四）以重点工程推进北京科普供给侧全面提升

按照《发展规划》，北京市未来将会重点实施八大工程。"互联网＋科普"将作为核心，建立畅通的服务渠道和开放共享机制，形成"系统化、网络化、专业化"的科普服务体系。

第一，科普产品和科普服务供给要与民生工程相结合。利用市场机制，办好城市科学节、国际科普产品博览会等活动，吸引更多具有影响力的科普机构参加北京举办的科普活动，如"北京创造2025"等形式多样的市级大型科普活动。在科普活动的内容和形式上不断创新，增强活动的实效性和感染力，可以围绕"气象""航天"等开展系列科普活动。

第二，科普产品和科普服务供给要能够提升居民科学素质。一方面，通过相关网络等学习平台提高领导干部和公务员的科学素质；另一方面，通过相关科技节等活动，如"北京学生科技节""北京市中小学生科学建议奖""后备人才早期培养计划""英才计划"等，提高青少年科学素质。此外，还可以开展创新工作室、职工技能大赛等各种形式的职业培训、继续教育、技能竞赛和经常性科普教育活动，提高城镇劳动者的科学素质和职业技能。也可以举办有针对性的农业科技培训和田间实践操作培训，探索新型职业农

民培养的多种途径，提升新型农民综合素质。最后，《发展规划》指出，要"建成一支由顶级专家引领，百名科普专家指导，千名科普专职人员参与，万名科普志愿者组成的专兼职结合的高素质科普人才队伍"。

第三，科普产品和科普服务供给设施进一步优化。加快北京科学中心、军事科技馆、国家自然博物馆等重点科普场馆的建设，推动有条件的高校、科研院所、企事业单位和社会组织建设专题特色科普场馆。推进环保、社科、园林绿化、地震、气象、国土等行业科普基地的建设。推动科普基地与少年宫、文化馆、博物馆、图书馆等公共文化基础设施的联动，拓展科普活动渠道。

第四，科普产品和科普服务供给产业要继续创新，要与"互联网＋"相结合。通过"创作系列科普专题片、微视频、纪录片和公益广告"在主流媒体播出。支持原创科普动漫作品和游戏开发，开展技术和创意交流，加大传播推广力度。通过政府采购、定向合作等手段，重点支持一批社会经济效益显著的龙头企业，拓展新市场和新业务领域。通过鼓励 VR、AR、MR 等新技术的应用，增强科普传播的互动性与娱乐性。发展基于互联网的科普内容生产方式，形成机构、专家和公众共同参与的工作模式，跟踪反馈，实时回应，提升科普服务的互动性和有效性。

第五，科普产品和科普服务供给要能够助力创新工程，要与周边地区协同发展。通过科技展会平台，推广示范新技术新产品，同时支持新技术新产品推广应用联盟和行业协会等各类中介机构发展，促进高端科技资源科普化。《发展规划》指出，"重点推动高校院所、大型国有企业、军队、武警的大科学装置、重点实验室、工程实验室、工程（技术）研究中心以及重大科技基础设施的科普化"，形成常态化的开放机制。积极推动成立京津冀、北上广、京港澳台等区域性科普联盟，在创新方法培训、科普资源共享、科普人才交流等方面开展深度合作，并建立常态化的区域科普合作交流机制。建立科普人才培训、科普产品研发、科普展览举办等方面的国际交流与合作机制，全天候为中外科技场馆实时对接服务。

五　总结和评价

北京的科普产品和科普服务供给在全国来说始终位居前列。北京的科普人才储备远远高于全国平均水平，人均科普经费以及在科普领域的投入资金等都有很快的增长，科普场地建设、科普图书、音像制品以及相关科普活动都有长足进步。

为促进科普事业发展，北京市政府制定了完整的科普领域制度规范，使科普领域有了完整的组织体系，同时充分调动社会资源参与科普建设，在科普产品和科普服务创新方面有了较大的发展。

在科技日新月异的今天，科普产品和科普服务必然需要借助现代的科技手段和传播手段，拓展更广泛的科普领域，除了基本的科学技术普及之外，包括心理健康科普在内的对公民个体的关爱等计划必然也将提上日程，更具有趣味性和前沿性的科普产品和科普服务必然是未来的发展方向。

未来的科技产品和科技服务供给要与民生工程相结合，同时能够提升居民科学素质，此外科普产品和科普服务供给的设施仍然需要进一步优化，科普产品和科普服务要继续创新，要让科普产品和科普服务与"互联网＋"相结合，要使科普产品和科普服务能够支持创新工程，此外，北京的科普产品和科普服务要与周边地区协同发展。

参考文献

［1］李婷：《地区科普能力指标体系的构建及评价研究》，《中国科技论坛》2011 年第 7 期。

［2］胡俊平、石顺科：《我国城市社区科普的公众需求及满意度研究》，《科普研究》2011 年总第 34 期。

［3］董全超：《发达国家科普发展趋势及其对我国科普工作的几点启示》，《科普研究》2011 年总第 35 期。

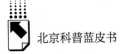
［4］ 刘敢新：《中国基层科普工作存在的问题及其对策探析》，《高等建筑教育》
2013 年第 22 卷第 1 期。

［5］ 莫扬、张力巍、温超：《促进科普产业发展政策措施研究》，《科普研究》2014
年第 9 卷总第 52 期。

［6］ 朱世龙：《北京科普工作特点及对策研究》，《科普研究》2015 年第 4 期。

［7］ 张加春：《新媒体背景下科普的路径依赖与突破》，《科普研究》2016 年第 4
期。

［8］ 王刚、郑念：《科普能力评价的现状和思考》，《科普研究》2017 年第 1 期。

［9］ 王晶莹、张宇：《北京市中学生科普教育的调查研究》，《北京师范大学学报》
（自然科学版）2017 年第 1 期。

［10］ 杨传喜、侯晨阳、赵霞：《科普场馆运行效率评价》，《中国科技资源导刊》
2017 年第 2 期。

［11］ 刘广斌：《基于三阶段 DEA 模型的我国科普投入产出效率研究》，《中国软科
学》2017 年第 5 期。

［12］ 王康友：《国家科普能力发展报告（2006～2016）》，社会科学文献出版社，
2017。

［13］ 任蓉：《以北京科普场馆为例的科普类临时展览受众群体调研浅析》，《科技
经济导刊》2017 年第 22 期。

［14］ 杨文志：《科普供给侧的革命》，中国科学技术出版社，2017。

［15］ 北京市科学技术委员会：《北京市“十三五”时期科学技术普及发展规划》，
2016 年 6 月。

新形势下北京科普产业现状与发展对策

杨 琛*

摘 要： 科普产业发展有利于推动科普事业的良性运行，对提高公民科学文化素质具有重要的基础作用。本报告主要探讨了北京科普产业的发展现状，在厘清科普产业概念及特征的前提下，梳理了近年来北京科普产业状况，指出了存在的问题，并提出了具有针对性的政策建议。

关键词： 北京 科普 科普产业

一 引言

当今国际社会的竞争越来越多地体现在综合国力的竞争上，而这关键在于提高公民科学文化素质。2015 年，中国科学技术协会开展的第九次中国公民科学素质抽样调查数据显示，我国具备科学素质的公民比例达到 6.20%，比 2010 年的 3.27% 提高了 2.93 个百分点，我国公民科学素质水平呈现快速提升态势。2016 年 4 月，科技部、中央宣传部又联合印发《中国公民科学素质基准》，为提高公民科学素质提供了衡量的标尺。多年的实践也证明，科普事业的发展对提升公民科学素质具有重要的推动作用。而科普产业作为科技、经济与文化的结合点，作为科技、经济、文化一体化的产业

---

* 杨琛，管理学博士，中国社会科学院数量经济与技术经济研究所博士后，主要研究方向：人力资源管理、科普政策。

群，也正在成为我国公民科学素质建设和国家软实力建设的重要增长点。

早在 2002 年，《中华人民共和国科学技术普及法》就已经明确提出，"国家支持社会力量兴办科普事业，社会力量兴办科普事业可以按照市场机制运行"，指明了要走科普产业化的道路。2006 年，《全民科学素质行动计划纲要（2006—2010—2020 年）》再次强调，"制定优惠政策和相关规范，积极培育市场，推动科普文化产业发展"，进一步明确了科普产业发展的重要性。

近年来，北京科普工作取得了巨大成绩，有效提升了公民科学文化素质。伴随着全国科技创新中心建设的全面推进，《北京市"十三五"时期科学技术普及发展规划》（以下简称《规划》）为下一阶段科普工作提出了新要求。其中，《规划》把"新技术、新产品、新模式、新理念推广服务机制建成，科普信息化、产业化程度不断提高"作为北京科普工作的具体目标。同时，将"实施科普产业创新工程"作为提升北京市科普工作水平重点实施的八大工程之一。这表明，新形势下，北京市已经将科普产业发展作为重要的工作开展。为此，本文首先界定了科普产业的内涵和特征，在梳理北京科普产业发展现状基础上，指出了发展中存在的问题，并提出了具有针对性的政策建议，力求为下一阶段北京科普产业发展提供必要的参考。

二 科普产业相关概述

（一）科普产业的内涵

对"科普产业"的内涵进行合理的界定，是研究科普产业发展规律的基础和前提。目前，无论学术界，还是政府界，对科普产业的认识均处在逐步深化过程中，至今仍未统一。

2010 年，《科普产业发展"十二五"规划》指出，"科普产业是生产和销售科普产品相关的产业，以科普内容和科普服务为核心产品，由科普产品的创造、生产、传播和消费四个环节组成"，这是官方文件对科普产业的界定。

在得到学界普遍认可的观点中，任福君认为科普产业是以一定文化基础的科普内容和科普服务为核心产品，由科普产品的创造、生产、传播、消费四个环节组成，为社会传播科普知识、科普思想、科普精神和科学方法，并创造财富、提供就业机会、促进公民科学素质提升的产业。劳汉生（2005）从产业功能的角度，认为科普产业是科普的经济化形态和文化产业的一个组成部分，是因应社会的科普文化需求而出现的一种产业。

从严格意义上讲，作为一种产业，科普产业应该是一种产业组合形式，是伴随着社会经济的发展，依照市场机制建设和形势需求而形成的特殊产业。在产业经济学中，按照《国民经济行业分类》，国民经济行业可划分为三个层次：第一产业、第二产业和第三产业。依据科普产业所涉及的内容和辐射的领域，狭义来讲，科普产业应该归于第三产业中的"教育文化、广播电视、科学研究、体育卫生和社会福利事业"中，是指与科普事业发展相关的科普旅游、科普推广、科普研究等方面。广义而言，应该还包括为推动科普事业发展而涉及的相关科普制造产业，即应该有一部分属于第二产业。

本报告认为，科普产业应该是以满足科普市场需求为前提，以提高公民科学文化素质为宗旨，通过市场化手段，向国家、社会和公众提供科普产品和相关服务的科普性活动。其核心内容是科普产品和科普服务，并包括创造、生产、传播和消费四个环节，最终达到向社会和公众普及科学知识、倡导科学方法、传播科学思想、弘扬科学精神的目的。目前，我国的科普产业主要有科普图书、科普期刊、科普音像制品、科普网站、科普旅游业、科普影视业等形态，它们在科普产业发展过程中扮演着重要角色。

（二）科普产业的特征

1. 政治属性

科普产业的主要推动者是政府，服务宗旨应该是有效提高公民的科学文化素质，因此具有较为明显的时代发展特征和政治要求。当前，我国社会正

处于发展的重要战略机遇期，经济发展模式正在转变，增长新动能尚在培育和壮大中，体制深层次改革和全方位开放处于加速转型期，面对经济发展新常态和社会发展新形势，只有坚持党的领导，科普事业才能够有序发展。

科普产业需要通过市场机制实现自身价值，坚持政治属性，有利于明确政府和市场在科普产业发展中的地位，把握政治导向、引导主流意识，科普产业具有很强的社会效应，对推动创新驱动发展战略具有重要意义，更有助于满足人们日益增长的物质文化需求。

2. 社会属性

科普产业是为推动科普事业发展而兴起，担负着提高公民科学素质的重任，具有较强的社会效应，表现出一定的公益性。与此同时，科普产业要通过市场发挥作用，要产生必要的经济效应，也应表现出一定的经营性。因此，科普产业的社会属性主要表现在公益性和经营性两方面。

科普产业的公益性主要体现在其服务价值上，科普活动旨在提高公民科学文化水平，最终目的在于满足人民的生产和生活需求，提升物质生活质量和精神文化追求。也就是由政府提供公共服务，通过社会引导和科普推广，使得科普产业有序发展。伴随着网络时代的到来，科普产业的服务性变得更加明显和重要。微信、微博等新兴媒体平台，更为科普产业发展提供了便利。通过新兴平台，科普产业可以更加便捷地为公众提供科普服务。

科普产业的经营性在《国家科学技术普及"十二五"专项规划》中就已经明确，该规划提出要鼓励兴办科普产业，鼓励经营性科普产业发展，扶持一批具有较强实力和较大规模的科普展览、设计制作公司。也就是说，科普产业应该充分利用市场对资源的配置作用，充分发挥企业的自主性和管理运作能力，发展科普旅游、科普影视、科普图书等产业，使企业成为科普投入的重要主体。

3. 文化属性

科普产业是围绕"科普"开展的相关活动，公民具备基本科学素质是指了解必要的科学技术知识、掌握基本的科学方法、树立科学思想、崇尚科学精神，并具有一定的运用科学处理实际问题、参与公共事务的能力，即所谓"四科两能力"。科普产业应该始终以文化打造服务品牌，以提高公民科学素质为宗旨，向公众提供必要的科学知识。科普产业更多的是与文化传播相关的产业，从科普内容到科普传播都应该体现文化元素，体现文化价值。

4. 经济属性

既然称为"产业"，则其势必带有部分经济属性，具有一般经济活动的属性特点。尽管科普工作的公益性质较为突出，但是，作为一种新兴产业，科普产业应该也会以其独特的知识性和文化性，具有带动地区经济的作用，可能成为经济新常态下新的增长点，为社会创造经济财富，为社会提供就业岗位，刺激消费。

科普产业是一个融合多业态存在的集成产业，在市场资源配置中，具有一定的市场运行规律，除了可以创造本身的经济价值外，最主要的还是其具有的公益性质。科普产业的经济属性只是为了满足国家和社会对科普事业的需求，向科普消费者提供科普产品或者科普服务。

（三）发展科普产业的重要性

1. 发展科普产业是推动北京科普事业发展的关键支撑

近年来，北京科普工作成绩斐然。科普经费筹集额稳定增长，科普基础设施建设不断完善，科普人才队伍逐渐壮大，科普活动丰富多彩，科普工作效果显著，国际科普合作交流日益密切，科普国际影响力不断加强。继续巩固科普成绩，进一步发挥科普工作对社会经济发展的积极作用，大力发展科普产业，是推进科普事业稳定发展的现实要求，也是引领未来科普事业发展的方向标。只有不断完善科普产业体系，才能够更加全面、深入地带动科普事业发展，真正发挥科普对经济增长的带动作用。以德拉学院为例，该学院是诞生于中国科学院的 K12STEAM 教育品牌，致力于培养孩子们的创造力，其课程以科学实验为主题，目的在于在动手做的过程中，激发孩子们对自然科学和工程技术的学习兴趣，达到科普效果。2018 年 1 月，该机构宣布完成 1500 万元 A 轮融资，主要用于课程开发、产品升级以及完善后台运营体系。这既推动了科学技术知识的普及，又带动了地区经济发展。

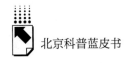

2. 发展科普产业是提高北京市公民科学素质的有力平台

2015 年，北京市公民具备科学素质的比例达到 17.56%，超额完成了北京市所设定的目标，提高速度居全国之首。2017 年 6 月，北京市科学技术协会第九次代表大会确定了到 2020 年全市公民具备科学素质的比例达到 24% 的目标。这是对以往科普工作的认可，也是对未来科普工作的要求。近年来，北京市通过开展北京科技周、中关村科教旅游节、城市科学节、北京社会科学普及周、北京科学嘉年华等一系列活动，推动了科普活动有序发展。而在青少年群体中举办的"翱翔计划"、"雏鹰计划"、北京青少年科技创新大赛等活动，在基层社区开展的社区科普益民计划、科普惠农兴村计划等民生项目，在公务员群体中搭建的北京干部教育网、北京继续教育网"科普专栏"等培训平台，又进一步提升了北京市公民的整体科学素质。

3. 发展科普产业是建设全国科技创新中心的重要动力

2016 年，国务院印发《北京加强全国科技创新中心建设总体方案》，明确了北京加强全国科技创新中心建设的总体思路和发展目标，"完善协同创新体制机制，推动科技创新政策互动，建立统一的区域技术交易市场，实现科技资源要素的互联互通。建设协同创新平台载体，围绕钢铁产业优化升级共建协同创新研究院，围绕大众创业万众创新共建科技孵化中心，围绕新技术新产品向技术标准转化共建国家技术标准创新基地，围绕首都创新成果转化共建科技成果转化基地等"。为确保该战略稳步推进，北京市调整科普产业类型和发展方向，创建科普名优品牌，形成良好的创新文化氛围，带动全市科普活动的发展。

三 北京科普产业发展现状

（一）北京科普产业发展总体概况

从存在业态来看，科普产业主要包括科普图书产业、科普动漫产业、科普影视产业、科普游戏产业、科普旅游业等,本报告将按照上述业态对北京市科普产业状况加以阐述。

1. 科普图书产业

科普图书是传播科学知识最普遍也最常见的方式。北京市历来重视科普图书及科普期刊的发行和创作工作。2010 年以来,北京科普图书的刊印量呈现递增态势。2015 年,科普图书有 4595 种,较 2010 年的 2044 种增长了125%。科普期刊方面,尽管 2013 年和 2014 年出现阶段性下滑,但是总体而言,科普期刊也较 2010 年有较大幅度提高(见图 1)。科普图书及科普期刊的出版发行,有效地推动了北京科普工作顺利开展。

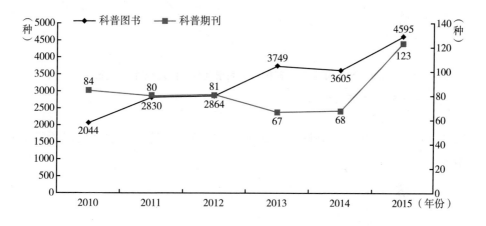

图 1 2010～2015 年北京科普图书和科普期刊种类的数量变化

资料来源:《北京科普统计》(2011～2016)。

以 2015 年科普图书为例,图 2 反映了该年度北京科普图书出版部门的发行情况,数据显示,中央在京单位发行科普图书 3314 种,占总发行种类的 72.12%,市属单位位居第二位,发行 1081 种,占总发行种类的23.53%,而区属单位最低,仅为 200 种。

就 2015 年北京各区科普图书发行情况来看,图 3 显示,朝阳区、海淀区和西城区位居总发行种类的前三位,其中,朝阳区发行科普图书 1793 种,占总数的 39%。上述三个区的总和占了整个科普图书市场的 92.4%。部分

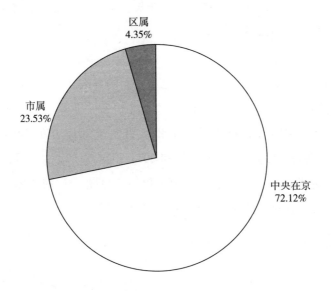

图2　2015年北京科普图书不同出版部门的发行种类占比

资料来源：《北京科普统计 2015》。

区县（如门头沟区、平谷区、密云区）甚至为 0，造成了区域发展的不平
衡。

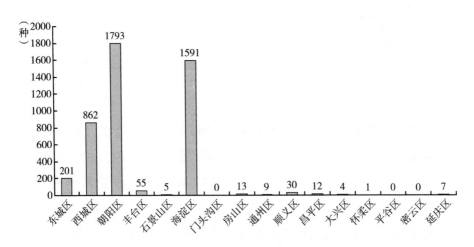

图3　2015年北京各区科普图书出版种类

资料来源：《北京科普统计 2015》。

与此同时，北京科普原创作品也呈现良好发展态势，不断涌现出科普精品。自2007年以来，北京市26种科普类图书获得了国家科技进步奖二等奖，18种获得北京市科学技术进步奖科普类奖项，百余种获得中国科普作家协会优秀科普作品奖①。

2. 科普影视产业

伴随着新媒体技术的不断发展，广播、电视等相较于图书，在传播速度和受众面上，对宣传科学知识具有重要作用。图4显示，除科普音像制品近年来呈现下滑趋势以外，科普网站数量呈缓慢上升态势，而电视电台科普节目播出时间虽有起伏，但整体呈上升状态。2015年，北京科普网站数量达到343个，较2010年的185个翻了近一番。

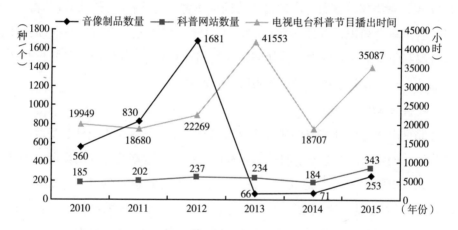

图4 2010～2015年北京科普音像制品数量、科普网站数量及电视电台科普节目播出时间

资料来源：《北京科普统计》(2011～2016)。

同时，微信、微博平台的出现，为新时期科普工作和宣传提供了更加便利的方式。截至2014年，近50家北京科普工作联席会议成员单位和区开设了官方微博，发布微博合计30余万条，粉丝量累计4353.14万人次②，成为

① 数据来源：《北京科普发展报告（2015）》。
② 数据来源：《北京科普发展报告（2015）》。

推动科普工作的重要途径，有效拓宽了科普宣传渠道。

3. 科普旅游业

科普旅游是在游玩过程中，使游客接受自然、人文知识的旅游新业态，它巧妙地将科普与旅游结合起来，深受亲子游青睐。驴妈妈网站数据显示，2016 年，通过该平台进入科普旅游景区的预定人数较 2015 年增长了 109%。

为推进北京市科普旅游的发展，2016 年 11 月，由北京市科学技术委员会、北京市旅游发展委员会、天津市旅游局、河北省旅游发展委员会联合主办的"2016 年京津冀科普旅游活动"受到了广泛关注。该活动通过开展"2016 年京津冀科普旅游摄影大赛""2016 科普旅游商品大赛"等主题活动，营造了科技创新驱动经济发展的良好环境，提升了科普旅游的价值。2017 年，京津冀科普旅游活动以"协同京津冀、科普旅游行"为宣传口号，以"普及科学知识、开展科普旅游"为主题，开展了一系列科普活动，并联合编制印发了《京津冀旅游协同发展行动计划》，充分发挥了科普教育基地的社会经济效益，提升了科普旅游发展水平。

4. 科普基地

北京市通过充分挖掘首都科技资源优势，建设了多元化的科普基地，如博物馆、展览馆、实验室、科普示范社区、科普示范基地等专用场所。2008 年，北京市成立科普基地联盟，进一步加强了科普资源的共享。2014 年，《北京市科普基地管理办法》进一步规范了北京科普基地的申报、推荐、评审、命名、服务与管理等环节，提高了科普基地管理的精细化水平。2017 年 5 月 21 日，北京科普基地命名活动在民族文化宫举行，本次新命名科普基地 34 家，包括高校、科研院所、医疗机构等社会机构。通过科普基地申报命名工作，实现了数量和质量的双提升，成效显著。截至 2017 年 5 月，北京市共有科普基地 371 家，其中，科普教育基地 313 家，科普培训基地 10 家，科普传媒基地 31 家，科普研发基地 17 家（见图 5）。北京市逐步形成"自然科学与社会科学"互为补充，"综合性与行业性"协调发展，"既面向社会公众又面向目标人群"，门类齐全、布局合理的科普基地发展体系。

通过科普基地建设，北京市整合了科普资源，为市民提供了更好的科普

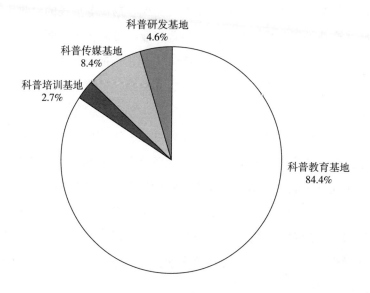

科普研发基地
4.6%

科普传媒基地
8.4%

科普培训基地
2.7%

科普教育基地
84.4%

图 5　北京市科普基地分布

体验，营造了公民热爱科学、学习科学的氛围，起到了良好的辐射作用。371 家科普基地场馆（厅）建筑面积、场馆（厅）使用面积分别达到 243 万平方米和 158 万平方米，年参观人数达 8000 万人次①。

（二）北京市科普产业发展存在的问题

1. 科普产业资金不足，税收优惠单一

目前，制约科普产业发展的最大问题是科普产业资金不足。2015 年，北京市科普专项经费额为 11.98 亿元，较 2014 年的 9.9 亿元提高了 2.08 亿元，但是，占北京市一般公共预算支出（5751.4 亿元）的比重较低，仅为 0.21%，难以满足公众对科普发展的要求。

在金融领域，对科普产业的支持力度也不够。而税收政策是构成完善产业政策体系的重要一环，在科普产业税收优惠方面，北京市还未出台针对科

---

① 《北京市大力推进科普事业建设　2017 年新增 34 家科普基地》，中研网，http：//www.chinairn. com/news/20170522/182615628. shtm，2018 年 3 月 8 日。

普产业税收的优惠政策。尽管存在减税、免税、退税等形式的税收优惠，但是针对科普产业的税收形式单一，对科普产业的带动作用不明显。

2. 科普产业创新意识与全国科技创新中心建设存在差距

技术薄弱一直以来都是科普产业升级的瓶颈，目前来看，北京科普产业的发展缺乏专业的创新人才和创新意识，自主创新意识薄弱，没有摆脱产业设计和产品营销的传统思维，具有喜闻乐见的、深受公众喜爱的科普产业和服务较少。由于长期以来科普公益性观念对公众的影响，市场在科普产业发展中的作用受到限制。创新意识和服务意识均不能满足公众的需求。以科普旅游产业为例，美国展馆形式灵活多变，形象新颖，集教育性与趣味性于一体。而且科普基地贵在传播、重在参与，成为普及和提升全民科技意识和素质的重要教育场所。反观北京市科普产业，创新能力与全国科技创新中心建设存在差距。

3. 科普产业标准化规范有待提升

目前，北京科普产业的发展正处于起步阶段，科普产业的各项规章规范尚待建立。发展科普产业也是一种市场行为，标准化战略是整个产业发展的重要组成部分，企业的发展和壮大离不开标准化。2015 年，国务院办公厅印发的《国家标准化体系建设发展规划（2016—2020 年）》指出，加强标准化有利于支撑产业发展，促进产业发展水平提升。科普产业的良性发展当然也应该在企业规范内进行，但是，北京市乃至全国对科普产业未进行明确的标准认定，加之科普产业市场规模较小，产业弱，行业准入标准等规范政策缺位，科普产业的发展受到严重阻碍。

4. 科普产业高端经营管理人才缺乏

人才是科普产业发展的关键，北京科普人才队伍尽管有了较大幅度提升，但是与科普产业发展需求和全国科技创新中心建设的要求还有较大差距。科普产业高端经营管理人才匮乏，既不利于企业经济效益的提高，又制约了整个产业的发展。2015 年，北京科普专职和兼职人员共 48263 人，其中专职人员为 7324 人，占 15.18%，而科普创作人员仅为 1084 人。由于科普产业的经济效益相对较低，吸引不到高端经营管理人才，科普产业发展滞后。

5. 科普产业国际化水平较低

科普产业只有走出国门，参与国际竞争，才能够体现科普产业发展的全球战略思维。目前来看，北京市具有国际影响力的科普品牌较少，国际化水平较低，缺乏在国际市场的竞争力。《北京市"十三五"时期科学技术普及发展规划》明确的工作目标之一，就是要培育 5 个以上具有全国或国际影响力的科普品牌活动，意在改变目前北京市科普产业国际化水平较低的局面。

四　新形势下北京科普产业发展政策建议

针对目前北京科普产业发展现状，以及北京功能新定位要求，完善和推进北京科普产业发展具有很强的现实性。本报告提出了北京科普产业发展的"六化"建议，力求为下一阶段科普产业发展提供必要的参考。

（一）科普产业融资多元化

科普产业发展需要大量的资金支持，特别是在当前科普事业发展得到高度关注的形势下。习近平总书记指出，科技创新和科学普及是实现创新发展的两翼，这对于北京市建设全国科技创新中心至关重要。积极加大对科普产业的支持，提升北京科普水平，是当前较为重要的环节。

首先，加大财政资金支持力度，通过设立北京科普产业发展专项基金，对符合北京市功能定位、符合战略需要的产业予以倾斜，加大对现有科普基础设施的投入，不断完善金融和财政政策。在税收优惠方面，将科普产业纳入税收优惠对象，加大财政支持力度，推动科普产业发展。

其次，鼓励和支持社会组织参与科普产业建设，发挥社会力量，融合社会资金，推动科普产业发展。对有一定影响力的科普产业项目，提倡政府引导、社会参与的形式，尝试以国家、企业和社会力量入股的形式参与利益分配和监督管理。

（二）科普产业理论化

科普产业具有较强的文化属性，加强科普产业理论研究，对于深化发展具有重要作用。首先，作为一种产业，就应该按照产业发展规范发展。科普产业目前还没有系统的理论研究，北京市应在充分调研本市科普产业发展现状及需求前提下，适时组建科研团队，加强科普产业理论研究，定期发布科普产业发展报告，建立健全科普产业评价体系，掌握科普产业发展规律和趋势，及时跟踪监测科普产业发展状况，引导科普产业健康发展。

其次，提升科普产业的创新能力，不仅要培养具有创新意识的人才队伍，更主要的是要在服务观念和服务内容上下功夫，推动企业成为创新的主体，增强企业自主创新能力，推动科普产业技术创新。通过培育和发展具有创新意识的科普产业，在北京市形成相对集中的科普产业聚集区或示范园区，发挥集聚效应，以更好地利用人才、技术、信息等要素。北京市应继续加强与高校、科研院所的合作，鼓励科普产业利用科技资源开展更多的科普活动和创作更丰富的科普作品，支持科普研发，激励科普创新。

（三）科普产业标准化

北京科普产业目前存在散、小、弱等发展瓶颈，发展还未形成规模，也没有行业标准化规范，很难将其做大做强。为摆脱这一困境，北京市应该加快科普产业标准化制定工作，推出《北京市科普产业标准化示范区建设实施方案》，对产业准入原则、准入条件、发展目标等进行认定，建立科普产品的标准体系框架，制定科普产品名录，规范科普市场。

（四）科普产业参与多元化

科普产业参与多元化，是指要积极动员社会各方力量参与科普产业发展。从吸纳社会资本、培育产业人才队伍、引进高端经营管理人才等方面入手，构建全社会参与的科普产业发展机制。北京市应继续完善科普工作联席会议制度，使之常态化，加强联系，实现全员共同参与。通过加强社区联系，动员群众积极参与到科普事业中；与相关高校和科研院所合作，锻炼和培育一批具有高素质的科普人才队伍，保证科普产业出新品、出精品。同时，强化对现有科普产业管理队伍的监管与再培训，增强其管理企业的能力，使科普产业发展更具创新力、更具凝聚力。

（五）科普产业市场化

首先，要转变发展理念，国家已经明确提出要坚持科普产业发展公益性和经营性的方针，科普产业的发展要充分利用市场机制，优化资源配置，进一步提升科普产业的服务水平和产品品质，要从根本上扭转传统观念，树立为提高公民科学素质服务的发展宗旨。

其次，建立健全科普产业市场体系，积极推动科普产业发展升级。北京市应选择具有优质资源、科普产业发展优秀的企业作为示范，鼓励这批企业在技术研发和市场推广等方面建设公共服务平台，并给予政策和资金支持，整合科普市场资源，利用新媒体，优化科普产业发展。

（六）科普产业国际化

科普产业国际化是未来发展的方向和趋势，随着国家间的交往日益密切，交流日益频繁，海外产品和资本进入国内市场，产权归属将成为科普产业亟须思考的问题。科普产业内向国际化不仅会对我国科普产业的生产结构、投入结构和科普企业的技术进步、组织管理、运作模式等产生效应，也会对宏观层面的国家产生影响。

北京科普产业发展应该充分借助京津冀协同发展战略，特别是"一带一路"倡议，加强与"一带一路"沿线国家和地区的交流与合作，扶持一批具有竞争优势的科普企业，形成具有影响力的科普品牌，拓宽科普渠道。走国际发展道路，建立互惠合作机制，对外讲好中国故事，发出中国声音。

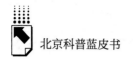
参考文献

［1］任福君、张义忠、刘萱:《科普产业发展若干问题的研究》,《科普研究》2011年第3期。

［2］劳汉生:《我国科普文化产业发展战略框架研究》,《科学学研究》2005年第2期。

［3］黄丹斌:《从美国科普旅游的旺势看我国科普旅游的思路和对策》,《科技进步与对策》2001年第6期。

［4］阚成辉、袁白鹤:《中国科普产业内向国际化效应分析》,《科技和产业》2012年第1期。

案 例 篇

Case Reports

B.12

"北京科普"品牌影响力和北京新媒体科普资源平台建设报告

邱成利*

摘　要：　本文围绕北京市对科普各类资源的投入，从科普项目设立、科普基地挂牌和管理机制、北京开展社会化科普资源共享、促进北京科普资源创作等方面入手，对"北京科普"在创新活动和基层传播中的效果加以归纳，分析了当前"北京科普"这一品牌的传播能力及在公众中的影响力，为进一步构建北京新媒体科普资源平台提出了政策建议。

*　邱成利，博士，研究员，长期从事科技和科普管理工作，国家"十二五""十三五"科普规划主要起草者，国家中长期科技人才规划和"十三五"科技人才规划主要起草者，发表论文90余篇，专著5部，《科普研究》编委，"全国科技活动周"方案主要策划者和具体组织者，现供职于科学技术部政策法规与监督司。

关键词: 北京科普 品牌影响力 新媒体平台建设

北京自建设全国科技创新中心以来,围绕"五个着力"的要求,力争建设具有全球影响力的科技创新中心,担当起"科技创新引领者、高端经济增长极、创新创业首选地、文化创新先行区和生态建设示范城"等五种责任,在创新意识的培养、创新能力的提升、创新环境的营造和创新人才的培育等方面实现跨越式的发展。科学普及工作既是支撑科技创新、建设全国科技创新中心的内在要求,也是营造创新环境、培育创新人才的基础工程。

北京市认真贯彻落实《中华人民共和国科学技术普及法》、《北京市科学技术普及条例》、《北京市"十二五"时期科学技术普及发展规划纲要》和《北京市全民科学素质行动计划纲要实施方案(2011—2015年)》(以下简称《实施方案》),以提高市民科学素质为宗旨,围绕提升科普能力、培育创新精神、关注目标人群、丰富科普活动、打造科普精品等重点任务,开展了一系列工作,围绕全市中心工作及科技相关重大事件,依托北京科技周、全国科普日等,开展了一系列创新科普项目,培育了北京学生科技节、城市科学节、科学嘉年华、青少年科技创新大赛等诸多品牌科普活动,实施了一批科普惠农、科普益民等科普计划,在全市形成了良好的创新文化氛围,为首都经济社会发展和科技创新提供了重要支撑,形成了"北京科普"品牌效应。中国科普统计2016年数据显示,北京市科普各项指标位居全国前列,在国家科普中占据重要位置。中国科协公布的第九次中国公民科学素质调查结果显示,北京市公民具备基本科学素质的比例为17.56%,超额完成了市委市政府《关于深化科技体制改革加快首都创新体系建设的意见》所确定的2015年"公众科学素质达标率超过12%"的目标,位居全国第二。

但是与发达国家公民具备基本科学素质的比例相比,北京市民具备基本科学素质的比例依然很低。2005年,公民具备基本科学素质的比例瑞典为35.1%,美国为30%,芬兰为22.2%,丹麦为22%,德国为18%,

法国为17%。北京建设具有全球影响力的科技创新中心任重道远，科普工作任重道远。

一 "北京科普"工作品牌

北京市委市政府高度重视科普工作，在科普工作机制上进行了一系列的探索和尝试。首先，制定实施《北京市科学技术普及条例》，加强科普工作制度建设，建立健全北京市科普工作联席会议制度，负责协调北京市科普工作，为"科普工作一盘棋"提供有力保障；区县级的科普工作联席会议制度也陆续建立，形成了符合北京科普特点的工作体制和运行机制，科普环境日益良好。其次，政府发挥了在科普工作中规划指导、政策引导、组织管理、监督检查等层面的主导作用，相继制定出台了《北京市"十三五"科学技术普及发展规划纲要》《北京市"十三五"时期科学技术普及发展规划纲要任务分解》等规划与政策。最后，构建了多元化、多渠道的科普投入机制，推动社会力量兴办科普，让社会力量成为北京市科普事业重要的组成部分。

根据《科普法》《科普条例》的有关规定，北京市结合科普工作实际需要，加强政策引导，注重资源配置，强化部门联动，科普宏观管理体制和运行机制不断完善，先后出台《北京市全民科学素质行动计划纲要实施方案（2011—2015年）》《关于加快首都科技服务业发展的实施意见》《北京市科普工作先进集体和先进个人评比表彰工作管理办法》《北京市科普基地管理办法》等文件，完善了政策法规、表彰奖励、监测评估等相关机制。大力支持和引导一批企业、高校、科研院所和社会组织参与科普。北京科普工作按照"政府引导、社会参与、创新引领、共享发展"的方针，对加强科普能力建设进行了全面部署，科普政策环境日趋良好，体制机制不断健全，科普投入持续增加，科普基础设施不断完善，科普资源日益丰富，科普传播形式日趋多样，科普活动蓬勃发展，科普社会化格局初步形成，创新文化环境和科学氛围日益浓厚，市民科学素质显著提高，"北京科普"事业凸显持续

健康的良好发展态势，成为富有特色的首都品牌，为加快科技创新、提高北京的国际影响力夯实了社会基础。

二 "北京科普"项目品牌

"十二五"时期，北京市重视科普投入，科普研发经费年度筹集额稳定增长，人均科普专项经费由"十一五"的 36.42 元上升至 46.01 元，增长 26.33%，远高于全国 4.68 元的平均水平。开展科普项目社会征集是北京市科委鼓励社会力量参与科普事业、促进北京市科普事业健康持续发展的一项重要措施，其目的在于积极鼓励企业、高校、科研院所和社会组织参与科普，有效培育科普品牌，在全社会不断弘扬科学精神、普及科学知识、传播科学思想和科学方法，并为进一步加强北京市科普能力建设、开创科普工作新局面做出积极贡献。

科普项目社会征集工作自 2007 年开展以来，通过不断完善科普项目面向社会征集机制，引导企业、高校院所、科技服务机构等创新主体积极开展科普服务，成效显著。面向社会征集各类科普项目，如科普展厅、互动产品、图书音像制品、科普影视等。其中，支持新建中国化工博物馆、中华蜜蜂科普展馆、蝴蝶科普展示区、"垃圾的归宿"环保科普公园、红星梦工厂设计体验中心、青少年科学乐园展厅等近百个展厅和展馆，覆盖领域包括食品安全、动物植物、现代工业、资源利用、节能低碳、医学健康、都市农业等领域；资助图书（音像、动漫）等，培育出"美丽成长"系列、《鼠兔的故事》、《小布丁科普漫画》、《科普童话绘本馆》、《爱问科学》、《邮品上的地球三极》、"海洋动物科普故事"丛书等一大批精品图书，资助的科普图书入选全国优秀科普作品的数量连续多年居全国之首，并屡获国内外重要奖项；围绕军事科技、航空航天、机器人、智能交通、自然科学、绿色低碳、生态环保、口腔健康等领域，资助展览展品 45 项，研制出小水滴旅行记、"热带雨林大冒险"主题迷宫、智能交通演示系统、麋鹿还家科普流动展览等一大批高水平互动科普展览展品，巡展反响非常热烈。科普项目社会征集工作发掘了一大批社会优质科普资源，带动了高校院所和企事业单位等社会科技力量积极参与科普，有效地推动了科技资源的科普化。在科普项目社会征集工作的带动下，政府科普引导资金和社会资金配套投入比约为1：2。

三 "北京科普"基地品牌

北京高度重视科普基础设施建设，北京地区500平方米以上的科普场馆达到101个，北京地区科技馆、科学技术博物馆建筑面积达109.78万平方米，每万人拥有科普场馆展厅面积221.28平方米，位居全国首位。北京市创建了社区科普体验厅50家，覆盖16区50余万人；北京在建设科普场馆的同时，将科普基地建设作为重要的切入点，丰富北京科普资源，增强北京科普实力。北京的科普基地正在向多元化、体系化发展。近年来，在充分挖掘首都科技资源优势的基础上，将经常性地开展科普活动的博物馆、展览馆、实验室、活动中心、科普示范基地、科普示范学校、科普示范社区、科普传媒等专用设施和场所资源进行有效的整合利用，纳入科普基地建设工作，并于2007年开始，在国内首次对科普基地进行分类指导，制定了《北京市科普基地管理办法》，将科普基地分为教育、传媒、培训和研发四类进行科普基地命名工作。2008年，成立科普基地联盟，加大科普资源开发共享力度。2014年，对《北京市科普基地管理办法》进行了修订，进一步规范了北京市科普基地的申报、推荐、评审、命名、服务与管理，增加了考核调整机制，提高了科普基地管理的精细化水平。

北京市创建市级科普基地326家、市级社区青年汇500家、科普活动室2000余家、科普画廊3500余个。在全市范围内逐步形成以中国科技馆等综合性场馆为龙头，自然科学与社会科学互为补充，综合性与行业性（领域性）协调发展，门类齐全、布局合理的科普基地发展体系。北京首云国家矿山公园等3家单位被命名为第三批国家级国土资源科普教育基地，野鸭湖成为北京市第一个国家级湿地公园，北京平谷黄松峪和密云云蒙山被评为国

家级地质公园；首都图书馆等15家单位被命名为北京市社会科学普及试验基地，北京延庆地质公园成为北京地区第二座世界级地质公园。在"双百对接"活动和"科普行"活动的有效带动下，科普基地服务基层的活动实现了常态化、精品化、高效化和规模化，形成了科普基地无缝对接服务基层、服务首都市民的良好社会氛围，市民学科学、用科学热情增强。

为有效整合科普基地资源，为市民提供具有北京特色的、科技内涵浓郁的休闲娱乐新体验，从2010年开始，北京市创新科普工作形式，推出科普与旅游相结合的科普旅游活动。在科普旅游活动的带动和引导下，全市各科普基地充分发挥自身的科普阵地资源优势，广泛开展各种科普教育活动，传播科学文化知识，为促进北京公民科学素质的提升做出了积极贡献。

四　"北京科普"资源品牌

2006年11月，科技部等七部委联合发布了《关于科研机构和大学向社会开放开展科普活动的若干意见》，提出具备条件的科研机构、大学、实验室要向公众开放，开展科普活动。其目的在于通过组织公众参观科研机构、参与科研实践活动，增进公众对科学技术的兴趣和理解，提高公民科学素质。北京市深入贯彻落实该意见，推动和鼓励中国科学院京区科研院所及高校实验室深化和拓展"公众开放日"活动，推动市属院所、高校和科技企业设立"社会开放日"活动，加快推进高端科技资源科普化，取得了较好的效果。科普队伍日益壮大，逐渐向高端化、专业化发展。以科普项目社会征集为抓手，发掘撬动社会优势科技资源，推动一大批高校院所和企事业单位面向社会开放科技资源，科研机构和院校向社会开放数量达569家，支持中国科学院建立了40多个科技资源科普化平台，众多优质资源加入科普服务的阵营。在"公众开放日"活动和"社会开放日"活动的带动和影响下，北京地区大学、科研机构向公众开放的范围不断扩大，开放机构和参观人数持续增加，中国科学院、清华大学、北京大学等高校院所中的200多个国家级、市级重点实验室和三元食品股份有限公司、北京环卫集团等80多家企业的科技资源面向全社会开展国家重点实验室开放日活动和中学生夏令营活动，市科研院所对外开放 15 个单位、13 个实验室，北京精准农业科普教育基地接待参观 1.8 万余人次。

为促进重大科技成果科普化，近年来北京市努力搭建首都科技成果展示平台，将重大科技成果经过科普化再创作，集中展示给广大市民，促进科技惠及民生。依托战略新兴产业基地，先后打造了中关村国家自主创新示范区展示中心、新能源汽车体验中心等科技成果展示平台，使公众可以近距离体验科技创新成果。北京市科委与中科院合建的北京市奥运村科普教育园区，将中国科学院奥运村科技园区 10 多个国家级科研院所几十亿的科技资源转化为科普资源，将代表国内最高科研水平的创新成果、科研过程向公众进行展示，促进科研与科普的有效"连接"，将成为在北京乃至全国具有示范意义的科普教育园区。

五 "北京科普"创作品牌

科普创作是科普资源开发的源泉，没有科普创作，科普资源就是无源之水、无本之木。科普创作成果主要包括科普图书、影视、动漫、科普展览教育品和主题展览等。近年来，随着国家对科普重视程度的不断提高，特别是大力提倡科学精神、科学思想、科学方法的普及，为科普创作创造了良好的环境，科普创作非常活跃。特别是北京，随着科普精品工程深入实施，科普创作繁荣发展，质量不断提升，原创精品不断涌现，为打造科普原创之都奠定了坚实的基础。

北京地区科普图书的出版种数和发行量总体来看呈稳定增长态势。

在科普精品工程的推动实施下，科普创作精品不断涌现，科普图书的年出版种数达到 3747 种、发行量 5158.54 万册。2014 年北京地区出版科普图书 3605 种，年出版总册数 2795.43 万册。2014 年，北京地区出版科普期刊 68 种，年出版总册数 1378.83 万册；出版科普（技）音像制品 71 种，光盘发行总量 24.45 万张；年发行科技类报纸 2189.56 万份。2013～2014 年，北

京市属图书出版单位组织出版科普图书 600 多种，出版发行 280 万余册。2014 年市级科普专项资助的科普作品达 24 种，"北京市绿色印刷工程——优秀青少年（婴幼儿）绿色印刷示范奖励项目"共支持出版科普读物 445 种 700 余万册。

　　随着北京市科普原创作品的不断繁荣，原创图书精品也不断涌现。北京市资助的科普图书入选全国优秀科普作品的数量连续多年居首，并屡获国内外重要奖项。自 2007 年以来，北京市 28 个科普类图书获得国家科学技术进步奖二等奖，1820 项获得北京市科学技术进步奖科普类奖项，百余项获得中国科普作家协会优秀科普作品奖。北京市推荐的"科普童话绘本馆"丛书、"爱问科学"丛书、"美妙的大自然系列"丛书、《分子共和国》、《故事中的科学》、《写给小学生看的相对论》和《读故事学数学》等 30 余部科普图书获得全国优秀科普作品奖。在第六届"北京市优秀科普作品奖"评选活动中，8 种科普图书、6 篇报刊科普文章、4 部广播电视科普节目和 10 篇科技新闻获得最佳奖。在"2014 年度大众喜爱的 50 种图书"评选活动中，北京地区 22 家出版社的推荐图书获奖，其中《中药养生堂》等 3 种图书入选由国家新闻出版广电总局和国家中医药管理局首次评选出的 15 种优秀中医药文化科普图书书目，《美国数学绘本系列（全 4 册）》获得第 28 届北方十省市优秀图书奖一等奖，《家庭保健员中医健康教育手册》获得畅销书奖，由市科委专项经费资助的《动物记事》等 5 种科普图书入选"2014 年度大众喜爱的 50 种图书"，掀起了科学阅读的主旋律。

　　为进一步做好重点人群的科普宣传推广工作，"十二五"期间，北京市确定了一批"走出去"优秀音像电子出版项目。随着科普创作形式的不断创新，科普微电影也逐渐走进公众的视野，并受到公众的广泛欢迎。

六　"北京科普"活动品牌

　　科普活动作为普及科学技术知识、倡导科学方法、传播科学思想、弘扬科学精神的社会活动，以其多样的形式、丰富的内容成为促进公民科学素质全面提升的有效载体，在推动全社会形成讲科学、爱科学、学科学、用科学的浓厚氛围方面起到不可替代的作用。近几年，在全国科技活动周的引领、示范、带动下，各地、各部门高度重视和大力支持科普事业，开展了一系列丰富多彩、效果显著的活动。科普工作一直走在前列的首都北京，借助首都资源优势，开展了一系列丰富多彩的科普活动，培育了一批市级大型科普品牌活动，在全市形成了良好的创新文化氛围，带动全市科普活动实现常态化，促进了公民科学素质的显著提升。

据北京市科普工作联席会议数据统计，目前全市已形成40余项大型市级品牌科普活动，活动举办场次逐年递增。中国科普统计数据显示，全市举办科普（技）讲座4.89万次，听众559.86万人次；举办科普（技）专题展览4835次，观展人数3968.52万人次；举办科普（技）竞赛3035次，有6498.41万人次参与；组织青少年科技兴趣小组3310个，参加人数35.06万人次；举办实用技术培训1.85万次，有101.36万人次接受培训。活动范围覆盖全市16个区，受益人群覆盖全市各类人群，影响力辐射全国。随着北京市科普工作的不断推进，重大科普活动越来越受到各级领导的重视和广大市民的喜爱，形成了科技周、科普日、科学嘉年华、城市科学节、中关村科教旅游节、北京社科普及周等一批品牌科普活动，影响力和实效性进一步增强。

（一）北京科技周

北京科技活动周是1995年由北京市委、市政府决定设立的由北京市政府牵头、各界行动、全民参与的大型科普活动。该活动于1999年正式列入《北京市科学技术普及条例》。2001年中国政府批准每年5月第三周为"科技活动周"，同期在全国范围内组织开展群众性的科学技术活动。通过举办科技成果展示、科普产品展示、科研机构和大学向社会开放、各种形式的科技传播活动、科普志愿者行动等一系列丰富多彩的群众性科技活动，让社会公众在亲身参与中感受科技进步和创新的重要作用。同时通过电视、广播、报刊、网络等新闻媒体关注科技周、介绍科技周、宣传科技周，使公众了解

科技周、参与科技周活动，线上线下多方参与，共同搭建提高公众科学素质的科普平台，打造北京科普品牌，为建设"科技北京"和世界城市，为实现新阶段新发展营造和谐环境和创新氛围。

北京科技周自举办以来，紧扣首都市民的科普需求，紧跟社会发展形势，从展示内容、活动形式、活动宣传等方面不断创新，已成为首都市民口耳相传的品牌科普活动，影响力和显示度不断提高。2017年北京科技周与全国科技活动周同步于5月20~27日举行，主场设在北京民族文化宫。北京科技周以"科技强国、创新圆梦"为主题，采用视频、图片、实物模型、互动体验、娱乐游戏等方式，展示科技扶贫和精准脱贫成果、科技创新中心建设、科技重大创新成就、优秀科普展教具和科普图书、科普互动产品。中共中央政治局委员、国务院副总理刘延东、中共中央政治局委员、时任中共北京市委书记郭金龙出席了北京科技周启动式，并参加了全国科技活动周暨北京科技周现场活动，北京科技周活动成为"北京科普"的响亮品牌，具有广泛影响力、显示度和知名度。

2017年北京科技周主场设置了五大展示板块，近260个展项，并通过新闻直播间、微信互动平台等方式进行展览展示。一是科技扶贫、精准脱贫展。主要展示定点、片区、创业、智力、协同等方面的科技扶贫，以及北京开展对口支援、对口帮扶和区域合作，开展科技成果推广、创新要素对接、知识技能培训、服务平台建设等，科技创新在精准扶贫、精准脱贫中发挥了重要作用。二是科技创新中心建设和科技重大创新成就展。展示北京加强全国科技创新中心建设"设计图""架构图""施工图"，以及中关村科学城、怀柔科学城、未来科学城等"三大科学城"。在生命科学、新材料、信息技术、智能制造、深空深海五大领域，主要展示重大科技专项成果、基础前沿和关键共性技术成果。三是科普智力成果展。展示全国优秀科普展教品、优秀科普作品、科技让城市更宜居、科技让生活更美好等方面的科普智力成果。四是科普乐园。展示科技互动产品、创意设计、新型农业、草根发明等百姓身边的科技创新成果。五是馆外体验。主要展示未来驾驶、星际探秘等展项。同时还在主场开展三大类22项主题活动。

北京科技周主场在继续保持科学性、趣味性、参与性、体验性、互动性的同时，努力突出三个特点。一是展现科技扶贫"精准力"。重点展示北京充分利用创新资源密集、创新成果富集、创新人才聚集的优势，积极发挥科技创新中心的辐射带动作用，将科技扶贫同对口支援、对口帮扶、区域合作紧密结合起来，在对口支援新疆和田、西藏拉萨，对口帮扶内蒙古赤峰、乌兰察布，以及同河北、云南、贵州等省区市的区域合作中，通过科技成果推广、服务平台建设、创新要素对接、知识技能培训、创业主体培育等方式，帮助贫困地区和贫困人口培育特色产业、开展创新创业、提高收入水平、改善生产条件、完善基础设施等，积极发挥科技创新在精准扶贫、精准脱贫中的重要支撑作用。二是突出科技成果"创造力"。重点展示全国科技创新中心的思路规划和重点任务，以及生命科学、新材料、信息技术、智能制造、深空深海五大领域的重大科技专项成果、基础前沿和关键共性技术成果，让观众能现场感受创新驱动发展的巨大力量。三是体现科普产品"感染力"。重点展示优秀科普展教具、优秀科普图书，同时注重互动性、体验性、参与性，亮点项目紧密贴近百姓生活。AR、VR 等新技术新产品现场体验，让观众能充分体验科技创新生活方式、提高生活质量的最新成果，享受科技所带来的便利。

北京在科技周期间，设立了北京科技周新能源汽车分会场、"5·18 国际博物馆日"主会场，举办了中国科学院第十三届公众科学日等大型标志性科普活动 10 余项，北京市各区委（办、局）举办的重点科普活动有 141 项，社会力量举办科普活动超过 800 项。

（二）北京科普日

全国科普日始于 2003 年 6 月 29 日，是中国科协在《中华人民共和国科学技术普及法》颁布实施一周年之际，为在全国宣传贯彻落实科普法，在全国范围内开展的一系列科普活动。自此，中国科协每年都组织全国学会和地方科协在全国开展科普日活动。从 2005 年起，为便于广大群众、学生更好地参与活动，活动日期由原来的 6 月改为每年 9 月第三个公休日，作为全

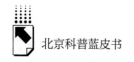

国科普日活动集中开展的时间。北京科普日活动一直是全国科普日的主场活动。近年来，北京科普日活动立足首都热点难点问题，汇聚北京科普资源，凸显活动特色，以群众喜闻乐见的形式开展科普宣传，得到了各级领导的充分肯定，已成为全国示范性科普活动。

2017 年全国科普日北京主场活动于 9 月 15 日在中国科技馆启动。主题是"创新驱动发展，科学破除愚昧"。时任中共中央政治局常委、中央书记处书记刘云山于 9 月 18 日参加了全国科普日北京主场活动，刘奇葆、李源潮、郭金龙、万钢等参加活动。"航天放飞中国梦"展区亮点纷呈，裸眼 3D 电视为参观者提供身临其境的体验，增强了科普的知识性和趣味性。北京主场还设置了科技小课堂、科技酷品展区，组织了"健康伴我行"等活动。

活动充分利用现代信息技术手段，打造主题性、全民性、群众性科普活动，北京主场活动由中国科协、北京市人民政府、教育部、科技部、环境保护部、农业部、中国科学院、国家能源局、中央军委科学技术委员会联合主办。北京主场活动围绕大气治理、垃圾焚烧、化学工业、绿色核能、医疗卫生、食品安全等社会公众的关注热点及国防科技、双创成果等创新驱动发展成就，以展览展示、现场体验、互动咨询、科普讲座、线上活动等形式，让公众认知科学实质，消除错误认识；发动科学家、科普专家，通过现场活动和"科普中国"网络平台，为公众答疑解惑，破除愚昧思想，传播科学正能量，厚植创新发展的沃土。科协系统、各级学会、高等院校、科研院所、科普教育基地等都积极参与 2017 年的科普日活动，共涉及主办单位 8839 个、承办单位 8859 个、协办单位 7252 个。科普日活动已经成为全社会共同参与、共同分享的盛大科普节日。

（三）北京科学嘉年华

北京科学嘉年华是全国科普日北京主场活动，自 2011 年 9 月首届"科学嘉年华"举办以来，已成功举办 7 届，为首都公众打造了一个高端、互动、集聚国内外优质科普资源、充满创意和欢乐的科学体验平台。

位于奥林匹克公园的科学嘉年华展区包括科普 E 起来、军事科技馆、科学探索馆、科学游乐园、智能新世界、科学创意园、世界科普厅、科学表演秀场、科学谣言终结者行动、科普新媒体创作获奖作品展 10 个板块。各板块各有侧重：军事科技馆里全方位展示了中国人民解放军海陆空的最新科技成果；世界科普厅里的洋味儿最浓，来自 13 个国家及地区的科普组织带来花样翻新的科普项目，如国际空间站里如何净化水、液氮魔术、穿过气球的木签等。排队最长的永远是 VR 体验项目，"VR 带你去太空"能让体验者体验从太空俯瞰地球的感觉；"4D 舰载机"则能让普通人当一回航母舰载机的飞行员，体验从牵引调运、起飞升空、追击敌机直至返航降落、阻拦着舰的整套操作，深受公众欢迎和青少年喜爱。

（四）北京社会科学普及周

北京社会科学普及周活动创办于 2001 年，是全国首创。北京社科普及周活动紧紧围绕市委、市政府中心工作，秉承"普及人文知识、传播人文思想、弘扬人文精神、倡导科学方法"的宗旨，坚持"贴近实际、贴近生活、贴近群众"的原则，每年 9 月、10 月在地坛公园与秋季书市、图书节等大型文化活动相结合，以广场文艺演出、主题展览、社科咨询、专家讲座及基地科普活动等多种形式开展，集中一周时间向广大市民提供科普服务。北京社会科学普及周自创办以来，已经成功举办了 14 届，成为北京市社会科学普及活动的重要品牌，被广大市民誉为北京金秋时节的一席文化盛宴。

2017 年北京社会科学普及周 9 月 17 日在大观园拉开帷幕。本届社科普及周以"弘扬中华优秀传统文化，推进全国文化中心建设"为主题，由中共北京市委宣传部、市社会工委、市科委、市科协、市社科联、西城区委区政府联合举办。2017"人文之光"大运河文化带专题知识竞赛决赛带领居民神游大运河。16 区社科普及成果展、大运河文化主题展、图说北京文脉展、"砥砺奋进的五年"展、冬奥知识主题展、西城区老字号印谱展等，联合布设了一园的知识盛宴，吸引老少居民流连忘返。社

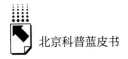
科普及动漫短片《小普说北京城里的文化带》《小普说社科普及》在开幕式活动中格外抢眼，"小普"化身社会科学普及周的明星名角，带领现场观众一起游历北京文化带。"社科专家面对面"活动邀请了20多位专家，就家庭教育、低碳生活、婚姻家庭、老年心理健康、法律、民俗非遗、金融等主题，现场为居民百姓答疑解惑。图书交换大集推广活动、陶然文化研究会陶然文化推广活动等活动深受群众欢迎。在延续往年"点多、线长、面广"风格的基础上，本届社科普及周主题更聚焦、内容更丰富、形式更吸引人。

（五）城市科学节

城市科学节作为一个活泼前卫的时尚科学活动形态，已越来越为世界众多国家所广泛采用。目前，全世界每年共有30多个国家举行100多个科学活动。其在传递前沿科技、引发公众主动探究的科学精神和科学思考、有力提升公众科学素质方面起到了积极作用。2014年7月，"城市科学节"首次登陆中国。

第四届城市科学节于2017年7月7日在北京展览馆开幕。本届城市科学节以"知行合一，助力成长"为主题，在现场设有国际科普互动体验馆、科学教育馆、科技生活馆、讲座论坛等八大主题展馆，并以"书香伴我成长，科学成就梦想"的理念，与中国童书博览会联手，共同为青少年打造科学与阅读暑期乐园。城市科学节每次都能给参与活动的小朋友带来形式丰富的科技创新体验："小侦探们"在新加坡馆体验"案发现场"，过足侦探瘾；在德国馆搭建美丽的绿色灯塔，学习环保知识；在以色列馆与"分子博士"感受科学魔法秀；在英国馆体验趣味化学实验。本届城市科学节还推出了首个大型公众演讲活动——"发现未来科学生涯讲坛"，该活动由北京市科学技术协会发起，邀请多位参与国家重大科学工程研究的科学家亲临现场，与高中学生一起分享科学家的人生成长经历，探求科学职业生涯的真谛，揭秘前沿科技。科普产品互动体验馆参展单位包括国内外科普产品研发基地、科技场馆、科普基地、科普教育机构、科普教具生产企业等。科学生活馆参展项目类型包括中外食品、化工、电子、汽车、通信、能源、信息技术等。科幻动漫馆参展单位包括国内外动画公司、漫画公司、影视公司、动漫个人创作者、衍生品公司、出版商、发行商、渠道商、玩具公司、产品代理、投资机构等。科学教育馆重点展示物理、化学、生物、天文、考古、计算机编程、机器人、航空航天、创客以及非物质文化遗产等方面的内容。"发现未来科学生涯讲坛"行星科学家郑永春博士是《科学队长——行星科学家带你飞向太空》的主讲人,他本次演讲的《人类宇宙观》旨在告诉大家需保持一颗谦卑的心去面对无边无际的宇宙,帮助同学建立一个崭新的宇宙观,对太空世界有更深层次的理解。中国地质科学院地质研究所研究员苏德辰,同时也是《科学队长·52次地下寻宝》的主讲人,在此次演讲的《揭秘亿万年前的古地震》中,为大家揭示了古地震的发生原理,介绍研究史前古地震的主要方法,包括研究沉积物中与规模较大的古地震时间相伴的变形记录。活动采取售票方式进行,门票120元。这也是首都发展科普产业的一个尝试。

七 "北京科普"创新教育

为加强青少年科技创新型后备人才的培养,北京市不断创新青少年科教形式,深入探索科教合作机制,形成了科技资源与学科教学、校本课程等相衔接的创新型后备人才培养模式,拓展了优质科技资源在科技创新教育中发挥作用的广度和深度。"翱翔计划""雏鹰计划"等培养了大量科技创新后备人才,使科教活动走在了全国前列,"翱翔计划"获首届基础教育国家级教学成果一等奖。科普(技)讲座、科普(技)专题展览、科普(技)竞赛分别达到4.89万次、4835次、3035次,均高于全国2.81万次、4375次、1525次的平均水平。

(一)青少年科技创新计划

"翱翔计划"是全国首个在课程体系内面向中学生,以培养拔尖创新人

才为目的的教育计划。自 2008 年 3 月启动以来，建成培养基地 29 个，课程基地 31 个，形成了一支由 750 位学科教师、416 位专家组成的培养工作团队，累计培养 1500 余名学员，获得首届基础教育国家级教学成果一等奖。

青少年科技创新"雏鹰计划"是继"翱翔计划"之后，又一个面向北京市中小学开展的创新教育新模式。该计划致力于推进以青少年为对象的"科教合作"，旨在促进科技创新与基础教育的对接与融合，建立科研机构与中小学校的合作机制，提高中小学生的创新精神和实践能力。自 2010 年启动以来，历经多年的深入探索，"雏鹰计划"突破传统的教育模式，调动了千余名教师参与，深度开发 15 项科技成果，积累的课程资源在 176 所中小学校推广使用。

北京青少年科技后备人才早期培养计划是主要面向北京市高中一年级学生的培养计划，旨在选拔一批爱好科技的优秀高中学生进行重点培养，让他们提早接触前沿科技，接受科学思想和科学道德的熏陶，提高科学研究的能力，培养创新精神，经受科学实践的锻炼，尽早成为科技创新人才，从而逐步形成科技人才培养的后备梯队。

（二）青少年科学教育

为拓展青少年科技教育，北京市在充分调动社会各界资源的基础上，在全市范围内组织开展形式多样、内容丰富的青少年科普活动，促进青少年科学素质的提升。在继续开展北京学生科技节、北京青少年科技创新大赛、青少年机器人大赛、头脑 OM、金鹏科技论坛竞赛、高校科学营、首都大学生"挑战杯"等 30 余项固定化的青少年科普品牌活动的基础上，还成功举办了青少年科技创新大赛、"创青春"创业大赛、中小学生低碳环保知识竞赛、高中生技术设计创意大赛、小小科普讲解大赛、"海外学人奥林匹克森林公园健康日活动"、"首都青年科技创新创业成果展"、"北京番茄文化艺术节"、"北京青少年科普短剧会演"、"快乐科普校园行"、"流动科技馆进基层"、"北京少年科学院小院士评选活动"等科技创新和科普宣教活动，构建了多类型、多层次、广覆盖的青少年科普宣教活动平台。继续开展了"12355北京市青少年星光自护学校"建设工程，累计建成200余所社区自护学校，成为在社区内对中小学生开展自我保护培训的主要学习阵地。深化社区青年汇终端载体建设，累计建成"市级社区青年汇"近500家，全年累计开展各类活动2500余场次，直接联系服务青少年90万人次。

（三）青少年科技竞赛

在参与的国内及国际青少年大赛中，北京成绩突出，屡创佳绩。2014年，全国中学生天文奥林匹克竞赛北京代表队获得金牌18枚、银牌19枚、铜牌18枚。第八届国际天文与天体物理奥林匹克竞赛（IOAA）夺得3银2铜的优异成绩。第十届亚太天文奥林匹克竞赛，中国队获得了3金5银的好成绩，其中3名同学还分获最佳画图奖等特别奖。FTC机器人（澳洲）亚太区锦标赛，北京市陈经纶中学分校与上海队、福州队组成联盟夺得冠军，北京交通大学附属中学与美国队、韩国队组成的联盟夺得亚军。全国"挑战杯"首都大学生课外学术科技作品竞赛，首都高校学术科技作品获得特等奖5项，一等奖17项，二等奖21项，三等奖28项，交叉创新一等奖1项，交叉创新三等奖1项，累进创新银奖2项，累进创新铜奖1项。首届小小科普讲解大赛评选出一等奖1名、二等奖2名、三等奖3名及最具亲和力奖。

（四）领导干部和公务员培训

为提升领导干部和公务员的科学素质，近年来开展了领导干部系列讲座、公务员科学素质大讲堂、领导干部周末大讲堂、北京市领导干部科技素质教育培训、行业管理人员的科普培训等活动，搭建了北京干部教育网、北京继续教育网"科普专栏"等网络科普培训平台，发放《当代科学技术发展前沿与趋势》《北京市领导干部法律知识读本》等培训教材，全市领导干部和公务员的素质得到了极大的提升，科学决策和科学管理能力进一步增强。

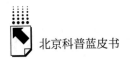
八 "北京科普"基层品牌

(一)社区

围绕社区科普,实施了"百家科普基地对接百家社区"、"万名'绿袖标'垃圾分类指导员进社区"、"创新型科普社区"、"社区科普益民计划"、"科普惠农兴村计划"、"社区红立方"工程等一批科普民生项目,深入推进六型社区、"数字文化社区"、社区服务站、社区书屋和益民书屋等建设工作,广泛开展了百家博物馆进社区、96156 社区大课堂、周末社区大讲堂、首图讲坛等科普活动,社区科普成效显著。社区科普活动呈现出经常化、特色化的特点。

(二)农村

为服务农村基层发展、提升农民科学素质,近年来实施了"科普惠农兴村计划"、北京市农民致富科技服务套餐配送工程和北部山区少数民族乡村产业提升工程,开展了科技"三下乡"、科普之春、科普之夏、科普"八进"、"妫水女"旅游杯手工艺品大赛、"科技致富农家女"、农村残疾人职业技能培训班、北京"巧娘"培训等各种形式的科普活动,组织实施了百村农民科学素质提升行动,农民科学素质得到了有效提升。随着农村基层科普活动的深入开展,科普服务农民的工作实现了固定化、常态化。

九 "北京科普"传播品牌

大众传媒作为科学普及的主要途径,在科普过程中有着举足轻重的作用和地位。与传统科普手段相比,大众传媒信息结构更趋合理,适用于不同人群;具有快捷、方便、图文并茂的特点,特别是由于采用广播电视、音像多媒体技术,表现方式更加生动活泼、丰富多彩;它的交互式功能和寓教于乐特点使之能够最大限度、多层面地调动受众个体的积极性；大众传媒使传统上由科普主体掌握的主动权得以向受众转移；等等。报纸、期刊、广播电视等传统媒体传播科学知识的力度不断加大、能力不断增强，电台、电视台播出科普（技）节目时间达到9.97万小时。科普原创水平显著提高，科普图书年出版种类和册数逐年增长，北京地区累计入围全国优秀科普作品的有104部，占全国的52%。以微博、微信、移动客户端等为代表的新媒体成为科技传播的重要方式和向社会公众答疑解惑的重要渠道。

（一）平面媒体

平面媒体作为一种重要的传统媒体，当前仍具有较广泛的需求市场，是科技信息传播的重要渠道。科普统计数据显示，"十一五"末以来，平面媒体仍是受众获取科技信息的重要渠道之一，但由于受平面媒体自身特点和获取渠道的限制，加之互联网和新媒体的影响，其年发行量不稳定，且有下降的趋势。在此形势下，平面媒体积极谋求转型发展，注重报道的深度，凭借其传统的优势地位，在支持科普事业方面发挥着举足轻重的作用。特别是科技日报、北京科技报等部分主流媒体已成功转型升级为专业的科普媒体。

人民日报、光明日报、参考消息、经济日报、北京日报、北京晚报、北京青年报、新京报、京华时报等40余家中央及市级平面媒体，开设健康科普宣传专版、知识产权报道、红十字科普宣传等版面，全面宣传了各行业科普新进展。《人民日报》《光明日报》《北京日报》《北京晚报》《科技日报》等平面媒体均对北京科学嘉年华、北京科技周等重大科技活动密切关注，重点报道。

（二）影视节目

广播、电视媒体以其传播速度快、受众面广、形象生动等特点，在开展科普宣传中具有不可替代的作用，目前仍是科普宣传最重要、最有效的渠道。中国第九次公民科学素质调查结果显示，利用电视获取科技信息的公民比例为93.4%，比2010年（87.5%）还略有增长，仍是我国公民获取科技信息的最常用渠道。近年来，随着广播、电视媒体在北京市科普宣传中的广泛应用以及宣传方法和手段的不断创新，其在科普宣传方面的吸引力和影响力也不断增强。科普统计数据显示，自"十一五"末以来，北京地区各年度电台、电视台年播出科普（技）节目时长均在 14000 小时以上，播出时长最高的 2013 年度已超过了 36000 小时。但随着互联网的快速发展，以及媒体间日趋激烈的竞争，广播、电视媒体不得不以提高质量和服务水平来迎接新的挑战，栏目的设置和节目的安排趋于科学化、民生化，围绕百姓关心的一系列热点难点问题进行报道，传播效果更加优化。

北京广播电台已开设的科普节目主要有新闻广播《照亮新闻深处》，城市广播《健康加油站》，故事广播《知识开讲》《中医养生家常话》，交通广播《1039 交通服务热线》，文艺广播《养生之道》《健康乐园》，体育广播《百姓健康大讲堂》《数码天下》《饭点儿说吃——健康文化美食论坛》，爱家广播《健康喜来乐》《宝贝计划》《老年之友》等，这些节目聚焦百姓关心的热点难点问题，内容涉及百姓生活中的方方面面，能及时向广大听众播报各领域的最新科技信息，普及科学知识。例如，贯穿全年的《1025 动生活》栏目，累计播出 2190 个小时，开设《走进科博会》"科技，让城市生活更精彩"两个专栏，介绍科技发展的最新动态。交通广播在《一路畅通》《新闻直通车》《交通新闻》等重点节目中不断宣传普及节约资源能源、保护生态、改善环境、安全生产、应急避险、健康生活、合理消费、循环经济等观念和知识，促进科学素质建设与精神文明建设紧密结合、相互促进。2017 年 5 月 12 日全国第六个"防灾减灾日"，新闻广播、城市广播、交通广播等围绕"防灾减灾从我做起"的主题，充分报道防灾减灾宣传周期间相关部门组织的"四个一"活动和本市开展的主题宣传日活动等。

北京电视台立足《北京您早》《特别关注》《直播北京》《都市晚高峰》《北京新闻》《晚间新闻》等多档新闻栏目播放科技类新闻，全年开设科普栏目。各期专题节目均受到观众的好评，收视率均超越同期其他节目收视率，特别是《设计之旅》3 期节目的收视率比同期其他节目增幅 70%，达到了很好的宣传效果。

（三）新媒体

我国第九次公民科学素质调查结果显示，2015 年公民利用互联网及移动互联网获取科技信息的比例达到 53.4%，是 2010 年的两倍多。为切实增强科普宣传的效果，近年来北京市高度重视新媒体在科普领域的应用，加强科普网站的建设，开通手机、数字电视等科普终端服务，在促进全国科技创新中心建设和全民科学素质提升方面发挥了重要的作用。北京市科普统计数据及北京市科普工作联席会议成员单位统计资料显示，"十一五"末以来，北京市各年度科普网站的建设数量均超过 180 个，网站、微博、微信、手机 APP、手机报等新媒体均已成为相关单位科普宣传的重要渠道。

人民网、新华网、新浪网、腾讯网、中国科技网以及手机百科网站、微博、微信等新媒体对全国科技创新中心的宣传报道持续加强。中国科普网、中国科普博览、中国数字科技网、千龙网、首都之窗等网络媒体成为广大群众获取最新科技资讯的重要渠道，近 50 家北京市科普工作联席会议成员单位和北京市各区县开设官方微博，发布微博数量合计 30 余万条，粉丝量合计近 4353.14 万人次，如表 1 所示。"北京发布"粉丝量超过 589 万人次，成为深入贯彻传播执行"人文、科技、绿色"北京的网络前沿阵地。

"科普北京"微信公众号由北京市科学技术委员会主办，北京市科技传播中心运营，将通过持续建设，把"科普北京"打造成权威、科学、准确、有料、有趣、有思想的科技传播平台。2016 年全国科技活动周暨北京科技周启动同日，"科普北京"微信公众号正式上线，同时"科普北京"的卡通形象代言人 BOBO 闪亮登场。

表 1　北京市科普工作联席会议成员单位和区县官方微博活跃程度（截至 2014 年底）

单位	微博名称	发布信息（条）	粉丝量（万人次）
北京市发展和改革委员会	发展北京	1208	20.25
北京市教育委员会	北京市教委	6106	111.76
北京市科学技术委员会	科技北京	4054	69.21
北京市农村工作委员会/农业局	北京农业	2029	19.00

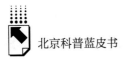

续表

单位	微博名称	发布信息(条)	粉丝量(万人次)
北京市经济和信息化委员会	北京经信委	2556	193.41
北京市规划委员会	北京规划	5698	16.77
北京市市政市容管理委员会	北京市市政市容委	10169	21.03
北京市商务委员会	北京市商务委	2845	20.41
北京市人口和计划生育委员会	北京市人口计生	1787	89.29
北京市财政局	北京财政	1317	15.96
北京市人力资源和社会保障局	北京12333	8025	29.51
北京市新闻出版局	首都新闻出版	722	177.92
北京市广播电影电视局	首都广电	652	6.31
北京市文化局	文化北京	7545	10.34
北京市卫生局	首都健康	6570	350.93
北京市园林绿化局	首都园林绿化	4371	6.54
首都精神文明建设委员会/首都文明办	文明北京	11223	61.95
北京市公安局	平安北京	31221	910.68
北京市民政局	北京市民政局	7191	22.38
北京市司法局	北京司法	1980	37.42
北京市环境保护局	环保北京	4648	53.90
北京市安全生产监督管理局	北京安监	2205	25.06
北京市文物局	北京文博	2011	7.74
北京市体育局	体育北京	1427	19.62
北京市知识产权局	北京知识产权	3838	6.80
北京市气象局	气象北京	11460	43.12
北京市总工会	首都职工之家	1839	181.72
共青团北京市委员会	青年说	9529	131.64
北京市残疾人联合会	北京残联	1251	18.96
公园管理中心	畅游公园	3424	167.35
北京市国土资源局	国土北京	1015	17.96
北京市民族事务委员会	北京民宗	414	5.20
中关村科技园区管理委员会	创新创业中关村	7659	46.70
东城区	北京市东城	7413	79.12
西城区	北京西城	9137	90.93
朝阳区	北京朝阳	9536	90.60
海淀区	海淀在线	9169	203.33
丰台区	北京丰台	10011	101.51

单位	微博名称	发布信息(条)	粉丝量(万人次)
石景山区	北京市石景山	9503	44.77
门头沟区	京西门头沟	9116	70.73
房山区	Funeral 房山	5901	149.90
通州区	北京市通州	4856	144.44
顺义区	绿港顺义	5493	51.89
大兴区	北京大兴	7342	137.55
昌平区	北京昌平	16754	70.10
平谷区	北京平谷	3932	20.45
怀柔区	山水怀柔	13734	21.71
延庆县	北京延庆	7175	22.61
密云县	宜居密云	4452	136.64
总　　计		301513	4353.12

资料来源：北京市科普工作联席会议成员单位和区县官方微博平台。

北京市立足全球视野，聚焦重点、推动协同发展，建设一批具有国际水准的科普设施和举办一系列国际化的科普活动，不断提升市民的创新意识，激发市民的创造活力，提升北京利用和配置全球科普资源的能力，打造具有国际影响力的科普高地，在全市形成更加浓郁的创新创业文化氛围，为大众创业、万众创新打下坚实的基础，为北京建设具有全球影响力的科技创新中心做出新的贡献。

十　"北京科普"品牌影响力

"北京科普"在全国科普工作中发挥了引领示范作用，受到科技部的重视和充分肯定，在全国具有很大的影响力。

首先，对周边省市的科普工作予以有力支持。为促进京津冀三地科技协同发展，近年来京津冀三地积极探索科普协作新模式，努力推进京津冀三地科普合作，取得了较好的成效。从 2011～2013 年开展的科技旅游节，到 2014 年的科普之旅，突破时空的界限，整合京津冀科普资源，为京津冀三

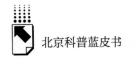

地游客奉上了具有浓厚科技内涵的旅游盛宴。2014 年，科技部、北京市、天津市、河北省联合举办了"协同创新应对挑战——京津冀在行动"科技专题展，展览面积 2600 平方米，分为核心区、"京津冀在行动"、大气污染防治技术支撑等三个展区，展出 388 个项目，198 件（套）实物（模型）。

其次，组织流动科技馆进基层活动。北京市在科技部的支持下，组织了流动科技馆进基层活动。活动历时 14 天，包含消防科普宣传车、地震模拟体验车、"中生代王者归来"、流动科普车、流动天文馆、流动口腔科普车、眼科科普宣传车、"空间创客家族"流动科普车、航天互动体验及制作流动科普车、流动万花筒创客空间科普车等 9 辆各具特色的流动科普宣传车，赴辽宁省鞍山市岫岩满族自治县、鞍山市、海城市、本溪市明山区、铁岭市西丰县、朝阳市喀喇沁左翼蒙古族自治县等 5 个县（市、区）开展。活动行程 3000 余公里，共有来自近 30 所学校的中小学生及市民约 3 万人参与了活动，50 余人的科普服务队全程开展科普服务。活动地点由往年的 3~4 处增加到今年的 5 处，参与活动人数比去年增长近 1 万人，活动行程增加 1000 余公里，科普服务队人数增加 10 人等，同比去年均有较大幅度增长。其中，中国科学技术交流中心副主任赵新力，辽宁省科技厅副厅长闫灵均，朝阳市委常委、副市长武永存等领导出席了流动科技馆最后一站喀左站，并在现场为当地赠送天文望远镜、创意工程科普教材等科普器材和展教用品。当地报纸、电视、网络、微信等及时报道了活动的相关信息。

在满足百姓科普需求的基础上，本次活动的亮点是：培训基层科普工作人员和在京社会科普资源的踊跃参与。

除了把首都的优质科普资源和特色科普活动送到社区广场、中小学校外，本次活动还特地邀请北京天坛口腔医院、北京育才学校的相关专家分别对本溪等城市的口腔医生和教师开展了"口腔诊治教学"和"如何利用校外资源开展素质教育"等相关培训课程，力图培养、提高当地医疗与教学工作者的专业水平，促进当地科普整体水平的提高。

本次活动还首次引入在京社会科普资源，北京种太阳科普文化传播有限公司、北京惠宝时光教育科技发展中心、魏博士科学教育联盟等公司与社会团体的加入，使流动科技馆向多元化、社会共同办科普的方向发展，是充分发挥北京科普资源服务地方、服务基层的一次有力尝试。此外，活动还为当地赠送天文望远镜、机器人、航模器材等 3000 多件科普器材和展教用品，发放科普宣传资料 2 万余份。

活动期间，辽宁省科技厅会同当地科技与教育部门组织中小学生开展科普征文活动，扩大活动在当地青少年中的影响，使东北老工业基地的百姓特别是青少年亲身感受科技的魅力，激发对科技创新的兴趣，共享科技创新与发展的成果，切实做到了"创新引领共享发展"，符合今年科技活动周的整体精神。

北京自然博物馆作为本次活动承办单位之一，积极筹备，与北京天文馆、中国消防博物馆、中国铁道博物馆等八家单位集成了含多个主题、各具特色的九辆科普宣传车，组成流动科技馆进赣西科普服务队远赴江西省上饶、抚州、宜春、井冈山四个市（区），为当地师生和群众提供综合科普服务。在科普互动体验活动中，当地学生通过亲身实践，体验科学带来的知识与欢乐。其间，北京自然博物馆"中生代王者归来"流动科普车向当地学生呈现了中生代恐龙的繁盛兴衰、灭绝与再现。同时，科普展览也深深吸引着当地学生。他们通过现场参观标本、阅读展板、观看视频等形式，学习到中生代时期的地质学知识、恐龙的分类、恐龙化石埋藏点的特点、如何挖掘恐龙、恐龙的装架工作、恐龙的身体结构、恐龙的行为特征以及恐龙灭绝的原因等内容。此外，北京自然博物馆还为学生们带来移动式球幕影院，通过播放《太空中的海洋》《地球上的狂骑》《生命的起源》等科普短片，帮助学生们更加直观感受宇宙、恐龙等神秘之处，在普及知识的同时，也激发了他们探索自然科学的兴趣。在接下来的时间里，流动科技馆进赣西科普服务队继续马不停蹄地奔赴其他城市，为当地的广大群众举办专题展览，协助当地的学校培训科技教师，并努力用喜闻乐见的活动形式，为当地师生群众带来最直观的自然科学享受和体验。

最后，对中央部门开放科普资源。北京市为加强北京科普能力建设，使北京市的科普项目对所有在京中央科研机构和企事业单位开放，支持中央在

京机构的科普能力建设，支持了一批科普场馆改造、科普作品创作、科普活动开展、科普课题研究等，获得了很好的效果。支持中国科学院奥运村科普园区建设，在北京奥运会期间深受欢迎。支持中国人民革命军事博物馆军事科技馆建设，丰富了军事科普内容。

"北京科普"已经成为知名科普品牌，具有广泛的社会影响力，首都的科普工作随着"首都科普"美誉度的提升，也在向全国辐射。首都科普工作与科技创新工作一样，为北京的建设发展做出了重要的贡献。

在京津冀率先开展"公民科研"活动的实施路径研究

张九庆*

摘　要： 公民科研是通过众包方式让公众参与真正的科学研究项目的
一种活动。本文简明地描述了公民科研是应对中国未来科普
发展趋势的有效措施，介绍了美国成功开展公民科研的具体
实践，说明了公民科研的不同类型及实施公民科研的基本原
则。本文特别分析了在京津冀地区协同开展公民科研的必要
性和可行性，并提出在京津冀率先开展公民科研活动的若干
建议。

关键词： 科普　公民科研　科研众包　京津冀地区

　　科普活动的目的在于提高公众的科学素质。早期的公众科学素质主要是
指公民对科学知识的掌握程度，科普活动就是科学家向普通大众普及科学技
术知识，是内行向外行的单向灌输行动；进入 20 世纪下半叶，特别是在欧
美等发达国家，科学技术所产生的伦理和风险问题逐渐显现，科学共同体和
公众之间产生了鸿沟，"公众理解科学"成了科学普及的新目标；进入 20
世纪 80 年代之后，科普活动逐渐变成"公众参与科学"。公众参与科学有
两个方面的含义，其一是"公众参与科学议题"，即公众参与到一些涉及国

---

* 张九庆，硕士，中国科技发展战略研究院科研办副主任，研究员。主要研究方向：科普、科
研不端行为、科学共同体、科技政策。

计民生的重大科学议题的决策过程之中；其二是公众在更大范围内参与科学研究项目，这又被称为"公民科研"。公民科研的实质是借助互联网平台（包括移动终端），通过任务众包的方式，让普通大众自觉自愿地参与到切实可行的科学研究活动之中，为科研贡献自己的精力、知识、技能、工具和资源等①。

新时期科普发展的目标，是公众掌握科技知识、公众理解科学和公众参与科学这三者的综合统一。

一 公民科研与中国未来科普发展趋势

中国的科普事业经过最近几十年的快速发展，已经进入一个新的历史发展阶段。中国未来科普发展的趋势如下：

一是全要素科普。按照我国科普法，科普活动的内容是普及科学技术知识、倡导科学方法、传播科学思想和弘扬科学精神，而在实际的科普活动中，仍然主要集中在普及科学技术知识上，而对后三方面的内容重视不够，公众缺乏科研活动的参与。倡导科学方法、传播科学思想和弘扬科学精神，更需要在实际的科研活动中进行。

二是全公众科普。"公众"是个集合名词，是指社会中的每一个成员，上到政府高官，下到普通百姓，凡是上述科学知识、方法、思想和精神有不足的人都是科普活动的对象。那些有着话语权的人，如公共知识分子、娱乐圈人士、新媒体人、跨界的著名科学家，也是科普活动的对象。

三是全流程科普。新的科学理论的建立过程包括问题的提出、假设的提出、合乎逻辑的推演、用观测数据和实验数据进行验证、在学术期刊发表、通过同行评议得到认可、需要修改完善或者被完全否定。在2016年的中国科学家发表新的基因编辑技术的宣传事件中，可以看出全流程科普的重要性。

---

① 张九庆：《公民科研对中国科研活动的影响》，《中国科技论坛》2016年第9期。

四是全学科科普。我们的很多科普活动依然把重点集中于"数理化天地生"，这恰恰也是学校基础科学教育的重点。与学校的科普教育不同，面向公众的科普将因为前沿科学和工程技术等日新月异、新知识层出不穷而更加丰富多彩。

五是全关联科普。科学和科学研究不只限于科学共同体，科学、技术、创新、经济、社会是共生的系统，从科学技术的研发投入开始，科学就与社会公众联系在一起，公众参与科学议题的积极性也在提高。特别是公众特别关心的话题，如与生态环境相关的、与食品安全相关的、与人类伦理相关的科学议题。

六是全年龄科普。科普对象的年龄不同，对科普的需求也不同。低年龄段的人群需要的是知识，所以普及知识重要；青年和中年人已经获得了获取知识的能力，理性思维和科学方法更重要，中国大批民间科学家就是在青年和中年阶段走入歧途的。老年人对于健康长寿的关注，使得他们对生命科学、医学的知识有好奇心，却往往丧失了科学素质。

应对科普未来发展的这些最新趋势，开展公民科研是最好的措施之一。因为公民科研面向的对象就是全体公民，公民通过科研项目可以熟悉科研流程，掌握科研方法，公民科研项目涉及国计民生的现实问题，是公民参与科学议题的直接途径。

二 美国开展公民科研已卓有成效

公民科研（citizen science，有人将此译为"公民科学"）起源于 20 世纪 80 年代的美国康奈尔鸟类学实验室（cornell laboratory of ornithology，CLO），此时也正是互联网刚刚兴起的年代。CLO 是康奈尔大学从事鸟类生态学与保护研究的一个独立机构，多年来业余观鸟者为该机构提供了大量的观察数据。1987 年，CLO 与加拿大鸟类观察站开展合作研究，项目名称是"饲养者观察项目"。在该项目中，观鸟者通过观察饲养员在冬天九个月的行为，得到大量关于鸟类数量变化的可靠的数据，这些数据成为鸟类学家研究论文分析和结论的基础。① 到 20 世纪 90 年代，CLO 的这个项目连同其他的"合作研究项目"列入美国非正式科学教育的一部分，得到了国家自然科学基金的资助。CLO 的员工用了"公民科研"来标记这类项目。在 CLO，这类"公民科研"项目不少于 10 项。它们的典型特征是，CLO 的研究人员提供需要进行数据收集且是单个研究人员或者小组无法完成的任务、研究协议、研究指南和支撑材料，特别关键的是一份既便于观鸟者填写又能让研究者得到足够多信息的表格。参与者通过 CLO 注册认定、其他观鸟组织或者学校推荐参与。项目只需一个周末或者持续几个季度。数据通过电子邮件或者互联网提交，结果也在网站上张贴，不同形式的出版物也发给参与者以告知项目进展。正式论文通过同行评议后公开发表，参与者在论文中得到答谢，而进行数据分析的研究人员被列为作者②。

美国政府把公民科研正式纳入政府资助项目，2007 年美国自然科学基金委员会成立了"非正式科学教育促进中心"（The center for the advancement of informal science education，CAISE），负责"非正式科学教育"的专项活动。"非正式科学教育"指的是学校之外的科学、技术、工程和数学的终身学习。2013 年 10 月 31 日，美国政府发布了《第二次开放政府国家行动计划》（the Second Open Government National Action Plan），要求联邦政府部门"通过方便、加速、提升开放式创新方法的使用，例如激励性悬赏、众包和公民科研，来充分发挥公民智慧的作用"。2014 年美国总统办公室科技政策《美国公民地球观测国家计划》（US National Plan for Civil Earth Observations），要求通过公民科研和众包"改善观测的密度和地面的真实；数据分析；增加效率和节约成本；扩大公开数据的可获得和使用"。2015 年 9 月 30 日，美国总统科技助理、科技政策办公室主任 John P. Holdren 提交了一份名为"公民科研和众包应对科学与社会挑战"的备忘录，目的如下：

（1）使联邦政府各部门在未来正确应用公民科研和众包，以取得最佳

① 张九庆：《公民科研对中国科研活动的影响》，《中国科技论坛》2016 年第 9 期。

② Bruce V. Lewenstein, What does citizen science accomplish? https：//ecommons. cornell. edu/ bitstream/.

效果和影响；

（2）指导各部门采取两个特别的步骤来促进公民科研和众包，包括确定一名协调人，在网站和数据库提供项目的分类使其容易公开并促进部门间的项目合作；

（3）为拓展公民科研和众包的能力提出行动方案；

（4）提供更多的实践案例。①

推动公民科研和外包，不仅能使美国的科学技术工程教育直接受益，它还可以：通过群体发现和功创知识推进与加速科学研究；通过明显的较低资源投资来改善政府服务的传递；通过建设开放性政府，招募有信念的志愿者，更好地履行政府各个部门的职责；提高公民科学素质；使科学家和世界范围内的公民合作拓展科学外交②。

美国政府部门的一些成功案例如下。全国档案和记录管理局（NARA）的"公民档案者仪表盘"项目，协作众包的档案记录标签与文件誊写。17万多名志愿者仅用5个月完成了1940年全国人口普查中的1亿3200万个名字标引，这个数据量是NARA无法独自完成的。通过联邦通信委员会（FCC）"测量宽带美国"项目，200万名志愿者用手机提供了实际的网络速度数据，FCC用这些数据来描绘显示数字分布的"国家宽带地图"。2014年，美国地质勘探局（USGS）和国家自然科学基金会（NSF）"自然之笔记本"项目的志愿者记录了超过100万条关于动植物的观察记录，科学家用它们来分析环境变化。美国地质勘探局"你曾感觉到它？"项目使得300多万名来自世界各国的人们能在地震期间或者地震结束后立即分享经历。这些信息有助于灾害的快速评价和科研，特别是在那些没有密集传感器网点的地区。国家海洋和大气局（NOAA）mPING移动APP已经收集了600多万份地面观察记录，可以帮助判定天气的类型。美国国际开发署（USAID）隐去

---

① https：//www. whitehouse. gov/sites/default/files/microsites/ostp/holdren _ citizen _ science _ memo_ 092915_ 0. pdf.

② https：//www. whitehouse. gov/blog/2014/12/02/designing － citizen － science － and － crowdsourcing － toolkit － federal － government.

姓名后向志愿绘图者公开了借款担保数据，志愿者们仅用 16 个小时就绘制了 1 万个数据点。美国环保署（EPA）的"空气传感工具箱"连同接受过训练的专题小组、科学家合作者、技术评估和一个科学仪器租赁项目，形成了一个报道和监测地方空气污染的社群①。

三　公民科研的任务类型和实施原则

公民科研的范围也在逐渐扩大，从早期的集中于环境学、天文学拓展到癌症数据、基因分析、理论物理。高质量的数据产生于这些项目——恰当的研究计划、合适的训练和监管措施、应用和开发新的统计工具与运行良好的计算工具，以减少样本偏差、消除测量误差和空间的密集，使数据能满足学术的要求。技术为公民科研提供了机会，如卫星提供了大量的气候数据，全球定位系统和智能手机终端链接偏远的地方。

Wiggins 等人通过 120 多个项目的实证研究，把公民科研分成了五大类，即行动类（Action）、保护类（Conservation）、调查类（Investigation）、虚拟类（Virtual）和教育类（Education）②。

行动类项目由志愿者发起，旨在鼓励人们参与到当地关心的问题之中，如促进当地溪流的水质问题改善；项目的组织和计划者不是科学家，其目的也不是要发表研究论文，而是为当地的议事提供科学依据。行动类是指参与者为了本地关心的问题，把科研当成一种工具，来支持市民的议事日程。行动类项目的研究活动不像那些来自科研团队为发表论文的研究，其核心特点是，项目的团队负责人不是科学家，研究活动是自下而上完全草根的行为，是为了长时间关注本地的环保问题。

保护类项目针对的是自然资源的管理目标，比如监测沙滩垃圾的种

---

① https：//www. whitehouse. gov/blog/2014/12/02/designing – citizen – science – and – crowdsourcing – toolkit – federal – government.

② Andrea Wiggins, Kevin Crowston, *From Conservation to Crowdsourcing：A Typology of Citizen Science*, http：//citsci. syr. edu/sites/crowston. syr. edu/files/hicss – 44. pdf.

类和数量。这类项目主要集中在生态学领域，关注的是特定的区域，但组织者来自科研机构，往往需要联合政府部门。参与者的任务是较长时间地收集数据。保护类项目支持自然资源管理目标，主要集中在生态学，他们要求市民参与并拓展。像行动类项目一样，该项目也以某个地方为对象，志愿者集中于收集数据。项目的组织发起者主要是政府或者科研团队。

调查类项目聚焦于实质性需求的科学研究的目标，如关于某个州的人口统计学的详细研究。这是公民科研中最接近真实科研的项目，科学家需要为参与者提供更多的项目背景材料、任务细节、数据处理方法等，要形成能够公开发表的学术论文。调查类项目聚焦于科学研究的目标，需要从真实的环境中获得数据。这类项目最符合公民科研的定义。这类项目的目标非常明确，研究涉及的范围大或者区域广，需要大量的志愿者参加，会处理成千上万的数据，主要涉及生物学、天文学、气象学等领域。

虚拟类研究同样聚焦于科学研究的目标，但志愿者通过信息技术的在线互动进行，如在"星系动物园"，志愿者寻找星系并对其分类。虚拟类任务的关键在于网络平台的构建，通过游戏等手段激励参与者持续留在网上完成任务。虚拟类项目同调查类一样，也以真实的科学研究为目标，只不过研究场所不在真实的物理空间，而在虚拟的计算机和网络空间。这类项目集中在天文学、古生物学、蛋白质结构学等领域。因为采取的是竞赛模式，除了胜出者外，其他参与者不出现在研究论文中。

教育类项目是作为科学课程的一部分，主要在学校教室里或者操场上进行，比如监测蝴蝶和地松鼠。这是一种由教育部门和老师组织的自上而下的科研活动，首要任务是实现科学教育的目标。教育类项目的科学研究目的不那么明显，参与者是以接受教育为目的，它们可能在非正式的课堂进行，称为非正式学习项目，有时也是学校科学教育的一部分，列入教学计划之中。其目的是让参与者掌握科学研究的基本技能，丰富科研经验。

2015年9月，欧洲公民科研协会（European citizen science association，

ECSA）提出了实施公民科研的十大原则：

（1）公民科研要能使公民积极参与到产生新知识或新理解的科研努力中，公民在项目中可以是贡献者、合作者、项目负责人和有意义的角色；

（2）公民科研要有真正的产出，如解决科学问题，为观察、管理决策或者环境政策提供信息；

（3）参与项目的职业科学家和公民科学家双方都能从中受益；

（4）如果愿意，公民能参与到科研的更多步骤之中；

（5）公民能从项目中得到反馈；

（6）公民科研像其他科研一样也存在局限和偏见，需要考虑并控制；

（7）公民科研中的数据和大数据乃至研究结果也应该尽可能公开；

（8）每个参与者在项目成果和出版中都应该得到承认；

（9）应该对公民科研项目的绩效如产出、数据质量、社会影响等进行评估；

（10）公民科研负责人应该考虑到项目涉及的诸如版权、知识产权、涉密等法律、伦理问题①。

四 在京津冀开展公民科研的必要性和可行性

（一）北京科普活动需要转型升级

通过学校教育和丰富多彩的科普活动，我国公民的科学素质得到了大幅度提升。第九次中国公民科学素质调查显示，2015 年我国公民具备科学素质的比例达到 6.20%，较 2010 年的 3.27% 提高近 90%②。北京市公民科学素质更是位居全国前列，市民科学素质达标率从 2010 年的 10.0% 提高到

---

① http：//ecsa. citizen - science. net/sites/ecsa. citizen - science. net/files/ECSA_ Ten_ principles_ of_ citizen_ science. pdf.

② 《全民科学素质行动计划纲要实施方案（2016—2020 年）》国办发〔2016〕10 号。

2015 年的 17.56%①。

根据《科普法》科普活动是"国家和社会普及科学技术知识、倡导科学方法、传播科学思想、弘扬科学精神的活动。开展科学技术普及（以下称科普），应当采取公众易于理解、接受、参与的方式"。其中，目前我国的科普活动主要集中于普及科学知识，"倡导科学方法、传播科学思想、弘扬科学精神"这三方面的内容需要在日常生活和工作中体现。一方面，公众需要"像科学家一样思考"，即要运用观察、推理、预测、分类和制作模型等基本技能来深入了解周围的世界；另一方面，要通过开展一些具体的科学研究活动来掌握科学方法。在正常的学校教育中，可以通过科学实验课程来完成科学研究活动。走出学校之后，普通公众参与科学探究的机会就越来越少。科普活动的升级转型是指从以普及科学知识为主向普及科学方法转变，从单方面提供科学知识向让公众参与科学研究转变，从开放设施场所向开放科研项目转变。

（二）公民科研可促进创新创业活动的大众参与

2015 年，国务院颁布了《关于大力推进大众创业万众创新若干政策措施的意见》。创新创业活动涉及如何应用科技知识、技术手段和方法解决实际问题，创造新产品的过程包括确定需求、明确想要解决的问题、制定解决方案、制作样品、检查改进乃至重新设计。政府已经出台了一些政策，如要求承担国家科技计划项目的单位和科研人员主动面向社会开展科普服务，鼓励高新技术企业对公众开放，鼓励众创空间面向创业者和社会公众开展科普活动，这些要求都为公民科研提供了良好的条件。

（三）公民科研成为京津冀科普协调发展的新抓手

从美国和欧洲国家的实践来看，公民科研项目的提出者是国家政府部门、国立研究机构和大学研究机构。北京是国家的政治中心，国家行政管理

---

① 北京市科学技术委员会：《北京市"十三五"时期科学技术普及发展规划》，2017 年 11 月 15 日，http://www.most.gov.cn/dfkj/bj/zxdt/201607/t20160713_126591.htm。

部门都集中在这里；北京市政府与国家行政管理部门也有着良好的关系。北京拥有最多的科研机构和大学研究机构，天津也有许多科研院所和高校，科普资源丰富，但京津冀三地科普发展不平衡，河北的科普资源显得不足。这一点可以从三地的科普能力发展指数的巨大差距得到佐证。科普能力发展指数的评价包括科普人员、科普经费、科普基础设施、科学教育环境、科普作品传播、科普活动等子体系。2015 年北京、天津和河北三地的科普能力指数相差比较大，北京排名全国之首，指数高达 9.47；天津的能力指数接近全国平均水平（2.05），为 1.99；河北的能力指数为 1.56，与全国平均水平有一定差距①。

京津冀的科普合作包括建立三地工作联络机制、创建资源共享平台、整合区域科普资源、组织科普资源开发、打造科普主题活动和推动科普人才培养。通过公民科研的组织实施，充分利用北京市和天津市的科普能力优势，在实践中来共同提高三地公民的科学素质，比传统的形式更能见效。

（四）公民科研能够让公民更积极地参与到社会民生问题中

启动一个公民科研项目，要考虑的几个首要问题是：覆盖的地理范围或者规模有多大；需要收集和分析的数据量有多大；志愿者能否帮助你收集和分析这些数据；有没有其他更好的办法来收集分析数据；等等。相对于北京和天津，河北省土地辽阔、资源丰富，涉及的宏观生态系统、环境污染等，最能满足公民科研的要求。比如，研究京津冀地区的生物多样性，科学家可以通过卫星图片和其他遥感技术获取物种分布数据，公民参与地面调查，检测稀有物种、入侵物种补充数据，就能丰富研究内容，其成果可以表现为制定各地的物种目录。近年来，京津冀地区环境污染严重，政府环保监测力量不足。实施公民科研项目，让更多的志愿者参与到环境数据的监测中，就能提供更为丰富的关于环境要素和环境污染方面的数据②。

---

① 王康友主编《国家科普能力发展报告（2006~2016）》，社会科学文献出版社，2017。
② 张健等：《公众科学：整合科学研究、生态保护和公众参与》，《生物多样性》2013 年第 21 期。

五　在京津冀率先开展公民科研的建议

公民科研是科普发展的前沿领域，已经在美国和欧洲发达国家持续进行，但在中国鲜有案例。为推动公民科研在中国的实施，京津冀地区可以联合起来率先示范。为此，提出如下建议。

第一，提高社会对公民科研的认识。充分利用媒体和各种会议、平台，宣传公民科研的重要性，把公民科研看成民主生活与科技创新相结合的新平台。[①] 特别是让科普工作的管理者、组织者了解公民科研的运行模式，将公民科研纳入科普工作的顶层设计和议事日程中。

第二，开展公民科研的组织和制度设计。依托京津冀从事科技宣传和科普活动的事业单位，筹建成立公民科研项目办公室，从现有科普经费中划拨一部分作为首批公民科研项目的专项经费，寻找可持续开展工作的经费渠道；确立公民科研项目的立项原则、管理办法和经费，制定公民参与项目的办法、流程和管理等细则。

第三，确立示范项目。根据公民科研项目的要求，鼓励科学家在政府资助的科研项目中设计公众参与的子课题；与国务院有关部委和地方政府部门联系，组织几项涉及大量数据获取的，与生态、环境保护等相关的咨询研究项目，作为公民科研的示范项目。

第四，发展公民科研众包平台和相关技术。通过简易精准的观测仪器、快速数据交换等技术和高效的数据整理和挖掘，方便公众参与科研项目。

第五，学习国外先进经验。学习欧美国家的经验，与国际上活跃的公民科研项目的科研团队和科学家建立联系，开展经验交流和项目合作。

---

① 任定成：《公民科研：构筑民主生活与科技创新相结合的新平台》，《贵州社会科学》2008年第8期。

B.14
通州区社区科普体验厅建设模式探讨

陈杰 刘玲丽 李杰*

摘　要： 建设具有地方特色的科普体验厅是提高公众科学素质水平的一种有益尝试。2014~2016 年，北京市通州区陆续建设完成 7 个科普体验厅，并计划在 2017 年继续筹建两个。通过参观展览和体验科学奇迹，居民慢慢改变了传统的生活方式，并提高了他们的认知能力。本报告对通州区科普体验厅结合地域特点提升科普体验的成效进行归纳，对具有地区性特色的科普体验厅的效果进行分析。

关键词： 区域特色　科普体验厅　通州区

一　引言

提升国民科学素质水平的方式有很多，建设有地域特点的社区科普体验厅不失为一个很好的尝试。自 2014~2016 年底，北京市通州区持续完成了 7 个社区科普体验厅的建设，并计划在 2017 年再建设两个此类项目。

通州区建设北京城市副中心方针确定后，受关注度迅速提高。为保证当地居民的科学素质水平逐步提升，区政府科普投入大幅提升，区科委科普专

---

* 陈杰，硕士，中国科学技术馆研究员级高级工程师，主要研究方向：科普评价；刘玲丽，北京市科技传播中心科普部副主任，主要研究方向：科普评价；李杰，硕士，北京市通州区生产力促进中心信息服务部主任，主要研究方向：科普评价。

项经费由 2013 年的 220 万元上涨至 2017 年的 650 万元，上涨幅度约 195%。2014 年以来大力推进市级社区科普体验厅建设，总投入达到 510 万元，覆盖 8 个乡镇街道，涉及 9 个社区（村），乡镇街道覆盖率达到 53%，极大地满足了通州区基层百姓的科普需求。

随着居民参观科普体验厅的展览，体验科学的奥妙，他们也慢慢地改变了传统的生活模式，提高了认知能力。本文通过对北京市通州区社区科普体验厅的建立、内容的筛选、发展演变过程以及对当地居民科学素养的影响等进行论述，来探讨这种科普形式的成效与前景。

二 通州地域特点与科普内容的需求

通州区位于北京的东南部，曾是以运河而闻名的漕运古镇。历史上的通州号称"九重肘腋之上流，六国咽喉之雄镇"，作为北京的东方门户，正是商贾云集、物阜民丰的繁华所在。而今天作为北京城市副中心的通州，则被赋予了新的时代使命，成为依托运河文化和现代文明的城市新星。

随着城市化建设的加快，一些从事农业生产的人群变成了产业工人，或开始从事服务性产业。即使那些仍然从事农业生产的耕作者，其生产模式也发生了很大的转变，从传统农业变为观光农业、旅游休闲产业等。即使原本从事工业生产的产业工人在面对互联网给城市生活带来的急速变化方面也有些措手不及。这种快速的转变对当地居民传统的思维方式、生活理念产生了巨大的冲击。

"社区科普体验厅"在更好地满足大众对科学知识的需求，以及通过掌握新的生产技术来提升幸福指数等愿望方面发挥了重要作用，并实现了提高居民的科学素质以及加强高素质的公民队伍建设的目标。

通州区管辖 10 个镇、1 个乡、4 个街道。户籍总人口 71.8 万人，其中非农业人口 43.9 万人，农业人口 27.8 万人，另有外来常住人口 55.9 万人。通州区 2015 年生产总值为 595 亿元，其中第一产业 19 亿元，第二产业 278 亿元，第三产业 298 亿元，相比 2014 年度，第一产业在下降，第二产业略

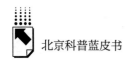

有提升，第三产业是经济发展的领头羊，提升达 19.1%。

通州作为北京市的城市副中心，还承载着北京发展的历史使命。2012年，通州正式成为北京的"城市副中心"。当年召开的中共北京市委第十一次代表大会提出，"聚焦通州战略，打造功能完备的城市副中心"。2014年，通州又被赋予"京津冀协同发展桥头堡"的重任。通州是北京唯一与天津、河北都接壤的行政区，处于环渤海经济圈的核心枢纽位置。通州区政府网站首页上打出了这样的宣传语："北京城市副中心承载北京未来发展。"作为北京的"城市副中心""京津冀协同发展的桥头堡"，通州的发展与北京的发展密不可分。京津冀的联合发展迅速构建了"一城一河两组团"的发展布局，要将通州建设成为都市绿廊环绕、典雅水韵融合、水绿交相辉映、城景共融共生的生态之城；同时也要将通州建设成为政务运行高效、设施智能便捷、信息全域覆盖、实时互联共享的智慧之城。

通过对以上发展目标的解读，不难看出弘扬运河文化、提升科技实力是通州区未来发展的方向。近几年通州区各级政府正大力推进新城核心区的城市综合体建设、大力推进水系景观建设，未来将建成一批独具特色的北京城市副中心标志性建筑群，结合通州地区较丰富的水域资源，形成以水为魂、以绿为韵的"北方水城"景观。同时大力发展文化、旅游、休闲等特色功能，发展新增城市功能，有效地吸引和汇聚各类高端资源，不断提升城市的档次与品位。除此之外，通州区的科技工作坚持自主创新、重点跨越、支撑发展、引领未来的科技发展方针，围绕城市副中心建设的战略目标，加大科技和科普投入，优化资源配置。特别是科普领域，先后完成了一些健康科普信息平台、科普示范街区、科普教育基地、体验式社区科普活动站、创新型科普社区能力提升、社区科普体验厅等建设工作。

从 2012 年开始，作为北京市城市副中心的通州区，不再是一个以农业为中心产业的区县，而是一个加速发展的现代化都市。这对当地政府执政理念、对本土居民生活方式以及与之配套的各种市政基础设施都提出了新的要求，对大众（包括政府官员、科技工作者、产业工人和农业生产人员）科学素质提高的要求变得非常迫切。科普不再是一个可有可无、可轻可重的任务，而是一个关系到城市化进程能否顺畅良好发展的问题，关系到京津冀协同发展的问题，关系到环渤海经济圈核心枢纽位置的确立问题。

三　通州科普体验厅的建设历程

2014 年，北京市科学技术委员会、通州区科学技术委员会共同开始建设北苑街道新华西街社区和于家务乡北辛店村委会科普体验厅。这两个体验厅组织开展了以"科技让生活更美好"为主题的科普宣教活动，两个社区数千名居民通过走进社区科普体验厅，亲自动手、亲身体验、人机互动，在享受科普互动体验设备带来乐趣的同时，学习到了相关的科普知识。2015 年 3 月 20 日，这两个社区科普体验厅在经历近一年的建设后，正式向社区居民开放。体验厅的建设融合了高科技人机互动、情景体验和艺术化展示等多种形式，围绕"防灾减灾"、"低碳生活"、"疾病预防"和"食品安全"等普通百姓关心关注的热点问题，配置了"科学影吧""科普书吧""农机科普"等 40 余件科普互动体验设施。这种科普教育方式，提升了科普教育质量，多角度、全方位地推进科学普及工作，创新性打造了公众身边的科普活动场馆，为社区居民带来了暖暖的科学春风，也受到了老百姓的热烈欢迎，对提高社区居民及周边群众的科学文化素质、助力全国文明城区创建发挥了积极作用。

至此，体验厅的建设走上了快速通道。2015 年 12 月，通州区梨园镇公庄村科普体验厅、张家湾镇小北关村科普体验厅正式开放，两个村庄有了自己的科普场所。两个村的居民纷纷走进科普体验厅，读科普书籍、观科普电影、享科普乐趣，在科普互动中亲身体验，学习科普知识。在体验厅建成后的一年中，梨园镇、张家湾镇分别与社区联动，共组织居民开展了 8 次科普活动，两村居民参与人数达 400 余人次，周边村民参与人数 80 余人次，扩大了社区科普传播范围，提高了居民的科学生活意识，营造了学科学、用科学的良好社会氛围，在镇域内形成了明显辐射带动的作用。

2016 年，通州区政府加大力度，完成了漷县镇漷县村、宋庄镇辛店村

和北苑街道果园西社区共计3个社区科普体验厅（见表1），既增加了科普体验厅的数量，又加入了情景式科普氛围建设，其内容也更加丰富多彩。

表1　通州区市级科普体验厅汇总

序号	体验厅社区	所属地区	建设年度	投入资金（万元）	建设面积（平方米）	互动设备（件）	科普图书（册）
1	新华西街	北苑街道	2014	60	120	24	72
2	北新店	于家务乡	2014	60	350	18	116
3	公庄社区	梨园镇	2015	60	56	12	500
4	小北关村	张家湾镇	2015	60	84	14	500
5	漷县村	漷县镇	2016	60	84	13	500
6	辛庄村	宋庄镇	2016	60	108	12	500
7	果园西社区	北苑街道	2016	30	51	7	0
8	应寺村	永乐店镇	2017	60			
9	大沙务村	西集镇	2017	60			
合计				510	853	100	2188

资料来源：数据由北京市科技传播中心提供。

2016年，通州区科委还独立建设了区级科普体验厅10个（见表2），这些区级体验厅的建设以及若干科普活动室等其他科普设施的完成，极大地丰富了科普体验厅的内容和种类，弥补了市级社区科普体验厅数量不足的缺憾，使更多的居民能够近距离地接触科学，体验科学。

表2　通州区区级科普体验厅汇总

序号	体验厅社区	所属地区	建设年度	投入资金（万元）
1	杨庄南里南区社区	永顺镇	2016	10
2	南桃园村	张家湾镇	2016	10
3	东定安村	漷县镇	2016	10
4	史东仪村	西集镇	2016	10
5	尖垡村	台湖镇	2016	10
6	张各庄村	马驹桥镇	2016	10
7	永乐店三村	永乐店镇	2016	10

序号	体验厅社区	所属地区	建设年度	投入资金(万元)
8	王各庄村	于家务乡	2016	10
9	西营社区	中仓街道	2016	10
10	星河社区	中仓街道	2016	10

资料来源：数据由通州区科学技术委员会提供。

2017 年，通州区将再建设两个市级社区科普体验厅，分别是永乐店镇的应寺村科普体验厅、西集镇的大沙务村科普体验厅，同时还要建设 3 个区级科普体验厅，分别在潞城镇的兴各庄村和贾后疃村以及中仓街道四员厅社区，随着这些科普设施的陆续完成，通州区的科普宣传将呈现崭新的面貌。

四　体验厅建设的成效分析及提升

（一）通州科委建设的社区科普体验厅内容分析及类型

通州区建设的市级科普体验厅历程从 2014 年开始仅仅三年多的时间，经历了从无到有、从简单到多样的过程。如北苑街道的新华西街科普体验厅是通州区历史上第一家真正意义上体验式的科普场所，所以毫无经验可言。虽然展厅里有 24 件展品（数量不算少），但并没有很好地策划，没有什么故事线、知识链，只是凭借策划者的喜好以及能够找到的展品摆放在展厅中，在一个展厅开展了 4 个主题科普活动，分别是"防灾减灾"、"低碳生活"、"疾病预防"和"食品安全"。展品也比较简单，有些直接用实物请观众体验，展品的二次开发不够。由于主题过多，每个主题都不能很透彻地讲解。但这是非常重要的第一步，使通州人可以享受科普带来的快乐与新奇。

与此同时于家务乡北辛店社区科普体验厅开启了另一个思路，把农业生产使用的农业机械变成了科普展品，有拖拉机、播种机和收割机等。农忙时这些农机在农田里工作，农闲时将这些设备高架起来供居民体验学

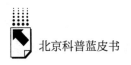

习，这种科普体验的方式也是一种创新。近两年，随着农业生产方式的改变，大型农业机械没有用武之地了，且维护费用高，北辛店科普体验厅购进了多媒体虚拟设备，替代实体农机设备，让观众驾驶模拟的拖拉机，效果也很好。

在经历了 2014 年的探索后，2015 年、2016 年通州区分别建设了两家和三家市级社区科普展厅，一个综合体现农业主题，两个健康保健主题，一个节能环保主题，还有一个防灾减灾主题。由于充分考虑到不同展厅的差异性，效果明显提升。同时，由于遴选了相对专业的生产厂家，厂家的制作经验相对更加丰富，展品质量显著提高，外形更加美观实用。

需要特别指出的是，2016 年通州科委在督促指挥实施市级科普体验厅的任务的同时，自筹资金完成了 10 个区级科普体验厅的建设工作。虽然每个区级科普体验厅的建设只有 10 万元，但由于选题仔细斟酌，贴近民生，紧密联系时代热点，具有比较鲜明的地方特色。

截至 2016 年底，通州区共建成 7 个市级社区科普体验厅、10 个区级社区科普体验厅，还有 9 个创新型科普社区、11 个区级科普活动室，遍布通州区管辖的全部 10 个镇、1 个乡、4 个街道。

（二）北京市其他区科普体验厅状况

在通州区科普事业蓬勃发展的同时，北京市其他区也陆续建立了一些科普体验厅。根据北京市科学技术委员会的文件，从 2014～2016 年，由市科委组织建设的科普体验厅共 77 个，这 77 家体验厅大体可分为 7 类，见表 3。

表 3　科普体验厅的类别

序号	类别	内容	数量比例
1	综合类	健康保健、节能环保、防灾减灾等多种科普内容。如通州区北苑街道新华西街社区科普体验厅	较多
2	健康保健类	身体保健知识、治疗各种慢病保健知识，部分展厅包含一些心理知识	多

序号	类别	内容	数量比例
3	节能环保类	节约能源知识，环境保护及雾霾相关知识	较多
4	防灾减灾类	防范自然灾害，交通安全，建筑安全等	较多
5	农业养殖类	蔬菜、水果、花卉栽培及采摘，有机农业等	一般
6	农业机械类	农业各类机械的使用等相关科普知识	少
7	专业类	如朝阳区机场街道西平街社区科普体验厅关于乘坐飞机的相关科普知识	少

资料来源：数据由北京市科技传播中心提供。

这77个社区科普体验厅覆盖了北京市全部16个区，每年参观体验的人群达数万人次，已取得了很好的科普成效，对公民科学素质的提升会有积极的促进作用。

（三）通州区社区科普体验厅与其他区科普体验厅的比较

总共已建设完成的77个社区科普体验厅的分布区域并不均衡，考虑到北京市城市的特点，有6个城区和10个郊区组成。这两类区的人口密度、产业结构、地貌构成和文化特色等相差很大。如果全部放在一起进行分析比较，显然有失公允。

本研究的重点是将通州区与其他9个郊区（县）作为一个单元进行分析比较。而6个城区组的数据仅作为参考，见表4。

表4 北京市市级科普体验厅分布

单位：个

城区组	数量	郊区组	数量
朝 阳 区	8	通 州 区	7
东 城 区	6	顺 义 区	7
丰 台 区	6	大 兴 区	6
石景山区	4	门头沟区	6
西 城 区	3	昌 平 区	5

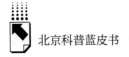

续表

城区组	数量	郊区组	数量
海 淀 区	3	房 山 区	5
		怀 柔 区	4
		密 云 区	3
		延 庆 区	3
		平 谷 区	1
小　　计	30		47

在城区组中，朝阳区的数量最多，达到8个，东城区、丰台区各6个，石景山区4个，西城区、海淀区各3个。在郊区组中通州、顺义都是7个，并列第一。但根据已公布的2015年两地经济数据进行比较，顺义2015年GDP为1441亿元，人均GDP为141265元，而通州区2015年的这两项数据分别是595亿元和43142元。可以看出，不论是经济总量还是人均产值，顺义区都远超通州区两倍以上，且两区土地面积大体相等，但通州区在科普展厅的投入比例要大大超过顺义区。

另外由于各郊区下辖的行政单位数量、人口及面积不同，社区科普体验厅覆盖率也有较大差距，其科普效果也就不尽相同。这里仅将北京市郊区的10个区进行比较，见表5。

表5　北京市郊区社区科普体验厅覆盖率比较

区域	常住人口（万人）	面积（km²）	行政单位（办事处、乡、镇）数量（个）	社区科普体验厅数量（个）	每10万人拥有社区科普体验厅的数量（个）	科普体验厅分布密度（数量/100km²）	社区科普体验厅覆盖率（数量/行政单位数）
昌 平 区	196.3	1344	20	5	0.25	0.37	0.25
大 兴 区	156.2	1036	19	6	0.38	0.58	0.32
房 山 区	104.6	1990	15	5	0.48	0.25	0.33
怀 柔 区	38.4	2123	16	4	1.04	0.19	0.25
门头沟区	30.8	1451	13	6	1.95	0.41	0.46

区域	常住人口（万人）	面积（km²）	行政单位（办事处、乡、镇）数量（个）	社区科普体验厅数量（个）	每10万人拥有社区科普体验厅的数量（个）	科普体验厅分布密度（数量/100km²）	社区科普体验厅覆盖率（数量/行政单位数）
密 云 区	47.9	2229	20	3	0.63	0.13	0.15
平 谷 区	42.3	950	18	1	0.21	0.11	0.06
顺 义 区	102	1020	24	7	0.69	0.69	0.29
通 州 区	137.8	906	15	7	0.51	0.77	0.47
延 庆 区	31.4	1994	18	3	0.96	0.15	0.17

本报告充分考虑到十个区的常住人口、面积和行政单位的数量这三个基本条件，在已建成的市级社区科普体验厅的基础上，计算每十万人拥有社区科普体验厅的数量（以下简称指标1）、每百平方千米建有社区科普体验厅的数量（以下简称指标2）及社区科普体验厅对当地行政单位的覆盖率（以下简称指标3）三个指标来考察科普设施的建设。这三个指标分别考察社区科普体验厅对居民的覆盖率，对区域面积的覆盖率和对行政单位的覆盖率。

在指标1中，人口只有30多万人的门头沟、怀柔和延庆区名列前三，每十万人拥有的社区科普体验厅超过1个或者接近1个，通州区以0.51个位列第六。

在指标2中，通州区以每百平方千米建有0.77个市级社区科普体验厅名列第一。

在指标3中，通州区以社区科普体验厅对行政单位为47%的覆盖率位列榜首。

采用打分计算的方式，每项指标的第一名为10分，第二名为9分，依此类推，第十名为1分。三项指标得分相加，得分超过20分的只有门头沟区和通州区。通州区为25分，第一是门头沟区的26分。如果考虑到区级社区科普体验厅的数量，通州区与门头沟的得分在伯仲之间，难分上下。

通州区科普体验厅包含综合类、健康保健类、节能环保类、防灾减灾类和农业机械类等内容，与其他区的社区科普体验厅的类型大体相当，专业体

验厅略显不足。

因此可以得出以下结论，通州区科普体验厅的建设在数量上及投资金额占经济总量的比例上都处在北京市的前列，但种类略显不足，同时地域特点展示不够，如没有将运河文化等融入其中。

（四）通州科普体验厅的效果及提升的途径

2014～2016年是"十二五"规划结束、"十三五"规划开始的阶段，也是通州区大力建设科普体验厅的阶段。与此同时，由于国家对科普工作的重视，国民科学素养大幅提升。根据中国科协2015年发布的第九次中国公民科学素质调查结果，2015年我国具备科学素质的公民比例达到6.20%，比2010年的3.27%提高了近90%，完成了"十二五"我国公民科学素质水平超过5%的目标任务。

同时，上海、北京和天津的公民科学素质水平分别为18.71%、17.56%和12.00%，位居全国前三位。全国13个省、自治区的公民科学素质水平超过5%。

根据通州科协统计数据，2013年通州地区的国民科学素养仅为8.63%，而2015年则达到了13.2%。虽然距离北京市17.56%的平均水平还有不小的差距，但超过了北京市"十二五"科学技术普及发展规划纲要所要求的12%的目标，不但高于市区的丰台区，也高于全国第三的天津市。见表6。

表6　北京市各区2013年与2015年公民科学素质调查结果

单位：%

市区	2013年结果	排名	2015年结果	排名	郊区	2013年结果	排名	2015年结果	排名
朝　阳	14.4	3	17.4	3	昌　平	10.63	2	15.7	1
东　城	13.2	5	16.9	4	大　兴	11.6	1	12.0	3
丰　台	9.5	6	13.1	6	房　山	6.62	6	11.1	4
海　淀	19.7	1	22.6	1	怀　柔	2.93	10	7.3	7
石景山	14	4	15.8	5	门头沟	8.75	3	10.3	5

市区	2013 年结果	排名	2015 年结果	排名	郊区	2013 年结果	排名	2015 年结果	排名
西　城	18.5	2	21.4	2	密　云	3.63	9	6.2	10
					平　谷	4.05	7	6.4	9
					顺　义	7.92	5	9.8	6
					通　州	8.63	4	13.2	2
					延　庆	4.0	8	7.1	8

根据北京市科学技术协会 2015 年区县公民科学素质抽样调查的结果，2013～2015 年北京市 6 城区公民的科学素质排名变化很小。海淀区、西城区名列前茅，丰台区垫底，只是东城区和石景山区的顺序发生了变化。但郊区公民科学素质的排名发生了较大的变化，通州区由第四位上升到第二位，提升了 53%，公民科学素质达标率为 13.2%，进步非常显著。

通过以上数据的对比，可以看出通州区近年来在科普效果方面取得了很大的进步，而社区科普体验厅的建设也在一定程度上促进了当地居民科学素质的提升。通州区科委开展的多次针对参观科普体验厅者的问卷调查也表明，参观者多表示受益颇多，主要体现为对虚假广告有了一定鉴别力等。可以看出，科普体验厅的建设达到了预期的效果，普及了相关科学知识，提升了国民的科学素养，培养了一支科普队伍，成就了一批科普展览和展项的设计制作队伍。

在做出成绩的同时，也存在不少不足，主要有 3 个方面。

第一，可持续发展性不强。当一个体验厅刚刚开放使用时，居民和参观者非常高兴。随着时间的延续，展品保修期到了，展品磨损甚至损坏，没有更新维护，慢慢地没有人参观了。主要是两个问题，一是没有稳定的维护更新的资金，二是社区缺少专职维护技术人员。

第二，展览类型少，部分展品展项相似。在所有科普体验厅中，最多的是健康保健类，其次是防灾减灾和节能环保类，类型比较单一，关键是有些展品同质化严重，容易使观众缺乏新鲜感。

第三，专业性不强，地方特色不足。反映在展品中的知识内涵比较肤浅，专业性不强，特别是健康保健类展厅。地方特色不足主要体现在没有结合通州发达的水系和运河文化，开展相关的科普体验厅建设。

为解决展品损坏的问题，可委托一家公司负责全部几个体验厅的日常工作。每年或每两年进行招标，但展品需要估算寿命和折旧，到期报废。而展品更新要在每年科普经费上有预算，这样可以逐渐解决展品雷同问题。对于专业性不强、地方特色不足的问题，应加强与相关企业的联系，让政府与企业携手办科普。例如2017年4月6日，北京市通州区大稿新村小学与大象科技有限公司合作建立了大象科技北京体验中心。这个中心是大象科技有限公司将普及轨道交通知识和推动行业发展落到实处所做出的诸多努力之一，也代表着社会院校对大象体验中心展出的设备及配套服务的认同和肯定。大象科技公司承诺会继续开展更丰富的活动，将轨道交通知识普及到更多人群中去。大象科技公司与教学单位合作办科普展厅在全国不是个例，在我国东部沿海经济发达省市多见，在欧美发达国家越发普遍。当企业愿意承担科普的责任，提供资金、技术支持时，通常可以保证展厅的日常维护和更新，使体验厅走上可持续发展的道路。

通过通州区3年多科普社区体验厅的建设历程，以及对取得的成效和存在的不足的分析，可以得出结论：建设社区科普体验厅是一种行之有效的科普方式，体验厅的建设对当地国民科学素养的提升有比较大的推动作用，可继续坚持下去，但要增加体验厅的多样性，拓宽资金渠道，引进企业资源，确保可持续发展。

参考文献

［1］李群、陈雄、马宗文：《中国公民科学素质报告（2015～2016）》，社会科学文献出版社，2016。

［2］中华人民共和国科学技术部：《中国科普统计（2016 年版)》，科学技术文献出版社，2016。

［3］中共北京市通州区委党史工作办公室、北京市通州区地方志办公室：《北京通州年鉴（2016)》，方志出版社，2016。

B.15
驻京科研机构科普宣传的
途径与效果分析
——以北京麋鹿生态实验中心为例

白加德　胡冀宁*

摘　要：　北京麋鹿生态实验中心，一个以麋鹿回归与发展、生物多样性研究与保护为核心的科研事业单位，在麋鹿科研不断取得进展的同时，大力发展科普教育，围绕生物多样性、自然生态、历史文化三大主线，打造特色麋鹿自然科普教育路径，形成特色麋鹿科普品牌活动，2017～2018年度，麋鹿中心继续落实"全民参与科普"的工作总方针，不断完善提升科普教育内涵，积极参与科普教育宣传工作，为科普教育提供强有力支撑。

关键词：　北京麋鹿生态实验中心　科普场馆　科普教育

一　引言

　　科学传播是从科学哲学和科学史领域中新兴的学术领域，是传播的一种特殊形式，与传统科普和传播学都有着密切的关系。科学传播以公众理解科

---

* 白加德，副研究员，北京麋鹿生态实验中心主任，主要研究方向：自然类科学研究与科普教育；胡冀宁，助理研究员，北京麋鹿生态实验中心展览部副部长，主要研究方向：自然类科普教育。

学为核心，通过传播渠道与组织形式，向社会公众传播科学知识、科学方法、科学思想和科学精神，以提升公众的科学知识水平、技术技能和科学素质，促进公众对科学的理解、支持和参与。随着科技创新发展、创新型国家建设的逐步推进，传统意义上的科普，即科学家向公众传播科学知识、新发现和新技术的单向传递，日渐被科学家与社会公众的双向互动所取代，现代意义上的科学传播更需要公众广泛地参与到科学中来。

科学传播决定国家创新能力，影响中国未来，科学传播的源头在科学研究，途径在科学普及。科学研究是运用严密的科学方法，从事有目的、有计划、有系统的认识客观世界和探索客观真理的活动过程，科学研究的成果是一个国家科技实力的本质表现。科学普及则是利用各种传媒，以浅显的让公众易于理解、接受和参与的方式向普通大众介绍科学知识，推广科学技术，倡导科学方法，传播科学思想、弘扬科学精神，科学研究与科学普及相互影响、相互制约，两者相辅相成。在贯彻全面提升公民科学素质的方针政策下，科学家的科学普及的职责日渐凸显，科学家在科学普及中的作用至关重要。习近平总书记曾在全国"科技三会"上强调指出，科技创新、科学普及是实现创新发展的两翼，要把科学普及放在与科技创新同等重要的位置。如何将科研机构的科普宣传职能最大化地发挥，是当今科学普及工作的重中之重。

二 生态试验中心开展科普活动的重要意义

在推进中国特色社会主义事业建设进程中，生态文明建设是关系人民福祉，关乎民族未来，事关"两个一百年"奋斗目标和中华民族伟大复兴中国梦的重要环节。2012 年 11 月，党的十八大从新的历史起点出发，做出"大力推进生态文明建设"的战略决策，相继提出"树立尊重自然、顺应自然、保护自然的生态文明理念""绿水青山就是金山银山"等科学论断，为生态文明建设的大力推进、生态文明思想的进一步宣传落实指明了方向与路线。

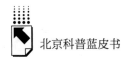
北京麋鹿生态实验中心作为地处北京，集科学研究与科普教育为一体的科研机构，本文就其科普宣传途径及效果进行分析，为科研机构如何从事科普教育提供研究支撑。

麋鹿苑占地 64 公顷，位于北京南城最大的湿地郊野公园——南海子的核心区域，其中 2/3 的区域均为麋鹿保护核心区，以麋鹿的生活环境湿地为主体，配以表流湿地实验区、潜流湿地实验区，为麋鹿及湿地环境的科学研究及科普教育提供有利场所。天然的湿地景观，良好的人文环境，为湿地动植物提供了稳定的生活空间。麋鹿苑的动植物资源丰富，以麋鹿为主的哺乳类动物有马鹿、黇鹿、梅花鹿、普氏野马等国家级保护动物 20 余种，乡土植物 240 余种，人工饲养孔雀、东方白鹳、黑天鹅、丹顶鹤以及每年迁徙过境的鸟类达 200 余种，以麋鹿为主的科研科普工作也在不断向生物多样性方向拓展和延伸。走进麋鹿苑，不仅有麋鹿，还有更多的动植物等着大家去发现，故而有了"观国宝麋鹿、赏湿地风光、看自然繁茂、悟生态和谐"的科普教育路线。通过观赏麋鹿，了解国宝麋鹿的故事，走进核心区，欣赏自然湿地景观，感悟人与自然和谐共生，倡导生态文明建设之己任，让公众切切实实感受人类对自然的功与过，感受大自然对人类的生态回馈。

三 麋鹿生态实验中心促进科学普及的途径

作为科研机构，科学研究是首要职责，在科研与科普"双融合、双促进"的大趋势下，科研机构的科学普及需要进一步拓展和深化。作为科研机构与科普基地双重职能的北京麋鹿生态实验中心（别名北京生物多样性保护研究中心、北京南海子麋鹿苑博物馆，简称麋鹿苑），自 1985 年成立之初，就确定了科学研究与科普教育两大工作主线，经过 30 余年的发展壮大，科研科普两大职能相互支撑、共同发展，现在的麋鹿中心不仅在麋鹿及生物多样性科学研究方面名列前茅，在生态环境教育、爱国主义教育等科学普及方面也硕果累累。作为全国科普教育基地、北京市首批环境教育基地、首都生态文明宣教基地、北京市中小学社会大课堂资源单位、国家 3A 级景区，麋鹿苑现已成为一座集自然科学研究、环境与爱国主义教育为一体的综合性户外生态博物馆，科普教育设施功能齐全，科教活动内容丰富，形式多样。麋鹿苑秉承以建设国内外独具特色的生态博物馆为抓手，以"创新科普创意载体"为物质基础，以"拓展科普传播途径"为教育载体，以"丰富科普活动"为提升助力的原则，每年平均接待参观者 40 余万人次，获得北京市"社会大课堂示范基地先进集体奖"，多次获得"国际科学与和平周贡献奖"等荣誉称号，被评为"北京市优秀科普教育基地"。

综合分析麋鹿苑科普教育的成果，结合科学传播途径，可归纳为以下几点。

（一）增强科普活动中人文思想的宣传

科普设施建设可以起到传播科学知识、散播科学理念的作用，而且通过体验科技成果，可以促进参观者科学素质的提高。麋鹿苑积极建设国内外独具特色的生态博物馆，充分结合苑内自然生态优势，不断研发交互式科普设施，不断创新创意科普载体，形成了"麋鹿回归纪念园""动物家园""生态文明园""民俗文化园""低碳科普园"五个主题展示区，其中后四个主题展示区又统一归为生态环境教育区。

麋鹿回归纪念园由科普栈道、科普围墙、麋鹿文化墙、唐诗麋鹿座椅、麋鹿科学发现纪念碑、乾隆狩猎图浮雕、贝福特公爵雕塑、麋鹿角石雕、麋鹿传奇展览、麋鹿大事记科普专栏等科普设施组成。麋鹿回归纪念园中的基础设施不仅为参观者提供了安全舒适的物质保障，更提供了丰富的科普知识。在栈道上常年布置有生物多样性宣传牌；在科普围墙上则有有关麋鹿故事的小巧画作；在麋鹿文化墙及唐诗麋鹿座椅上则有古人记述麋鹿的相关词句。这样，参观者在苑内就可以通过不同载体享受到麋鹿的文化魅力。麋鹿科学发现纪念碑、乾隆狩猎图浮雕、贝福特公爵雕塑、麋鹿角石雕、麋鹿传奇展览等科普设施以时间为主线，全面记录了麋鹿被科学发现、在中国本土灭绝、远渡欧洲、回归故里的画面，向世人讲述了命运多舛的国宝历险记，佐证了"国家兴才有麋鹿兴"的艰辛历程，希望公众能感悟到麋鹿苑"学史明志"的初衷所在。

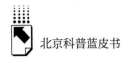

（二）开展生态环境教育主题科普教育区

麋鹿苑中的生态环境教育区主要分为四个部分，分别是"动物家园"、"生态文明园"、"民俗文化园"和"低碳科普园"。

"动物家园"科普设施区中的科普设施在设计制作时结合了动物的可爱造型突出了"童趣"。这里的鲨鱼之家、燕子之家以鲨鱼鱼鳍、燕窝等雕塑向广大参观者讲述人类食用鱼翅、燕窝对自然带来的残酷破坏，也给人自身的健康埋下严重的隐患。鸟类迁徙地球仪、蜜蜂之家、壁虎爬墙、野狼钻洞、鸟笼等科普设施不仅让孩子们能够直观地体会到这些动物与人类的息息相关，更为孩子们提供了玩耍的环境。"三不猴"则向孩子们展示了中国的传统文化："非礼勿视，非礼勿言，非礼勿听。"

麋鹿苑通过建设湿地科普观鸟台、奥运会吉祥物动物雕塑广场、鹿剪影式中国传统护生诗画、滥伐的结局、灭绝动物公墓等形成了"生态文明园"。其中鹿类剪影以中国传统文化——"剪影"为参考，树立了麋鹿奔跑、跳跃、进食等多种形态，在剪影上还绘有"乌鸦反哺""羊羔跪乳"等护生诗画，这些诗画讲述了动物们的感人故事，也教育人类要保护动物、爱护自然。灭绝动物公墓用多米诺骨牌的方式，记录了那些已经灭绝的动物和濒危野生动物的历史与现状，兼有中西方文化特色，给人留下深刻印象。

南囿秋风石、万国欢迎石、观鹿台石刻对联、生肖青铜群雕、文化桥等形成了"民俗文化园"。生肖青铜群雕是典型的交互式科普设施，十二生肖采用青铜铸成，生肖动物的兽首模仿圆明园大水法的兽首制成。这些动物雕塑形态各异，手中还拿着不同的装饰"法器"。在生肖雕塑的水泥底座上刻有体现这些动物生活规律的图画，让人们在参观的同时能够了解中国的民俗文化。文化桥飞架南北，可以让游客从空中横穿麋鹿核心保护区，纵览保护区全貌，桥的两侧用古诗中描写麋鹿及南海子的诗词做装饰，故而取名"文化桥"，意在突出麋鹿及南海子在中国传统历史文化中的重要地位。

"低碳科普园"是麋鹿苑别具一格的主题展示区，在这里汇集了环保格言石椅教育路径、碳足迹和生态足印小径、低碳生活迷宫、碳计算日晷等科普设施。低碳生活迷宫以柏树为围挡，在其中设立有不同生活方式，如使用一次性筷子，这种生活方式破坏了森林资源，则此路不通，需要绕行其他路径。这种寓教于乐的方式，吸引着孩子不断摸索，不断深化低碳生活的观念。碳计算日晷是精心设计的碳排放量计算器，通过转动石盘，就可以清楚地看到不同的出行方式、生活方式带来的碳排放量，同时也能够算出消耗这些排放出的碳所需的森林资源。

（三）固定与临时展览相结合，扩大展览灵活性

作为博物馆，展览是必不可少的，也是博物馆的文化及精髓所在。麋鹿苑在建馆初期就组建了"麋鹿传奇"临时展厅，在科普楼重新启用以后，于2009年设计布展了固有展览"麋鹿沧桑"，以麋鹿的古往今来、传奇故事、中国鹿文化三个部分向公众详尽介绍麋鹿及其历史故事与传统文化。展厅中采用展板与标本、藏品及互动设施的多种展览形式进行陈列，虽然仅有100平方米左右的展览空间，但展览内容丰富、展览形式多样，成为麋鹿苑博物馆的精华所在。

随着博物馆展品的不断扩充以及展览方式的推陈出新，麋鹿苑又先后推出鹿角大观、麋鹿回归三十周年成果展、鸡年说鸡、麋鹿回归书画摄影作品展等众多展览，并与国家动物馆合作举办"人类亲缘——灵长类多样性与人类起源"特展，与北京自然馆合作举办"鹿角探秘"特展、与北京国际徒步大会合作举办"绿色梦想·麋鹿苑生态摄影作品"展等。另外，麋鹿苑充分利用得天独厚的户外科普教育资源，设计布展"中国梦我的梦"金秋菊花展、历年麋鹿苑生态摄影展、"雾霾十大谣言"等一系列户外展览以及不定期向社区、学校提供展览，围绕鹿、生物多样性、环境教育三大主题，从全面深入解读到鹿角特展，从自然生态到中国传统鹿文化，从生肖纪年到野生动物保护，从雾霾特展到环境教育宣传，每一个展览都凸显麋鹿科普的深厚寓意，向公众展示自然科普教育的主旨，强化与提升了麋鹿苑科普教育基地的内涵。

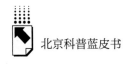

（四）加强麋鹿苑主题科普作品创作

在做好各项科普教育活动的同时，麋鹿苑科普教育工作者笔耕不辍，不断充实和提升科普文章及著作的创作工作，做到将自然科普教育的方方面面留痕，将自然科学知识、自然教育理念通过科普教育的实际行动、科普文章的文学渲染及科普著作提炼融合，教化德行，让公众全面深入地感受麋鹿科普教育，充分体现行动与意识的相统一、实践与理论的相融合。

据统计，麋鹿苑先后出版并发行了《麋鹿与麋鹿苑》《中国博物馆探索游——麋鹿苑》《天人和谐——生态文明与绿色行动》《鸟兽物语》《读古诗看生命》《鸟语唐诗 300 首》《保护环境随手可做的 101 件小事》《兽殇》《麋鹿生物学研究》《麋鹿研究与管理——中国麋鹿国际学术研讨会论文集》《传承与发展》等麋鹿及生物多样性著作 20 余部，在期刊及网络媒体上发表科普文章、科普论文 200 余篇，荣获期刊年度优秀论文、生态杯有奖征文二等奖和优秀奖等荣誉称号。

与此同时，科普工作者立足工作本身，在做科普教育活动的同时开展科普教育的科学研究工作，以"湿地生态旅游资源调查"、"博物馆藏品背后故事在科普教育活动中的应用"、"自然类博物馆通过活动设计如何提升未成年人生态道德素养"以及"科普剧现状调查"等课题先后获得北京市科学技术研究院萌芽计划及骨干人才、海外人才培养计划资助 6 次，发表相关科普论文 7 篇，为科普教育活动的后续开展提供了理论研究支撑。

（五）积极与网络平台和现代传媒合作

科学传播离不开宣传媒体。随着新兴媒体的不断发展壮大，现在的宣传渠道新老交替，形式多样，宣传效果显著。麋鹿苑在宣传工作上，将平面媒体、网络媒体、电视媒体三者有机结合，在继续扩大传统媒体宣传功效的同时，拓展新兴媒体宣传平台，利用纸媒和互联网，将麋鹿科普广为宣传。

2016 年，麋鹿苑在开辟科普工作简报、生物多样性周报的同时，继续开通麋鹿苑网站，拓展微信公众号和微博，在中心网站上开设"麋鹿苑故事会""建设者之歌""生态缩影""科普剪辑""文化漫谈"等众多专栏，通过讲述苑内动植物故事、麋鹿苑感人事迹、科普设施小趣闻、科学研究成果等让更多的公众通过网络就可以欣赏麋鹿苑的自然景观，了解麋鹿苑的发展动态，关注麋鹿苑日新月异的变化。在微信公众号和微博上，科普工作者会结合自然科学知识介绍、最近科普动态向公众展示麋鹿苑的风貌，呈现科普教育活动的精彩瞬间，让大家如身临其境。目前中心网站刊登文章 434 篇，完成科普工作简报 30 期，生物多样性周报 17 期。

麋鹿苑积极与媒体合作，发挥媒体在科普宣传中的作用，精心组织活动，不断创新科普活动方式，与中国天气网合办了"保护麋鹿生存湿地"主题科普宣传活动；与新浪网亲子论坛联合开展系列亲子活动；2011 年，与中央电视台科教频道《科技人生》栏目合作拍摄了《寻鹿记》；与北京电视台《这里是北京》栏目合作拍摄了《南海子麋鹿苑》；2016 年，与中央电视台科教频道合作邀请著名演员高明老师担任麋鹿形象大使，并完成《麋鹿苑》的拍摄；2017 年与北京电视台合作拍摄了《麋鹿苑自然故事大讲堂》活动视频。以上节目的录制，以群众乐于接受的方式传播科学知识，使大家积极地接受各种科学信息，而且通过电视媒体提高了麋鹿苑科普品牌的影响力，提高了知名度。

（六）创新科普展览形势，创作一批高水平科普话剧

科普剧是一种将过程教育、情境教育、体验教育集于一体的新型科普模式。它以舞台表演为形式，寓教于乐，在轻松活泼的气氛中传播科学知识，宣传科学理念，深受广大群众特别是小朋友们的欢迎和喜爱。麋鹿中心作为一处兼具科研、科普职能的户外生态博物馆，十余年来积极开展科普剧的编演和研究工作，并在这一领域取得了丰硕的成果。以《麋鹿苑的夏天》《护生诗画的故事》《夜莺之歌》《小麋鹿回家记》《我对地球的贡献》为代表的多部优秀科普剧，相继登上北京市科技周、城市科学节、科普嘉年华等大型科普活动的舞台，多次荣获全国科学表演大赛优秀奖和微剧本优秀奖、三等奖等荣誉称号。另外，由麋鹿苑科普工作者结合策划"鸡年说鸡"展览

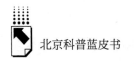

时搜集的相关材料，整理成脱口秀《鸡年说鸡》，参加中国科协 2016 年举办的全国科普大咖秀比赛，荣获"脱口秀十佳"荣誉称号。

麋鹿苑现有的科普剧及脱口秀，主题鲜明，知识系统强，面向全年龄段，具有带入性和可参与性，已成为具有麋鹿苑特色的科普教育活动，更是麋鹿科普向公众展示、进行宣传教育的主要窗口，深受公众的认可与喜爱。自 2016 年开始，麋鹿苑举办科普剧会演，意在通过这种大众喜闻乐见的戏剧形式，将我们麋鹿科普的生态文明及环保宣传理念与思想广泛传播出去，夯实科普传播的主要途径。

（七）开展 STEM 理念专题讲座

麋鹿苑自然大讲堂活动启动于 2016 年，以科普讲座、科普手工、博物馆参观、户外体验四大主题为核心内容，融合了麋鹿苑户外与室内两大科普资源，将现有的科普教育活动形式集于一身，成为麋鹿苑科普活动的新亮点。该活动结合绿色纪念日（如植树节、生物多样性日、环境日、生肖年）等鲜明主题，邀请知名专家学者、一线科研人员、优秀科普工作者从科学研究趣闻、科学考察经历等方面就相关主题开展科普讲座，就公众关心的话题进行答疑解惑。麋鹿苑科普工作者还会针对不同主题开发设计科普手工，将科普讲座的内容融会贯通，让科普手工的价值与内涵得以提升。户外体验环节主要以观鸟和自然体验为主，带领公众切身走入自然，让大家以自然中一分子的角度去认识自然、感知自然，激发公众对自然的敬佩与珍爱之情。

麋鹿苑自然大讲堂活动的设计遵循 STEM 理论，并结合自然类博物馆特征，融合人文艺术情愫，将 STEM 理论扩充为 STEAM 理论，为自然类博物馆开展 STEM 教育提出研究的新方向。麋鹿苑自然大讲堂活动自 2016 年开办至今，每月固定开展 1~2 场次活动，已成功举办活动 36 场次，收到公众活动反馈 300 余份，形成 2016 年麋鹿苑自然故事大讲堂活动汇编一份，荣获 2016 年度北京市科普基地联盟举办的第三届科普基地优秀教育活动展评二等奖，以该活动为主题的学术论文荣获 2017 年度中国自然博物馆协会青年学者优秀论文二等奖。

（八）以麋鹿苑为基地开展科普"走出去"活动

麋鹿苑在"走出去"的方针指导下，将特色科普讲座、科普课程以及主题展览和科普剧输送至北京周边社区、各个区县中小学、打工子弟小学以及养老院等社会机构，除此之外，这些科普教育活动不仅服务于北京地区，还辐射到天津、河北、山东、湖北、四川、河南等全国众多省市地区，每年在全国各地宣讲共计百余场次。组建的麋鹿苑宣教团队，在科普教育的宣教方面身体力行，传播着生态文明、物种保护、爱惜自然的麋鹿科普内涵，塑造着麋鹿科普的精神主旨。另外，以科普剧为主要的宣传教育活动，还通过指导学生排演科普剧，带领学生制作科普剧道具，让学生领悟科普教育的点滴之处，更是言传身教，启迪学生、鼓励学生将生态和谐、关爱自然的理念广泛传播出去。麋鹿苑与周边学校合作开展校外教育活动，辅助学校打造区域德育精品示范课程，在北京市中小学生社会大课堂教育活动中成绩突出。

（九）开展夜间麋鹿苑参观活动，加强科普深度

"夜探麋鹿苑"活动启动于 2015 年 5 月，该活动主要是结合博物馆奇妙夜及自然体验两个活动的设计思路，针对麋鹿苑闭苑后的自然环境及动物生活规律开展的体验式科普活动。活动以夜探博物馆、夜访动物家园、湿地观鸟为主要内容，兼有小小饲养员体验、夜观星空、科普讲座及自然手工制作项目。夜探博物馆环节主要是在科普教师的带领下，制造博物馆全黑的环境，利用手电筒参观学习，让公众体验黑夜里麋鹿苑博物馆的奇妙。夜访动物家园则是步行参观苑区，因为麋鹿苑自然环境中无人工路灯建设，故而依然采用手电筒进行夜观，带领参与者对动物的夜间行为进行观察。湿地观鸟是在第二天清晨，利用苑区没有对游客开放的时间段，步行进入麋鹿核心区，沿着电瓶车行驶路线，对湿地鸟类进行观察与调查。小小饲养员体验则是带领参与者在指定区域近距离接触小动物，体验动物饲养工作。科普讲座及自然手工制作作为活动的候补环节，是在天气状况不佳、不适宜户外活动

的情况下，在室内将麋鹿苑自然大讲堂的自然手工课程推送给参与者。夜探麋鹿苑的另一特色就是利用帐篷夜宿博物馆或直接夜宿小木屋，体验与大自然一起进入梦乡，在鸟儿们的叫声中早早起床。该活动主要针对以青少年为主的亲子家庭，意在认识动植物、了解湿地环境保护和麋鹿文化等，具备观察自然、探索自然、研究自然的能力，培养对大自然的好奇心和关注热情，提高环保意识，具备对野生动物的"共情"心理。夜探麋鹿苑活动自开办至今已成功举办28期，服务受众近1000人，受到参与者高度好评，成为麋鹿苑特色科普活动。

四 近年来麋鹿生态园促进科学普及的成效

从浅显意义上来说，科学传播的效果就是消除人类的愚昧和无知，推动社会思想和技术的进步，这也正是社会发展的原动力所在。从另一层面来看，科学传播与全民科学素质紧密相关。将全民科学素质纲要与科学传播相结合，从"自上而下"的传统科普到吸引科学共同体参与的"公众理解科学"，再到吸引受众互动和平等参与的"有反思的科学传播"模式，不是一蹴而就的，需要在全民科学素质提升的过程中逐步实现。科学传播在这个过程中发挥着主导与促进作用。

从麋鹿苑科学传播工作着手，其科学传播效果表现在从最初的封闭式、以科研为主导的科研机构发展成为开放式、科研科普双融合的科普型科研机构，从大众的休闲公园升级为国家3A级景区，从北京市科普教育基地提升为国家级科普教育基地，以及众多环境教育基地、生态文明基地荣誉称号的获得，游客接待数量的逐年递增，与中小学校、博物馆系统、社会公益机构及团体组织合作项目的增加，科普教育活动的助力推广，科普宣讲的深入全面，麋鹿特色科普品牌的推陈出新，麋鹿主题重大活动的举办等众多方面，让麋鹿故事在科普工作者的口口相传中不断扩散出去，让麋鹿品牌在广大公众一次次的体验中不断延伸出去，让麋鹿形象在北京、在中国乃至国际舞台上绽放光辉。

参考文献

［1］李婧:《浅谈科学传播》,《科学观察》2006 年第 4 期。

［2］刘华杰:《科学传播的三种模型与三个阶段》,《科普研究》2009 年第 2 期。

［3］《全民科学素质行动计划纲要实施方案（2016～2020 年）》国办发〔2016〕10 号。

B.16
北京市科普专项工作发展及管理情况浅析

张庆文　祖宏迪*

摘　要： 北京市科普工作走在全国前列，为经济社会发展和科技创新
提供了重要支撑，为北京建设全国科技创新中心奠定了坚实
基础。本报告梳理了北京市近年来的科普专项工作情况，回
顾了科普专项的管理及相关政策、制度、成效，为进一步研
究科普工作提供了参考。

关键词： 科普专项　科普政策　项目管理制度

科学技术普及工作是提高公民科学文化素质，推动经济发展和社会进步
的重要手段。提高公民科学素质，对于增强公民获取和运用科技知识的能
力、改善生活质量、实现全面发展，对于提高国家自主创新能力、建设创新
型国家、实现经济社会全面协调可持续发展、构建社会主义和谐社会，都具
有十分重要的意义。2016 年 5 月 30 日，全国科技创新大会、中国科学院第
十八次院士大会和中国工程院第十三次院士大会、中国科协第九次全国代表
大会召开。习近平总书记出席了大会并指出，"科技创新、科学普及是实现
创新发展的两翼，要把科学普及放在与科技创新同等重要的位置"，将科普
工作提升到了新高度。

近年来，北京市不断强化科普资源的统筹融合和共享发展，积极推进科

---

* 张庆文，博士，主要研究方向：科技政策；祖宏迪，硕士，北京市科技传播中心主管工程师，
主要研究方向：科学传播、科普管理。

学技术普及工作与科技创新工作两翼平衡发展，充分发挥科普工作对于全市公民科学素质提升和全社会创新氛围营造的重要作用，为北京建设全国科技创新中心奠定了坚实的基础。

根据中共中央、国务院1994年发布的《关于加强科学技术普及工作的若干意见》，1996年，中共北京市委办公厅、北京市人民政府办公厅联合下发《关于建立北京市科学技术普及工作联席会议制度的通知》，建立了由主管科教工作的副市长任主席，北京市科学技术委员会、市委宣传部、市科协等委办局、人民团体参加的科普工作联席会议，确定了科普工作联席会议的工作任务，明确联席会议的日常工作由北京市科学技术委员会负责，并设立了"科学技术普及"专项，以财政经费形式专项支持开展科普活动，全力推动科普工作有序进行。

一 北京市科普专项工作发展情况

自1996年设立"科学技术普及"专项以来，围绕全市科普工作，北京市出台了一系列政策支持科普工作开展，建立健全了科普相关政策法规体系，充分调动了全社会的科普资源，对全市公民科学素质的提升以及全市科普能力的提升起到了重要的作用。综观北京市推动科普专项工作的发展历程，主要分为以下三个阶段。

（一）2010年以前：全面启动阶段

1998年，北京市第十一届人民代表大会常务委员会第六次会议通过《北京市科学技术普及条例》（以下简称《条例》），并于1999年1月1日正式实施。《条例》对科普工作进行了界定，对科普工作的管理和组织、各地区单位的社会责任、科普场所的管理和科普工作者的权利和义务、相关奖励与处罚等进行了规定。同时，《条例》在保障措施的部分对科普经费的投入做出了规定。其中，第三十一条规定："市和区、县人民政府应当保证科普经费的投入，科普经费应当列入同级财政预算，专款专用。市科普活动经费应当在科学事业费中列项，逐年增长，其增长幅度应当不低于科学事业费的

增长幅度。区、县科普活动经费应当按照本辖区常住人口每人每年 0.5 元的标准由区、县财政予以保证，并逐年增长。"第三十二条规定："本市以发展科学、教育为宗旨的基金会可以设立科普发展专项资金，用于资助科普读物的创作、出版、科普影视制作、科普理论研究以及贫困地区的科普活动"。《条例》的出台为北京市推进科普工作发展提供了法律法规依据。

2005 年，为进一步开创科普工作的新局面，北京市科学技术委员会开始实施"推进科学技术普及"主题计划，通过"政府推动、社会参与"的方式，有效整合资源，弘扬科学精神，提倡科学的思维方法，普及科学知识，全面提升公民的科学素质。"推进科学技术普及"主题计划包括六个重点工作领域：科普条件平台建设计划、科普场所基础设施能力建设计划、科普制度建设计划、科普品牌培育计划、科普理论研究与方式拓展计划，以及国际、国内合作交流计划。

为配合实施"推进科学技术普及"主题计划，北京市科学技术委员会自 2007 年起建立科普项目社会征集制度，即在以往以市科普工作联席会议成员单位为科普任务承担主体的基础上，拨付一定的预算经费，用于公开向社会各界征集科普项目及相关工作建议，鼓励社会力量积极投身科普事业，支持具有自主知识产权的互动体验型科普产品的开发；支持传媒科普的创意与策划；鼓励企业、高校、科研院所和其他社会组织兴办公益型博物馆、科技馆或科普展厅；鼓励企业采用市场运作方式，结合市民休闲娱乐活动开发建设知识密集型科普旅游文化场所，并由此带动相关产业发展；不断尝试科普新载体、新形式的应用。

2007 年，北京市科学技术委员会印发《北京市科普基地命名暂行办法》（京科社发〔2007〕501 号），加强了对北京市科普基地的统一化管理。

2008 年 6 月 23 日，《北京市中长期科学和技术发展规划纲要（2008—2020 年)》发布，其中对于科普工作提出了"加强科普体制改革与创新，积极探索社会力量特别是企业广泛参与的新型科普工作机制，集合社会团体、大型企业和新闻媒体等方面的优势资源，开拓一条具有北京特色的社会化办科普的新路径。从规划、政策、协调、服务等方面推动科普工作，加强科普基地、科普型社区建设，搭建社会化科普服务平台，培养专业化的科普人才队伍，开展内容丰富的群众性科普活动，不断提升北京科普工作的水平"等要求。

2010年，北京市科学技术委员会发布《关于加强北京市科普能力建设的实施意见》（京科发〔2010〕268号），在主要任务中提出："全面提升科普产品的供给能力，繁荣科普创作、科普展品和教具的设计制作与研究开发，构筑科技传播体系，拓展更加广泛的科技传播渠道，加强科普基础设施建设，完善中小学科学教育体系，提高科学教育水平，深入开展各类群众性科普活动，建立高素质的科普人才队伍等重点任务。"

在全市各级政府的推动下，"十一五"期间，全市科普经费年度筹集额由2006年的10.49亿元增至17.79亿元；科普专职人员6472人，科普兼职人员36472人，注册科普志愿者15429人；新建中国科技馆新馆、中国电影博物馆、北京汽车博物馆等科技类场馆13所；500平方米以上科普场馆面积由"十五"末的20万平方米增至31万平方米，每万人拥有科普场馆展示面积177.76平方米，高于全国每万人拥有科普场馆展示面积18.46平方米的平均水平。2010年，北京市具备基本科学素质的公民比例达到10.0%，明显高于全国3.27%的平均水平，北京市公民科学素质稳步提高并位居全国前列。全市科普工作一盘棋局面初步形成，建立了科普基地、科普项目、科普活动和科普人才等统一发展的科学体系。

（二）2011～2015年：加速发展阶段

2011年，北京市人民政府办公厅印发了《北京市科普工作先进集体和先进个人评比表彰工作管理办法的通知》（京科发〔2011〕89号），设立了北京市科普工作先进集体和先进个人的评比表彰奖项，用于进一步激励全社会积极投身首都科学技术普及事业。同年，《北京市"十二五"科学技术普及发展规划纲要》（京科发〔2011〕437号）发布，在全面总结"十一五"发展成就、分析"十二五"面临的形势的基础上，围绕公众科学素质提升、培育一批科普活动品牌、进一步增强科普能力、不断提升科普原创水平、推进科普资源开发共享等方面，提出了"公众科学素质达标率超过12%；重点打造1～2个有国际影响力的科普活动，培育30个市级示范性科普活动；

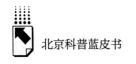

新建和改扩建50家科普场馆，市级科普基地数量超过200家；创作出版百部（套）高水准、品牌化的科普图书，研发制作百件（套）原创科普互动产品（展教具），编创一批科普影视文艺作品及科普动漫作品；推动百家科研机构、高等院校和科技型企业面向社会开放，建设'科技北京'成果展示平台、科普资源中心，推动一批北京市重大科技计划项目科普化"等具体目标。

2012年1月，为践行"爱国、创新、包容、厚德"的北京精神，北京市科教领导小组印发了《践行"北京精神"在全社会大力弘扬和培育创新精神的若干意见》（京科教组发〔2012〕1号），并细化出台了《首都创新精神培育工程实施方案（2012—2015)》，（京科教组发〔2012〕2号），努力推进自由探索、敢于创新的创新理念，宽容失败、开放包容的创新文化，使全社会关注创新、服务创新、支持创新、参与创新的良好社会风尚基本形成。

2012年，北京市发布《北京市全民科学素质行动计划纲要实施方案（2011—2015年)》（京政办发〔2012〕17号），对"十二五"期间全民科学素质工作的阶段目标、重点任务和保障措施等进行安排。提出"到2015年，全民科学文化素质得到显著提升，继续位于全国前列，力争达到国际化高端城市的水平"的目标，并部署了不同群体的科学素质行动、科学教育与培训基础工程、科普资源开发与共享工程、大众传媒科技传播能力建设工程、科普基础设施工程、首都科普资源集成与服务工程等重点任务。

2012年，为更好地推进北京市各区县科普工作的进一步深入开展，北京市财政局出台了《北京市区县科普专项资金管理办法（试行)》（京财文〔2012〕1838号），设立北京市区县科普专项资金，引导和激励各区县财政部门加大对科普工作的投入力度，支持鼓励各区县特别是远郊区县积极开展科学技术普及活动，进一步促进北京市科普事业的发展。

2014年，《北京市科普基地管理办法》（京科发〔2014〕189号）正式印发实施，该办法将科普基地划分为科普教育、科普培训、科普传媒和科普研发四类，并提出"采取'统一命名、分类指导、社会监督、定期考评、动态调整'的运行和培育机制"。

"十二五"时期是北京市科普工作提速时期。由科普工作联席会议单位牵头，全社会科普的工作局面已经形成，科普工作的各项制度基本完备，北京科普工作迈上了新台阶。2011年，北京市全民科学素质工作领导小组办公室归入科普工作联席会议体系，进一步理顺了全市科普工作的体制和机制。中国科学技术协会2015年发布的第九次中国公民科学素质调查结果显示，2015年，全市市民科学素质达标率从2010年的10.0%提高到2015年的17.56%，超额完成"十二五"时期设定的12%的目标，科普工作位居全国前列，为首都经济社会发展和科技创新提供了重要支撑。

（三）2016年至今：迈向新征程

2014年2月26日，习近平总书记视察北京并发表重要讲话，明确了北京全国政治中心、文化中心、国际交往中心、科技创新中心的功能定位，对北京的发展指明了方向。2016年5月30日，全国科技创新大会、中国科学院第十八次院士大会和中国工程院第十三次院士大会、中国科学技术协会第九次全国代表大会举行，习近平总书记在"科技三会"上发表了"为建设世界科技强国而奋斗"的重要讲话，提出了建设世界科技强国"三步走"的战略目标，特别提出"科技创新、科学普及是实现创新发展的两翼，要把科学普及放在与科技创新同等重要的位置。没有全民科学素质普遍提高，就难以建立起宏大的高素质创新大军，难以实现科技成果快速转化。希望广大科技工作者以提高全民科学素质为己任，把普及科学知识、弘扬科学精神、传播科学思想、倡导科学方法作为义不容辞的责任，在全社会推动形成讲科学、爱科学、学科学、用科学的良好氛围，使蕴藏在亿万人民中间的创新智慧充分释放、创新力量充分涌流"，为新时期的科普工作提出了历史性的思考。

在认真学习贯彻习近平总书记视察北京重要讲话精神和"科技三会"精神的基础上，2016年6月，《北京市"十三五"时期科学技术普及发展规划》（京科联办发〔2016〕1号）（以下简称《规划》）出台，《规划》围绕加快全国科技创新中心建设，提升市民科学素质，营造良好的创新文化氛围，为实现"两个一百年"奋斗目标打下良好基础，提出"到2020年，全市公民具备基本科学素质比例达到24%，人均科普经费社会筹集额达到50

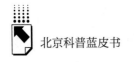
元，每万人拥有科普展厅面积达到 260 平方米，每万人拥有科普人员数达到
25 人，打造 30 部以上在社会上有影响力、高水平的原创科普作品，培育 3
个以上具有一定规模的科普产业集群和 5 个以上具有全国或国际影响力的科
普品牌活动"的发展目标，并确定了"科普惠及民生、科学素质提升、科
普设施优化、科普产业创新、互联网＋科普、创新精神培育、科普助力创
新、科普协同发展"八大重点任务。

2016 年 7 月，《北京市全民科学素质行动计划纲要实施方案（2016—
2020 年)》（京政办发〔2016〕31 号）发布，提出"自觉把科学普及放在
与科技创新同等重要的位置，加强公民科学素质建设，夯实实施创新驱动发
展战略和推进大众创业、万众创新的群众基础和人才基础，为建设创新型国
家和国际一流的和谐宜居之都提供有力支撑"。

2016 年 9 月 30 日，《北京市"十三五"时期加强全国科技创新中心建
设规划》（京政发〔2016〕44 号）发布，对北京市加强全国科技创新中心
建设、抢占国际竞争制高点、打造全球创新网络关键枢纽做出战略部署，其
中，在"深化全面创新改革，建成全球创新人才首选地"部分中，提出要
"深化实施'首都创新精神培育工程'，弘扬崇尚创新、包容失败的创新文
化"，"加强科普服务能力，提升公众科学素养"。

2017 年党的十九大召开，中国进入新时代，我国社会主要矛盾发生变
化，我们的工作重点也改变为以人民为中心，大力提升发展质量和效益，更
好地满足人民在经济、政治、文化、社会、生态等方面日益增长的需要，更
好地推动人的全面发展、社会全面进步。十九大对创新型国家建设做出总体
部署，其中提出要"倡导创新文化"。2017 年 2 月，习近平总书记再次视察
北京，特别强调北京最大的优势在于科技和人才，要以建设具有全球影响力
的科技创新中心为引领，抓好"三城一区"建设，深化科技体制机制改革，
努力打造北京经济发展新高地。

2017 年 6 月，中共北京市第十二次代表大会召开，在今后五年的发展
目标中提出，"具有全球影响力的科技创新中心初步建成"，"市民素质和城
市文明程度显著提高"。

2017 年 9 月，党中央、国务院正式批复《北京城市总体规划（2016—2035 年)》，其中，在 2020 年发展目标中提出，"全国文化中心地位进一步增强，市民素质和城市文明程度显著提高"。

"十三五"时期，人的全面发展和创新文化氛围的营造是新时代发展的重要内容之一。北京市在全面建设国际一流的和谐宜居之都的过程中，也将市民素质和城市文明程度作为主要内容，同时，结合北京建设具有全球影响力的科技创新中心的战略定位，科普工作的重要性更加凸显，一是有效提升公民科学素质，作为提升人的全面发展和社会全面进步的标志，二是通过科普活动的开展，营造与科技创新中心和创新型国家目标相一致的全社会创新氛围。面对新时代的新要求，北京科普专项工作也迫切需要在现有的工作体系基础上进一步提升和思考。

二 北京市科普专项管理制度及实施成效

依据《北京市科学技术普及条例》的规定，北京市科学技术委员会在科技计划中专门设立"科学技术普及"专项，由北京市财政拨付资金用于推动全市科普工作开展。从项目管理的实践来看，"科学技术普及"专项的项目管理主要分为两类，一类是按照项目的类别进行的管理，另一类是项目实施的过程管理。

（一）项目类别管理

经过 20 年的发展，按照上述各项政策结合工作实际发展需要，"科学技术普及"专项逐渐形成了以科普设施、科普活动、科普产品为主要内容的专项支持体系。其中，科普设施主要包括科普基地、中小学科学探索实验室、社区科普体验厅等；科普活动包括北京科技周，对市科普联席会议成员单位、各区的科普活动支持，以及围绕科普人才队伍建设和科普资源开发利用所开展的"翱翔计划"、"雏鹰计划"、科普之旅等；科普产品主要包括原创科普展品、科普图书、科普影视创作等。依据项目来源可以分为两种方

式，一种是通过开展广泛的社会征集进行，另一种是按照有关政策规定，调动全社会资源来进行。

1. 科普项目社会征集

科普项目的社会征集制度始于 2007 年，以广泛动员社会力量参与科普、培育新生科普队伍为工作目的，形成了全社会参与科普的工作局面。经过十年的发展，科普项目社会征集工作逐步形成了"社会征集、公平竞争、专家评审、择优支持"的运作机制。

2007～2016 年，北京市科普专项社会征集累计支持项目 705 个，重点围绕互动展品研发、科普展厅建设、科普影视作品制作、科普图书编撰和科学探索实验室建设五个方面内容，有效地促进了高校院所、企事业单位开放共享科普资源、拓展科技传播渠道，激发了社会力量参与科普的主动性与潜在活力，取得了显著成效。一是丰富了科普资源，截至 2016 年底，全市科普基地总数达到 371 家，充分发挥了基地的教育、宣传和服务功能；科学探索实验室达到 71 家，深度推进科技资源转化为教育资源，形成了"在科学家身边成长"的青少年后备人才培养模式；科普体验厅建设 74 家，覆盖本市 16 个区，总面积达 14000 多平方米，科技互动展示项目 600 多项，覆盖人口 70 余万。二是科普产品赢得市场。北京神州航天文化创意传媒有限责任公司研发的"航天互动体验舱"科普互动展品，从模拟操作中体验太空之旅。该展项在北京科技周等市级大型活动中得到推广展示，为我国航天科普起到辐射带动作用。三是科普影视作品持续繁荣。推出《健康加油站》《教育面对面》《养生堂》等品牌栏目和《欢乐北极星》《穿越吧少年》等原创栏目；2011～2016 年，北京地区累计入围全国优秀科普微视频 28 部，占全国的 34%，《变暖的地球》和《昆虫的口器》分别获得中国国际科教影视展评"中国龙奖"大奖和金奖。四是优秀科普图书不断涌现。2011～2016 年，共支持图书 199 册/套，其中"徐仁修荒野游踪：寻找大自然的秘密"《霍金传奇》《神奇科学》等 79 部作品获得了全国优秀科普作品，占全国的 33%。

项目征集流程见图 1。

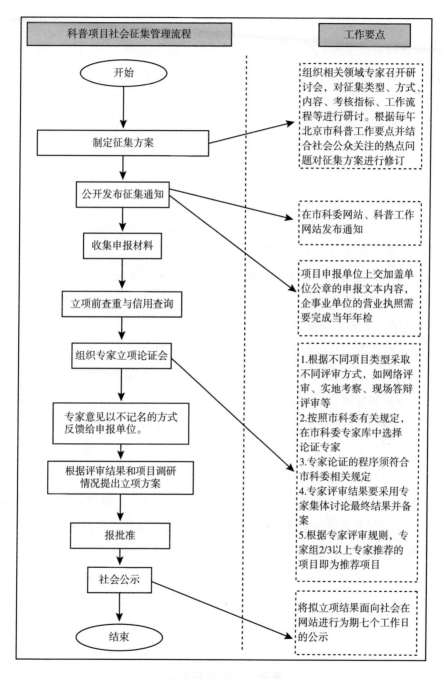

图1 北京科普项目社会征集管理

2. 调动全社会资源开展科普活动

一是针对大型的活动或者具有显著特点的科普活动，采取联合或者依托相关单位开展的方式。这样既充分发挥了专业性特点，也有效调动了全社会力量开展科普的积极性。经过这几年的培育，北京市科普活动实现新常态，有影响力的品牌领跑全国。以北京科技周为例，北京市与科技部连续六年联合举办科技周主题活动，充分调动全市科普工作联席会议成员单位、企业、高校院所等科技资源，全面展示与百姓生活密切相关的最新科学知识和科技成果，成为公众参与度高、社会影响力大的群众性科技活动品牌。

二是针对特色科普活动，主要采取依托专业单位的方式来开展。比如北京市教育委员会针对中小学生的"雏鹰计划"系列科普活动和"北京学生科技节"系列活动、市经济信息化委员会的世界机器人大会、市民政局连续十年举办的"96156"社区大课堂、市规划和国土资源管理委员会的6·25全国"土地日"科普活动、市气象局以3·23世界气象日为主题的科普活动、市地震局的防灾减灾日科普活动、市环境保护局和市城市管理委会开展的"牵手蓝天""食品安全在行动"等科普活动。2011～2016年，全市每年开展各领域科普活动40余项，有效提升了公民科学素质，也形成了"翱翔计划"、"雏鹰计划"、科普之旅等一批优秀科普品牌。

三是社会资源的参与。近年来，随着科普工作在社会发展中的作用不断显现，更多的社会资源开始参与到社会科普工作中，并逐渐形成了初具规模的科普产业，如创立于2015年的"科技运动嘉年华"，通过连接上游创新创业产品与下游消费端体验，将科技产品展示体验融合在青少年的科学知识教育和普及之中，形成了独特的以科技体验为特色的科普活动。果壳网通过对身边的生活进行有意思的科技解读和创造，在新媒体时代让科学和技术的传播变得引人入胜，实现了他们"科技有意思"的目标。

具体成功案例如下。

案例1：北京科技周

科技活动周是政府于2001年批准设立的大规模群众性科学技术活动。

根据国务院批复，每年 5 月第三周为"科技活动周"，由科技部会同中宣部、中国科协等 19 个部门和单位组成科技活动周组委会，同期在全国范围内组织实施。

北京科技周作为全国科技活动周的组成部分，在规模、效果等多个方面都领先于全国其他省份。2011 年以来，北京科技周同全国科技活动周以同一个主题，在同一个主场举行。北京科技周主要由市科委牵头、全市科普工作联席会议成员单位共同主办，在科技部、中国科学院等国家部委和单位的积极支持下，调动全社会共同开展科普活动。2015 年，李克强总理批示：科技活动周已成为公众参与度高、社会影响力大的群众性科技活动品牌，为推动全国科普事业发展发挥了重要作用。2017 年科技周主场活动期间，约有 8 万人次到现场参观体验，2000 多万人次通过网络关注。科技周作为近距离接触科技、开展科普教育、感受科技魅力的重要平台，已经成为首都科普的重要品牌。

案例 2：科普之旅

科普之旅活动，是将旅游活动与科学普及有机结合起来，把科学知识传播与旅游融为一体，吸引市民参加，让公众在轻松的氛围中体验科技、圆梦科技。自 2010 年由北京市科委牵头组织开展主题为"创新之城 科技之旅"首届科技旅游月以来，北京市不断整合本地区科技与科普资源，联合北京市旅游发展委员会、天津市科学技术委员会、河北省科技厅等单位，共同打造了"科普之旅"品牌，使科技旅游成为集中展现首都创新能力与北京科技创新重要成果、让社会公众感受科技惠民巨大作用的平台，科技旅游也成为北京旅游产业发展的重要组成部分和新的经济增长点（见表 1）。

表 1　科普之旅活动情况

活动名称	主题	主办单位	特点
2010 北京科技旅游月	创新之城,科技之旅	北京市科学技术委员会	设计了 20 个旅游板块,推荐了 6 条科技一日游线路
2011 北京科技旅游季	创新之城,科技之旅	北京市科学技术委员会、北京市旅游发展委员会	打造八大科技旅游品牌及 10 条科技旅游特色精品线路

续表

活动名称	主题	主办单位	特点
2011 北京科技旅游季	创新之城，科技之旅	北京市科学技术委员会、北京市旅游发展委员会	推荐 10 条科技旅游特色精品线路
2013 北京科普之旅	美丽北京创新之旅	北京市科学技术委员会、北京市旅游发展委员会	整合北京地区 200 余家科普基地和科普之旅景点资源，推出 14 条科普之旅一日游线路
2014 科普之旅	开启创新圆梦之旅	北京市科学技术委员会、天津市科学技术委员会、河北省科学技术厅	推荐科普之旅一日游线路 25 条、京津冀两（三）日游线路 6 条
2015 京津冀科普之旅	创新创业，科技惠民	北京市科学技术委员会、天津市科学技术委员会、河北省科学技术厅	推荐北京地区科普之旅一日游线路 26 条、京津冀两（三）日游线路 15 条
2016 年京津冀科普之旅	创新引领，共享发展	北京市科学技术委员会、北京市旅游发展委员会、天津市科学技术委员会、河北省科学技术厅	推荐科普之旅一日游线路 26 条、京津冀两（三）日游线路 6 条。拍摄了《科普之旅》宣传片
2017 年京津冀科普之旅	科技探索，创新引领	北京市科学技术委员会、天津市科学技术委员会、河北省科学技术厅	推荐科技旅游线路 18 条

案例 3：市级职工创新工作室

2009 年起，北京市科学技术委员会与北京市总工会联合认定市级职工创新工作室，推动首都职工自主创新成果落地。截至 2016 年，已累计认定市级职工工作室 510 家，其中，有 190 家以领军人名字命名。累计涌现创新成果 2400 余项，申请创新专利 584 项，480 余项创新成果获得市级以上科技奖励，领域涵盖信息技术、航空航天、节能环保等战略性新兴产业，创新成果覆盖万余人。北京市科学技术委员会通过对一线职工发明专利和市级职工创新工作室创新项目的支持，进一步激励北京市职工焕发劳动热情、释放创新创业潜能，更好地满足首都产业结构优化升级和企业创新发展需求。

案例 4：超市行：挖掘超市服务的科技内涵和文化特色

2012 年起，北京市科学技术委员会与北京市科学技术协会联合举办

"美丽北京魅力科普"科普超市行系列活动。该活动以百姓视角为出发点，围绕食品健康、航天航空、生态环保等民生内容，运用情景化体验、互动参与的活动形式，与知名企业广泛合作，深入挖掘超市服务的科技内涵和文化特色，让公众在购物休闲的同时"把科学带回家"。截至2016年，"科普超市行"累计走进房山、昌平等5个区，踏入新奥购物中心、悠唐生活广场、万达广场等21家大型超市及购物中心，引进科普机构及企业50余家，惠及现场观众近3万人，发放宣传品、活动衍生品等物资近4000份，得到北京日报、北京电视台、中国网等30余家主流媒体广泛宣传，新闻点击率超过20万人次。在北京市科学技术委员会科普专项资金的支持下，"科普超市行"已经成为亲民、互动、专业、艺术的科普活动品牌，"科学消费、绿色生活"的核心理念更加深入人心，为"绿色北京、人文北京、科技北京"的建设贡献更多力量。

（二）项目实施的过程管理

"科学技术普及"专项的项目管理工作与北京市科技计划其他专项一样，按照《北京市科技计划项目（课题）管理办法（试行）》（京科发〔2010〕52号）进行统一管理，由北京市科普工作联席会议办公室根据市委、市政府的中心工作要求，结合科技发展规划等工作部署，进行立项管理、实施管理、结题验收管理、经费管理等相关内容。

项目申报阶段：对于公开征集类项目，市科委通过网站等途径向社会发布申报要求，受理申报时间不少于30天，申报结束后市科委进行形式审查工作；对于公开招标类项目，按照招投标相关规定进行。

项目执行阶段：执行周期过半后，市科委组织专家按照任务书要求进行项目中期检查，跟踪了解、监督检查项目实施情况，评估项目继续执行的可行性。专项工作任务书原则上不做调整，确需调整的，承担单位须在项目执行周期结束一个月前提出变更申请，经市科委批准后执行。市科委也可根据执行情况直接做出调整或终止决定。

项目结题验收阶段：

（1）按照任务书规定的时限完成项目后，项目承担单位应向市科委提交验收申请，由市科委组织专家以现场考察、会议评审、网络评审、函审等形式对项目进行验收评审。

（2）市科委对验收评价为"通过"的项目做出"通过验收"决定；对验收评价为"不通过"的项目，可根据情况做出延期进行验收评价的决定；对确无继续开展必要的项目做出"结题"决定。

（3）结题验收应在项目执行周期结束后三个月内完成。

三　讨论与建议

经过 20 年的发展，北京市科普工作已经形成了相对完备的管理体系，形成了以 40 个市属相关部门和 16 区联合的联席会议制度，全市科普的局面已经形成，也取得了重大的成效。但是在成绩的背后，从专项管理的角度来说，也存在着不足，建议从如下方面考虑科普项目管理的下一步发展。

（一）推动高端科技成果与科普的结合

科学研究是社会知识产生的源头，科学普及是社会知识扩散和应用的实现过程。科普就是让公众尽快、尽可能地理解科研创新的成果，使科研创新真正进入社会，成为大众的财富，成为全社会的力量。如十九大报告中提到的天宫、蛟龙、天眼、悟空、墨子、大飞机等重大科技成果以及量子科学、人工智能等科学发展前沿，公众对这些科技成果、科学前沿的了解需求在加大，向公众推广普及高端科技成果，使公众共享科技发展成果，成为科普工作的重中之重。

（二）将科普项目的评价纳入项目管理过程

目前的科普项目管理更多地注重对过程的管理，但是项目的实施过程、实施效果的评价等并没有被纳入。事实上，这种评价不仅应被纳入，而且其应该注重对普及科学技术知识、倡导科学方法、传播科学思想、弘扬科学精神等社会功能的体现，毕竟软实力的提升才是提高公民科学素养的根基。在建立科普项目绩效评价体系的基础上，一方面要注重管理部门的全程参与，包括：前期参与活动的策划、组织和协调；实施过程中要抓好督查机制和评价机制，抓好两个"随"，即随时深入活动一线了解现场，随机抽取项目进行督查总结；项目结束后要有评估、有总结，把优秀的实施经验复制推广。另一方面，要引入第三方专业机构对科普项目进行评估和监测，从而更好地完成科普项目管理的闭环。

（三）注重推进新产品和新技术

近年来，随着新一代信息技术、"互联网＋"等技术手段的飞速发展，以应用新媒体技术、网络为特征的新的科普传播方式不断丰富，在对科普工作思维模式和科普理念改变的同时，也对科普项目的管理提出了新的挑战。要充分利用科普基地等现有科普设施资源和重大科技基础设施等创新基地资源，创新活动开展形式和手段，大力应用 VR（虚拟现实）、AR（增强现实）、MR（混合现实）等新兴技术手段，设计出公众易于理解、接受和参与，具有趣味性、互动性、体验性的科普项目。同时，对于利用新兴的应用互联网技术进行的科普活动、新兴业态，也应该更好地支持，以充分发挥其作用。

（四）不断提升公民科学素质

结合十九大报告中提出的人的全面发展和创新文化氛围的营造以及北京全国科技创新中心建设，围绕 2020 年北京市公民科学素质达标率达到 24% 的总体目标，针对不同的目标群体，通过进一步研发与推广原创科普产品、打造重点品牌科普活动、培育发展科普服务业态等重点工作，打通科技创新和科学普及之间的通道，让更多公众了解全国科技创新中心建设的新进展、新突破和新成效，共享科技创新成果，提升公众科学素质，厚植落实创新驱动发展战略的广泛群众基础和创新文化氛围。

四　结语

党的十九大提出加快建设创新型国家，中共北京市第十二次代表大会提出要建设具有全球影响力的科技创新中心，推进科技创新和科普两翼齐飞，全面提高全民科学素质，营造良好的创新文化氛围，这是新的发展阶段对科普工作提出的要求。新时代，北京市科普专项工作要坚持以习近平新时代中国特色社会主义思想为根本遵循，以具有全球影响力的科技创新中心定位，以提升公民素养和促进人的全面发展为目标，进一步弘扬科学精神，普及科学知识，不断提升科普服务科技创新和经济社会发展主战场的能力，为创新型国家建设做出应有的贡献。

参考文献

[1] 朱世龙：《北京科普工作特点及对策研究》，《科普研究》2015年第4期。

[2] 朱世龙、伍建民：《新形势下北京科普工作发展对策研究》，《科普研究》2016年第4期。

[3] 汤乐明、苗润莲、胥彦玲：《新形势下北京科普工作的发展模式研究》，《西安文理学院学报》（自然科学版）2014年第4期。

[4] 董全超、李群、王宾：《大数据技术提升科普工作的思考》，《中国科技资源导刊》2016年第2期。

[5] 房迈莼、任海：《科研与科普有效结合，促进公众科学素养提高》，《科技管理研究》2016年第3期。

[6] 陈夕朦、白欣、郑念：《大科学装置科普案例研究》，《科学学研究》2017年第7期。

[7] 任福军、翟杰全：《我国科普的新发展和需要深化研究的重要课题》，《科普研究》2011年第5期。

[8] 侯艳萍：《科技项目的特点及其管理的对策分析》，《中国科技信息》2015年第21期。

[9] 俞学慧：《科普项目支出绩效评价体系研究》，《科技通报》2012年第5期。

Abstract

In order to effectively improve the level of science popularization and development potential in Beijing, identify weak points in the work of Beijing science popularization, better serve the construction of national science and technology innovation center, and promote regional socio-economic development. The Beijing Science and Technology Dissemination Center and the Chinese Academy of Social Sciences have released " Beijing Science Popularization Development Report (2017 ~ 2018)". It aims to stand at the height vision of science popularization, and internationalization, with the core of construction of a National Science and Technology Dissemination Center, and aims to enhance the scientific and cultural quality of citizens and strengthen on building of science popularization as a goal to build a popular science school. Resource platform and promotion of "Beijing Science Popularization" brand as the focus, to explore the development of science popularization in Beijing, rationalize the development of Beijing science popularization, refining Beijing popular science innovation model, to provide a strong theoretical support for Beijing science popularization work.

The main report closely focused on Beijing Science Popularization Work which is the main research line, systematically elaborated the main achievements of the Beijing Science Popularization Work during the "Twelfth Five – Year Plan" period, and summarized the eight highlights of the Beijing Science Popularization Work. Based on this, it analyzes the new situation faced by the Beijing science popularization cause during the "13th Five – Year Plan" period, clarifies the development goals of the Beijing science popularization cause during the "13th Five – Year Plan" period and the implementation of the eight major projects. Subsequently, the report creatively constructed and measured the Beijing Popular Science Development Index, which provided a theoretical basis for follow-up research.

There are five chapters in the theoretical chapter, which respectively carry out theoretical research on the history of popular science laws and regulations, the supporting policies of the National Science and Technology Innovation Center, the mode and train of thought of the National Science and Technology Innovation Center for popular science services, and the pattern of large science popularization and internationalization.

A total of five special articles have been devoted to the topical research on popular science hotspots in Beijing, including new media, big data, talent team cultivation, popular science supply levels, popularization of science and technology.

A total of four case studies have been published, ranging from community science venues and research institutes in Beijing to the role of science, the series of work for the popular brand building of the popular science, the integration of popular science and regional integration, and the typical case of the current management system for popular science work in Beijing.

In general, the book focuses on Beijing science popularization work. From the double perspectives of theory and practice, it comprehensively discusses the effectiveness of Beijing science popularization work, and tentatively proposes future development plans. It seeks to develop and develop government and government departments for the government. The relevant policies of science popularization provide the basis for providing comprehensive support for science popularization work.

Keywords: Beijing; Science Popularization Development Index; Science Popularization Communication

Contents

Ⅰ　General Report

Abstract: General Secretary Xi Jinping pointed out: "Science and technology innovation and scientific popularization are the two wings to achieve innovation and development. We must place science popularization as equally important as technological innovation." In recent years, the Beijing science popularization cause has made considerable progress. This report sorts out the development of the science popularization cause in Beijing since the 12th Five − Year Plan and the

279

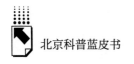
deployment of popular science work in Beijing during the 13th Five – Year Plan period. It summarizes new highlights and new tasks for the development of science popularization in Beijing in recent years, and creatively constructed Beijing Popular Science Development. Evaluation index system and data processing method. Through index calculations, Beijing's popular science development index steadily increased from 2. 96 in 2008 to 4. 55 in 2015, with a average annual growth rate of 6. 72% , ranking first in the nation. According to the research conclusions, the report centered on the construction of the National Science and Technology Innovation Center and put forward corresponding policy recommendations for the development of Beijing science popularization.

Keywords: Beijing; Science Popularity Capacity Development; Popular Science Development Index; Popular Science Development

Ⅱ   Theory Reports

B. 2   Research on Historical Evolution of Science Popularization
Policy in Beijing since Reform and Opening up

Wang Bin, Long Huadong / 054

Abstract: Science popularization policy is important to guarantee scientific popularization carried out smoothly, and improve citizen's scientific literacy effectively. So establishing and improving science popularization policies and regulations are the need of reality and also inevitable requirement of Rule of Law. This report combed the science popularization policies of Beijing since Reform and Opening Up, and pointed out the existing problems, at last, this report put forward some pertinent policy suggestions.

Keywords: Science Popularization Policy; Science Popularization Regulation; Beijing

Abstract: This report sorts out a series of science and technology innovation policies promulgated by Beijing's National Science and Technology Innovation Center, and details the construction path of the science and technology innovation center delineated by the "three maps", and the "1 +6" and "new four" policies that Zhongguancun first tried, comprehensive innovation and reform measures in the areas of education, economy, etc. , in order to activate policy measures on "human and financial resources" formulated in terms of innovation, "three cities and one district", policy measures for coordinated development of production, education, research, and "28 measures", and Summarized the achievements made since the positioning of the "National Innovation Center for Science and Technology" in 2014 − 2017 and the current status of implementation of the policy. Finally, from the two aspects of policy formulation and implementation, we analyzed the problems still existing in the construction of the National Science and Technology Innovation Center in Beijing and proposed corresponding Countermeasures and suggestions.

Keywords: National Science and Technology Innovation Center; Supporting Policy; Beijing

Abstract: The construction of the China's science and technology innovation

center is the new positioning of Beijing which is given to by the Party Central Committee, and it pointed out the new direction for the development of science and technology in Beijing. In this paper, the necessity of Beijing science popularization to serve the construction of the China's science and technology innovation center is discussed, and the feasibility is analyzed from the science popularization talents, funds, activities, products, place, and industry six dimensions. At the same time, targeted suggestions are put forward.

Keywords: Science Popularization; China's Science and Technology Innovation Center; Route Exploration

B. 5 Beijing General Science Popularization Industry Development and Internationalization Construction Report

Zang Hanfen / 102

Abstract: The construction of "General Science Popularization" in Beijing has come into being as time goes by. The science popularization should not be the narrow sense in the past, but should be a popular science populace in the era of "mass innovation and entrepreneurship." It must have laws and regulations to support and protect the industry strongly. In the background of globalization, the general science popularization should be constantly internationalized. It need carry out various popular, lively and internationally science popularization activities and works with other countries in the world to jointly build and develop science popularization. So that science and technology, talent and so on to build Beijing into a metropolis of science and technology, civilization and information.

Keywords: General Science Popularization; Internationalization Construction; Resource Regard; Science Activities

Abstract: Constructing a regional index of popular science popularization, making a comprehensive evaluation on the changes of various science popularization inputs in a quantitative way, and calculating the science popularization index in Beijing can provide decision-making basis for accelerating the popularization of science popularization. This report elaborates the design, weighting and dimensioning of the index system for building a comprehensive evaluation of science popularization. It uses a variety of development index calculation methods to calculate and compare, and selects the development index measurement method most suitable for the evaluation targets of science popularization development. Suggestions has been given on how to further improve Beijing comprehensive science evaluation in the future.

Keywords: Development Index; Comprehensive Evaluation; Popular Science Statistics; Beijing

Ⅲ   Topic Reports

Abstract: With the rapid development of mobile Internet, Internet access devices of Internet users are concentrating on mobile terminals. WeChat has become an important information access port for mobile terminals, providing a new direction and possibility for interpersonal communication. As one of the windows of new media, WeChat public account is mainly based on mass sending and interaction of messages. It has received more and more attention from the general public. Access to information has become the primary objective of users' attention

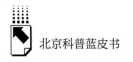
to public numbers. Using Tencent science and technology, Sharp science and technology, innovation and entrepreneurship Zhong Guan Cun We Chat public channel and Shanghai science and technology as the reference, this paper searches for the interesting points of hot articles and deeply analyzes the factors that affect the public attention and influence of WeChat public channel to provide suggestions of effective operation of National Science and Technology Innovation Center public number.

Keywords: National Science and Technology Innovation Center; We Chat Public Channel; Popularity Analysis

B. 8 Big Data Technology and Beijing Science and Technology Communication System

Dong Quanchao, Hou Yanfeng, Li Qun and Liu Jiancheng / 143

Abstract: The popularization of science and the dissemination of science and technology are important means to enhance the scientific quality of the entire people. It is of far-reaching significance to study the use of big data technology to serve the dissemination of science and technology. This article analyzed the development opportunities brought by big data for the society and summarizes the achievements made in Beijing's science and technology dissemination during the 12th Five-Year Plan, It has included the current situation and existing problems of science and technology communication in Beijing, and explores how to use big Data technology to enhance Beijing's science and technology dissemination.

Keywords: Big Data; Beijing; Situation Analysis; Dissemination of Science; Popularization of Science

B. 9   Analysis and Evaluation of the Current Situation in

Beijing Science Popularization

Ma Zongwen, Chen Xiong / 152

Abstract: according to the statistics of science popularization of China and the statistics of the Beijing science popularization statistics, the present situation of the science popularization personnel in Beijing is analyzed and evaluated. The main conclusions are as follows: (1) the science popularization personnel quantity is not much, but the overall quality is higher, full-time science popularization ratio is higher, the per capita has ranked among the top nationally; (2) female science personnel account for more than half of the total, rural popular science personnel is a very small proportion, the proportion of science popularization management personnel is higher than the national average, it is one of the main center of national science popularization creation, the number of volunteers for science popularization is relatively less; (3) the distribution of science popularization personnel is uneven, mainly concentrated in the core area, and the fewer people are in the suburbs, the fewer people are in the field. (4) the science popularization personnel comprehensive development level of regional differs, Xicheng district, Dong Cheng district and Hai Dian district rank in the top three, the rest of the district have no significant regional differences. According to the research and investigation, seven Suggestions for promoting the development of science popularization in Beijing are put forward.

Keywords: Science Popularization Personnel; Situation Analysis; Comprehensive Evaluation; Beijing

B. 10   Research of Scientific Literacy Product and

Service in Beijing

Li Da, Li Qun / 164

Abstract: The capital's scientific literacy products and service supply has very

distinct characteristics, and which is at the forefront of the country not only in hardware of scientific literacy but also in soft power. This paper discusses Beijing's characteristics of scientific literacy products and service supply, combined with the current problems and future development direction, puts forward the possible direction of scientific literacy product and service supply side reforms, provide some suggestions to Beijing's scientific literacy in order to maintain the leading position of Beijing in scientific literacy field.

Keywords: Scientific Literacy Product; Scientific Literacy Service; Supply Side Reform;

Abstract: The development of science popularization industry is conducive to promoting the benign operation of science popularization; this report mainly discussed the current situation of science popularization industry in Beijing, and defined the connotation and characteristics of science popularization industry, then combed the status of science popularization industry in Beijing, at last, this report put forward some pertinent policy suggestions.

Keywords: Beijing; Science Popularization; Science Popularization Industry

Ⅳ　Case Reports

Abstract: This article focuses on Beijing's all kinds resources inputted in science popularization. From the starting to management mechanisms of popularization to the science popularization projects. It listed the promotion of popularization of popular science resources in Beijing and summed up Activities and grass-roots communication to analysis the current "Beijing Science Popularization" brands communicate and influence ability in the public it has given proposed policy recommendations to the further building of the new media science resources in Beijing.

Keywords: Beijing Popular Science; Brand Influence; New Media Platform Construction

B. 13 The Implementation Path Research of Carry Out "Citizen Research" Activities in Beijing-Tianjin-Hebei Area

Zhang Jiuqing / 223

Abstract: Citizen science is an activity of the public participating in real scientific research projects through crowdsourcing. This Article concisely describes that citizen science is the effective measure to deal with the development trends of popularization of science in future China, introduces the practices of citizen science in USA, explained the various types of citizen science and basic principles of implementation of citizen science. This paper particularly analyzes the necessity and feasibility of carrying out projects of citizen science in Beijing-Tianjin-Hebei area, and puts forward some suggestions for taking the lead in carrying out projects of citizen science in this area.

Keywords: Science Popularization; Citizen Research; Scientific Crowdsourcing; Beijing-Tianjin-Hebei area

B. 14 Tong Zhou District Community Science Experience Hall Construction Mode Study

Chen Jie, Liu Lingli and Li Jie / 234

Abstract: There are many ways to improve the scientific literacy level of the

public and it is a very good attempt to build a popular science museum with local characteristics. From 2014 to 2016, seven science and technology museums have been completed in Tong Zhou District, Beijing, and two more are planned for 2017. As residents slowly change their traditional way of life and enhance their cognitive abilities by visiting exhibitions and experiencing scientific miracles. This article summarizes the effect of science popularization museum in Tong Zhou District combining the regional characteristics to enhance the popularization of science popularization experience, and analyzes the effect of science popularization museum with regional characteristics.

Keywords: Regional Features; Popular Science Museum; Tong Zhou District

B. 15   Popularizing Scientific Effects Research in Scientific Research Institutions in Beijing

—A Case of Beijing Elk Ecology Experimental Center

Bai Jiade, Hu Jining / 248

Abstract: Beijing Elk Ecology Experimental Center, a scientific research institute focusing on the research and protection of elk return and development and biodiversity, will continue to make progress in scientific research of elk while vigorously developing popular science education, focusing on biodiversity, natural ecology, history and culture. The three ways has created a characteristic Elk science popular education path and the formatted elk Popular brand activities. In 2017 – 2018, Elk Center continue to implement the "universal participation in popular science" general work principle and constantly improve the connotation of popular science education, science education and actively participate in publicity. It has provided strong support for popular science education.

Keywords: Beijing Elk Ecological Experiment Center; Popular Science Museum; Science Education

B. 16   Analysis of Beijing Science Work History and Special

Management System in Science Work

Zhang Qingwen , Zu Hongdi / 260

Abstract: Beijing's science popularization work has reached the forefront in the country and has provided important support to the economic and social development and scientific and technological innovation of the capital and laid a solid foundation for Beijing to build a national science and technology innovation center. This paper reviews the development of science popularization work history in Beijing in recent years and reviews the management of science popularization projects and relevant policies, systems and procedures, and provides a reference for further research on popularization of science popularization.

Keywords: Beijing; Science Popularization Policy; Project Management System

权威报告·一手数据·特色资源

皮书数据库
ANNUAL REPORT(YEARBOOK)
DATABASE

当代中国经济与社会发展高端智库平台

所获荣誉

- 2016年，入选"'十三五'国家重点电子出版物出版规划骨干工程"
- 2015年，荣获"搜索中国正能量 点赞2015""创新中国科技创新奖"
- 2013年，荣获"中国出版政府奖·网络出版物奖"提名奖
- 连续多年荣获中国数字出版博览会"数字出版·优秀品牌"奖

成为会员

通过网址www.pishu.com.cn访问皮书数据库网站或下载皮书数据库APP，进行手机号码验证或邮箱验证即可成为皮书数据库会员。

会员福利

- 使用手机号码首次注册的会员，账号自动充值100元体验金，可直接购买和查看数据库内容（仅限PC端）。
- 已注册用户购书后可免费获赠100元皮书数据库充值卡。刮开充值卡涂层获取充值密码，登录并进入"会员中心"—"在线充值"—"充值卡充值"，充值成功后即可购买和查看数据库内容（仅限PC端）。
- 会员福利最终解释权归社会科学文献出版社所有。

社会科学文献出版社 皮书系列
SOCIAL SCIENCES ACADEMIC PRESS (CHINA)

卡号：912375633148
密码：

数据库服务热线：400-008-6695
数据库服务QQ：2475522410
数据库服务邮箱：database@ssap.cn
图书销售热线：010-59367070/7028
图书服务QQ：1265056568
图书服务邮箱：duzhe@ssap.cn

S 基本子库
SUB DATABASE

中国社会发展数据库（下设 12 个子库）

全面整合国内外中国社会发展研究成果，汇聚独家统计数据、深度分析报告，涉及社会、人口、政治、教育、法律等 12 个领域，为了解中国社会发展动态、跟踪社会核心热点、分析社会发展趋势提供一站式资源搜索和数据分析与挖掘服务。

中国经济发展数据库（下设 12 个子库）

基于"皮书系列"中涉及中国经济发展的研究资料构建，内容涵盖宏观经济、农业经济、工业经济、产业经济等 12 个重点经济领域，为实时掌控经济运行态势、把握经济发展规律、洞察经济形势、进行经济决策提供参考和依据。

中国行业发展数据库（下设 17 个子库）

以中国国民经济行业分类为依据，覆盖金融业、旅游、医疗卫生、交通运输、能源矿产等 100 多个行业，跟踪分析国民经济相关行业市场运行状况和政策导向，汇集行业发展前沿资讯，为投资、从业及各种经济决策提供理论基础和实践指导。

中国区域发展数据库（下设 6 个子库）

对中国特定区域内的经济、社会、文化等领域现状与发展情况进行深度分析和预测，研究层级至县及县以下行政区，涉及地区、区域经济体、城市、农村等不同维度。为地方经济社会宏观态势研究、发展经验研究、案例分析提供数据服务。

中国文化传媒数据库（下设 18 个子库）

汇聚文化传媒领域专家观点、热点资讯，梳理国内外中国文化发展相关学术研究成果、一手统计数据，涵盖文化产业、新闻传播、电影娱乐、文学艺术、群众文化等 18 个重点研究领域。为文化传媒研究提供相关数据、研究报告和综合分析服务。

世界经济与国际关系数据库（下设 6 个子库）

立足"皮书系列"世界经济、国际关系相关学术资源，整合世界经济、国际政治、世界文化与科技、全球性问题、国际组织与国际法、区域研究 6 大领域研究成果，为世界经济与国际关系研究提供全方位数据分析，为决策和形势研判提供参考。

法律声明

　　"皮书系列"（含蓝皮书、绿皮书、黄皮书）之品牌由社会科学文献出版社最早使用并持续至今，现已被中国图书市场所熟知。"皮书系列"的相关商标已在中华人民共和国国家工商行政管理总局商标局注册，如LOGO（）、皮书、Pishu、经济蓝皮书、社会蓝皮书等。"皮书系列"图书的注册商标专用权及封面设计、版式设计的著作权均为社会科学文献出版社所有。未经社会科学文献出版社书面授权许可，任何使用与"皮书系列"图书注册商标、封面设计、版式设计相同或者近似的文字、图形或其组合的行为均系侵权行为。

　　经作者授权，本书的专有出版权及信息网络传播权等为社会科学文献出版社享有。未经社会科学文献出版社书面授权许可，任何就本书内容的复制、发行或以数字形式进行网络传播的行为均系侵权行为。

　　社会科学文献出版社将通过法律途径追究上述侵权行为的法律责任，维护自身合法权益。

　　欢迎社会各界人士对侵犯社会科学文献出版社上述权利的侵权行为进行举报。电话：010-59367121，电子邮箱：fawubu@ssap.cn。

社会科学文献出版社

社长致辞

蓦然回首，皮书的专业化历程已经走过了二十年。20年来从一个出版社的学术产品名称到媒体热词再到智库成果研创及传播平台，皮书以专业化为主线，进行了系列化、市场化、品牌化、数字化、国际化、平台化的运作，实现了跨越式的发展。特别是在党的十八大以后，以习近平总书记为核心的党中央高度重视新型智库建设，皮书也迎来了长足的发展，总品种达到600余种，经过专业评审机制、淘汰机制遴选，目前，每年稳定出版近400个品种。"皮书"已经成为中国新型智库建设的抓手，成为国际国内社会各界快速、便捷地了解真实中国的最佳窗口。

20年孜孜以求，"皮书"始终将自己的研究视野与经济社会发展中的前沿热点问题紧密相连。600个研究领域，3万多位分布于800余个研究机构的专家学者参与了研创写作。皮书数据库中共收录了15万篇专业报告，50余万张数据图表，合计30亿字，每年报告下载量近80万次。皮书为中国学术与社会发展实践的结合提供了一个激荡智力、传播思想的入口，皮书作者们用学术的话语、客观翔实的数据谱写出了中国故事壮丽的篇章。

20年跬步千里，"皮书"始终将自己的发展与时代赋予的使命与责任紧紧相连。每年百余场新闻发布会，10万余次中外媒体报道，中、英、俄、日、韩等12个语种共同出版。皮书所具有的凝聚力正在形成一种无形的力量，吸引着社会各界关注中国的发展，参与中国的发展，它是我们向世界传递中国声音、总结中国经验、争取中国国际话语权最主要的平台。

皮书这一系列成就的取得，得益于中国改革开放的伟大时代，离不开来自中国社会科学院、新闻出版广电总局、全国哲学社会科学规划办公室等主管部门的大力支持和帮助，也离不开皮书研创者和出版者的共同努力。他们与皮书的故事创造了皮书的历史，他们对皮书的拳拳之心将继续谱写皮书的未来！

现在，"皮书"品牌已经进入了快速成长的青壮年时期。全方位进行规范化管理，树立中国的学术出版标准；不断提升皮书的内容质量和影响力，搭建起中国智库产品和智库建设的交流服务平台和国际传播平台；发布各类皮书指数，并使之成为中国指数，让中国智库的声音响彻世界舞台，为人类的发展做出中国的贡献——这是皮书未来发展的图景。作为"皮书"这个概念的提出者，"皮书"从一般图书到系列图书和品牌图书，最终成为智库研究和社会科学应用对策研究的知识服务和成果推广平台的这整个过程的操盘者，我相信，这也是每一位皮书人执着追求的目标。

"当代中国正经历着我国历史上最为广泛而深刻的社会变革，也正在进行着人类历史上最为宏大而独特的实践创新。这种前无古人的伟大实践，必将给理论创造、学术繁荣提供强大动力和广阔空间。"

在这个需要思想而且一定能够产生思想的时代，皮书的研创出版一定能创造出新的更大的辉煌！

社会科学文献出版社社长
中国社会学会秘书长

2017年11月

社会科学文献出版社简介

社会科学文献出版社（以下简称"社科文献出版社"）成立于1985年，是直属于中国社会科学院的人文社会科学学术出版机构。成立至今，社科文献出版社始终依托中国社会科学院和国内外人文社会科学界丰厚的学术出版和专家学者资源，坚持"创社科经典，出传世文献"的出版理念、"权威、前沿、原创"的产品定位以及学术成果和智库成果出版的专业化、数字化、国际化、市场化的经营道路。

社科文献出版社是中国新闻出版业转型与文化体制改革的先行者。积极探索文化体制改革的先进方向和现代企业经营决策机制，社科文献出版社先后荣获"全国文化体制改革工作先进单位"、中国出版政府奖·先进出版单位奖，中国社会科学院先进集体、全国科普工作先进集体等荣誉称号。多人次荣获"第十届韬奋出版奖""全国新闻出版行业领军人才""数字出版先进人物""北京市新闻出版广电行业领军人才"等称号。

社科文献出版社是中国人文社会科学学术出版的大社名社，也是以皮书为代表的智库成果出版的专业强社。年出版图书2000余种，其中皮书400余种，出版新书字数5.5亿字，承印与发行中国社科院院属期刊72种，先后创立了皮书系列、列国志、中国史话、社科文献学术译库、社科文献学术文库、甲骨文书系等一大批既有学术影响又有市场价值的品牌，确立了在社会学、近代史、苏东问题研究等专业学科及领域出版的领先地位。图书多次荣获中国出版政府奖、"三个一百"原创图书出版工程、"五个'一'工程奖"、"大众喜爱的50种图书"等奖项，在中央国家机关"强素质·做表率"读书活动中，入选图书品种数位居各大出版社之首。

社科文献出版社是中国学术出版规范与标准的倡议者与制定者，代表全国50多家出版社发起实施学术著作出版规范的倡议，承担学术著作规范国家标准的起草工作，率先编撰完成《皮书手册》对皮书品牌进行规范化管理，并在此基础上推出中国版芝加哥手册——《社科文献出版社学术出版手册》。

社科文献出版社是中国数字出版的引领者，拥有皮书数据库、列国志数据库、"一带一路"数据库、减贫数据库、集刊数据库等4大产品线11个数据库产品，机构用户达1300余家，海外用户百余家，荣获"数字出版转型示范单位""新闻出版标准化先进单位""专业数字内容资源知识服务模式试点企业标准化示范单位"等称号。

社科文献出版社是中国学术出版走出去的践行者。社科文献出版社海外图书出版与学术合作业务遍及全球40余个国家和地区，并于2016年成立俄罗斯分社，累计输出图书500余种，涉及近20个语种，累计获得国家社科基金中华学术外译项目资助76种、"丝路书香工程"项目资助60种、中国图书对外推广计划项目资助71种以及经典中国国际出版工程资助28种，被五部委联合认定为"2015~2016年度国家文化出口重点企业"。

如今，社科文献出版社完全靠自身积累拥有固定资产3.6亿元，年收入3亿元，设置了七大出版分社、六大专业部门，成立了皮书研究院和博士后科研工作站，培养了一支近400人的高素质与高效率的编辑、出版、营销和国际推广队伍，为未来成为学术出版的大社、名社、强社，成为文化体制改革与文化企业转型发展的排头兵奠定了坚实的基础。

宏观经济类

经济蓝皮书

2018 年中国经济形势分析与预测

李平 / 主编　2017 年 12 月出版　定价：89.00 元

◆　本书为总理基金项目，由著名经济学家李扬领衔，联合中国社会科学院等数十家科研机构、国家部委和高等院校的专家共同撰写，系统分析了 2017 年的中国经济形势并预测 2018 年中国经济运行情况。

城市蓝皮书

中国城市发展报告 No.11

潘家华　单菁菁 / 主编　2018 年 9 月出版　估价：99.00 元

◆　本书是由中国社会科学院城市发展与环境研究中心编著的，多角度、全方位地立体展示了中国城市的发展状况，并对中国城市的未来发展提出了许多建议。该书有强烈的时代感，对中国城市发展实践有重要的参考价值。

人口与劳动绿皮书

中国人口与劳动问题报告 No.19

张车伟 / 主编　2018 年 10 月出版　估价：99.00 元

◆　本书为中国社会科学院人口与劳动经济研究所主编的年度报告，对当前中国人口与劳动形势做了比较全面和系统的深入讨论，为研究中国人口与劳动问题提供了一个专业性的视角。

中国省域竞争力蓝皮书

中国省域经济综合竞争力发展报告（2017～2018）

李建平 李闽榕 高燕京 / 主编　2018 年 5 月出版　估价：198.00 元

◆　本书融多学科的理论为一体，深入追踪研究了省域经济发展与中国国家竞争力的内在关系，为提升中国省域经济综合竞争力提供有价值的决策依据。

金融蓝皮书

中国金融发展报告（2018）

王国刚 / 主编　2018 年 6 月出版　估价：99.00 元

◆　本书由中国社会科学院金融研究所组织编写，概括和分析了 2017 年中国金融发展和运行中的各方面情况，研讨和评论了 2017 年发生的主要金融事件，有利于读者了解掌握 2017 年中国的金融状况，把握 2018 年中国金融的走势。

区域经济类

京津冀蓝皮书

京津冀发展报告（2018）

祝合良　叶堂林　张贵祥 / 等著　2018 年 6 月出版　估价：99.00 元

◆　本书遵循问题导向与目标导向相结合、统计数据分析与大数据分析相结合、纵向分析和长期监测与结构分析和综合监测相结合等原则，对京津冀协同发展新形势与新进展进行测度与评价。

社会政法类

社会蓝皮书

2018年中国社会形势分析与预测

李培林　陈光金　张翼 / 主编　2017年12月出版　定价：89.00元

◆　本书由中国社会科学院社会学研究所组织研究机构专家、高校学者和政府研究人员撰写，聚焦当下社会热点，对2017年中国社会发展的各个方面内容进行了权威解读，同时对2018年社会形势发展趋势进行了预测。

法治蓝皮书

中国法治发展报告 No.16（2018）

李林　田禾 / 主编　2018年3月出版　定价：128.00元

◆　本年度法治蓝皮书回顾总结了2017年度中国法治发展取得的成就和存在的不足，对中国政府、司法、检务透明度进行了跟踪调研，并对2018年中国法治发展形势进行了预测和展望。

教育蓝皮书

中国教育发展报告（2018）

杨东平 / 主编　2018年3月出版　定价：89.00元

◆　本书重点关注了2017年教育领域的热点，资料翔实，分析有据，既有专题研究，又有实践案例，从多角度对2017年教育改革和实践进行了分析和研究。

社会体制蓝皮书

中国社会体制改革报告 No.6（2018）

龚维斌 / 主编　2018 年 3 月出版　定价：98.00 元

◆　本书由国家行政学院社会治理研究中心和北京师范大学中国社会管理研究院共同组织编写，主要对 2017 年社会体制改革情况进行回顾和总结，对 2018 年的改革走向进行分析，提出相关政策建议。

社会心态蓝皮书

中国社会心态研究报告（2018）

王俊秀　杨宜音 / 主编　2018 年 12 月出版　估价：99.00 元

◆　本书是中国社会科学院社会学研究所社会心理研究中心"社会心态蓝皮书课题组"的年度研究成果，运用社会心理学、社会学、经济学、传播学等多种学科的方法进行了调查和研究，对于目前中国社会心态状况有较广泛和深入的揭示。

华侨华人蓝皮书

华侨华人研究报告（2018）

贾益民 / 主编　2017 年 12 月出版　估价：139.00 元

◆　本书关注华侨华人生产与生活的方方面面。华侨华人是中国建设 21 世纪海上丝绸之路的重要中介者、推动者和参与者。本书旨在全面调研华侨华人，提供最新涉侨动态、理论研究成果和政策建议。

民族发展蓝皮书

中国民族发展报告（2018）

王延中 / 主编　2018 年 10 月出版　估价：188.00 元

◆　本书从民族学人类学视角，研究近年来少数民族和民族地区的发展情况，展示民族地区经济、政治、文化、社会和生态文明"五位一体"建设取得的辉煌成就和面临的困难挑战，为深刻理解中央民族工作会议精神、加快民族地区全面建成小康社会进程提供了实证材料。

产业经济类

房地产蓝皮书

中国房地产发展报告 No.15（2018）

李春华　王业强 / 主编　2018 年 5 月出版　估价：99.00 元

◆　2018 年《房地产蓝皮书》持续追踪中国房地产市场最新动态，深度剖析市场热点，展望 2018 年发展趋势，积极谋划应对策略。对 2017 年房地产市场的发展态势进行全面、综合的分析。

新能源汽车蓝皮书

中国新能源汽车产业发展报告（2018）

中国汽车技术研究中心　日产（中国）投资有限公司

东风汽车有限公司 / 编著　2018 年 8 月出版　估价：99.00 元

◆　本书对中国 2017 年新能源汽车产业发展进行了全面系统的分析，并介绍了国外的发展经验。有助于相关机构、行业和社会公众等了解中国新能源汽车产业发展的最新动态，为政府部门出台新能源汽车产业相关政策法规、企业制定相关战略规划，提供必要的借鉴和参考。

行业及其他类

旅游绿皮书

2017 ～ 2018 年中国旅游发展分析与预测

中国社会科学院旅游研究中心 / 编　2018 年 1 月出版　定价：99.00 元

◆　本书从政策、产业、市场、社会等多个角度勾画出 2017 年中国旅游发展全貌，剖析了其中的热点和核心问题，并就未来发展作出预测。

民营医院蓝皮书

中国民营医院发展报告（2018）

薛晓林 / 主编　　2018 年 11 月出版　　估价：99.00 元

◆　本书在梳理国家对社会办医的各种利好政策的前提下，对我国民营医疗发展现状、我国民营医院竞争力进行了分析，并结合我国医疗体制改革对民营医院的发展趋势、发展策略、战略规划等方面进行了预估。

会展蓝皮书

中外会展业动态评估研究报告（2018）

张敏 / 主编　　2018 年 12 月出版　　估价：99.00 元

◆　本书回顾了 2017 年的会展业发展动态，结合"供给侧改革"、"互联网 +"、"绿色经济"的新形势分析了我国展会的行业现状，并介绍了国外的发展经验，有助于行业和社会了解最新的展会业动态。

中国上市公司蓝皮书

中国上市公司发展报告（2018）

张平　王宏淼 / 主编　　2018 年 9 月出版　　估价：99.00 元

◆　本书由中国社会科学院上市公司研究中心组织编写的，着力于全面、真实、客观反映当前中国上市公司财务状况和价值评估的综合性年度报告。本书详尽分析了 2017 年中国上市公司情况，特别是现实中暴露出的制度性、基础性问题，并对资本市场改革进行了探讨。

工业和信息化蓝皮书

人工智能发展报告（2017～2018）

尹丽波 / 主编　　2018 年 6 月出版　　估价：99.00 元

◆　本书国家工业信息安全发展研究中心在对 2017 年全球人工智能技术和产业进行全面跟踪研究基础上形成的研究报告。该报告内容翔实、视角独特，具有较强的产业发展前瞻性和预测性，可为相关主管部门、行业协会、企业等全面了解人工智能发展形势以及进行科学决策提供参考。

国际问题与全球治理类

世界经济黄皮书

2018年世界经济形势分析与预测

张宇燕 / 主编　2018年1月出版　定价：99.00元

◆　本书由中国社会科学院世界经济与政治研究所的研究团队撰写，分总论、国别与地区、专题、热点、世界经济统计与预测等五个部分，对2018年世界经济形势进行了分析。

国际城市蓝皮书

国际城市发展报告（2018）

屠启宇 / 主编　2018年2月出版　定价：89.00元

◆　本书作者以上海社会科学院从事国际城市研究的学者团队为核心，汇集同济大学、华东师范大学、复旦大学、上海交通大学、南京大学、浙江大学相关城市研究专业学者。立足动态跟踪介绍国际城市发展时间中，最新出现的重大战略、重大理念、重大项目、重大报告和最佳案例。

非洲黄皮书

非洲发展报告No.20（2017～2018）

张宏明 / 主编　2018年7月出版　估价：99.00元

◆　本书是由中国社会科学院西亚非洲研究所组织编撰的非洲形势年度报告，比较全面、系统地分析了2017年非洲政治形势和热点问题，探讨了非洲经济形势和市场走向，剖析了大国对非洲关系的新动向；此外，还介绍了国内非洲研究的新成果。

国别类

美国蓝皮书

美国研究报告（2018）

郑秉文　黄平 / 主编　2018 年 5 月出版　估价：99.00 元

◆　本书是由中国社会科学院美国研究所主持完成的研究成果，它回顾了美国 2017 年的经济、政治形势与外交战略，对美国内政外交发生的重大事件及重要政策进行了较为全面的回顾和梳理。

德国蓝皮书

德国发展报告（2018）

郑春荣 / 主编　2018 年 6 月出版　估价：99.00 元

◆　本报告由同济大学德国研究所组织编撰，由该领域的专家学者对德国的政治、经济、社会文化、外交等方面的形势发展情况，进行全面的阐述与分析。

俄罗斯黄皮书

俄罗斯发展报告（2018）

李永全 / 编著　2018 年 6 月出版　估价：99.00 元

◆　本书系统介绍了 2017 年俄罗斯经济政治情况，并对 2016 年该地区发生的焦点、热点问题进行了分析与回顾；在此基础上，对该地区 2018 年的发展前景进行了预测。

文化传媒类

新媒体蓝皮书

中国新媒体发展报告 No.9（2018）

唐绪军／主编　2018 年 6 月出版　估价：99.00 元

◆　本书是由中国社会科学院新闻与传播研究所组织编写的关于新媒体发展的最新年度报告，旨在全面分析中国新媒体的发展现状，解读新媒体的发展趋势，探析新媒体的深刻影响。

移动互联网蓝皮书

中国移动互联网发展报告（2018）

余清楚／主编　2018 年 6 月出版　估价：99.00 元

◆　本书着眼于对 2017 年度中国移动互联网的发展情况做深入解析，对未来发展趋势进行预测，力求从不同视角、不同层面全面剖析中国移动互联网发展的现状、年度突破及热点趋势等。

文化蓝皮书

中国文化消费需求景气评价报告（2018）

王亚南／主编　2018 年 3 月出版　定价：99.00 元

◆　本书首创全国文化发展量化检测评价体系，也是至今全国唯一的文化民生量化检测评价体系，对于检验全国及各地 " 以人民为中心 " 的文化发展具有首创意义。

地方发展类

北京蓝皮书

北京经济发展报告（2017～2018）

杨松/主编　2018年6月出版　估价：99.00元

◆　本书对2017年北京市经济发展的整体形势进行了系统性的分析与回顾，并对2018年经济形势走势进行了预测与研判，聚焦北京市经济社会发展中的全局性、战略性和关键领域的重点问题，运用定量和定性分析相结合的方法，对北京市经济社会发展的现状、问题、成因进行了深入分析，提出了可操作性的对策建议。

温州蓝皮书

2018年温州经济社会形势分析与预测

蒋儒标　王春光　金浩/主编　2018年6月出版　估价：99.00元

◆　本书是中共温州市委党校和中国社会科学院社会学研究所合作推出的第十一本温州蓝皮书，由来自党校、政府部门、科研机构、高校的专家、学者共同撰写的2017年温州区域发展形势的最新研究成果。

黑龙江蓝皮书

黑龙江社会发展报告（2018）

王爱丽/主编　2018年1月出版　定价：89.00元

◆　本书以千份随机抽样问卷调查和专题研究为依据，运用社会学理论框架和分析方法，从专家和学者的独特视角，对2017年黑龙江省关系民生的问题进行广泛的调研与分析，并对2017年黑龙江省诸多社会热点和焦点问题进行了有益的探索。这些研究不仅可以为政府部门更加全面深入了解省情、科学制定决策提供智力支持，同时也可以为广大读者认识、了解、关注黑龙江社会发展提供理性思考。

宏观经济类

城市蓝皮书
中国城市发展报告（No.11）
著(编)者：潘家华 单菁菁
2018年9月出版 / 估价：99.00元
PSN B-2007-091-1/1

城乡一体化蓝皮书
中国城乡一体化发展报告（2018）
著(编)者：付崇兰
2018年9月出版 / 估价：99.00元
PSN B-2011-226-1/2

城镇化蓝皮书
中国新型城镇化健康发展报告（2018）
著(编)者：张占斌
2018年8月出版 / 估价：99.00元
PSN B-2014-396-1/1

创新蓝皮书
创新型国家建设报告（2018~2019）
著(编)者：詹正茂
2018年12月出版 / 估价：99.00元
PSN B-2009-140-1/1

低碳发展蓝皮书
中国低碳发展报告（2018）
著(编)者：张希良 齐晔
2018年6月出版 / 估价：99.00元
PSN B-2011-223-1/1

低碳经济蓝皮书
中国低碳经济发展报告（2018）
著(编)者：薛进军 赵忠秀
2018年11月出版 / 估价：99.00元
PSN B-2011-194-1/1

发展和改革蓝皮书
中国经济发展和体制改革报告No.9
著(编)者：邹东涛 王再文
2018年1月出版 / 估价：99.00元
PSN B-2008-122-1/1

国家创新蓝皮书
中国创新发展报告（2017）
著(编)者：陈劲　2018年5月出版 / 估价：99.00元
PSN B-2014-370-1/1

金融蓝皮书
中国金融发展报告（2018）
著(编)者：王国刚
2018年6月出版 / 估价：99.00元
PSN B-2004-031-1/7

经济蓝皮书
2018年中国经济形势分析与预测
著(编)者：李平　2017年12月出版 / 定价：89.00元
PSN B-1996-001-1/1

经济蓝皮书春季号
2018年中国经济前景分析
著(编)者：李扬　2018年5月出版 / 估价：99.00元
PSN B-1999-008-1/1

经济蓝皮书夏季号
中国经济增长报告（2017~2018）
著(编)者：李扬　2018年9月出版 / 估价：99.00元
PSN B-2010-176-1/1

农村绿皮书
中国农村经济形势分析与预测（2017~2018）
著(编)者：魏后凯 黄秉信
2018年4月出版 / 估价：99.00元
PSN G-1998-003-1/1

人口与劳动绿皮书
中国人口与劳动问题报告No.19
著(编)者：张车伟　2018年11月出版 / 估价：99.00元
PSN G-2000-012-1/1

新型城镇化蓝皮书
新型城镇化发展报告（2017）
著(编)者：李伟 宋敏
2018年3月出版 / 定价：98.00元
PSN B-2005-038-1/1

中国省域竞争力蓝皮书
中国省域经济综合竞争力发展报告（2016~2017）
著(编)者：李建平 李闽榕
2018年2月出版 / 定价：198.00元
PSN B-2007-088-1/1

中小城市绿皮书
中国中小城市发展报告（2018）
著(编)者：中国城市经济学会中小城市经济发展委员会
中国城镇化促进会中小城市发展委员会
《中国中小城市发展报告》编纂委员会
中小城市发展战略研究院
2018年11月出版 / 估价：128.00元
PSN G-2010-161-1/1

区域经济类

东北蓝皮书
中国东北地区发展报告（2018）
著(编)者：姜晓秋　2018年11月出版 / 估价：99.00元
PSN B-2006-067-1/1

金融蓝皮书
中国金融中心发展报告（2017~2018）
著(编)者：王力 黄育华　2018年11月出版 / 估价：99.00元
PSN B-2011-186-6/7

京津冀蓝皮书
京津冀发展报告（2018）
著(编)者：祝合良 叶堂林 张贵祥
2018年6月出版 / 估价：99.00元
PSN B-2012-262-1/1

西北蓝皮书
中国西北发展报告（2018）
著(编)者：王福生 马廷旭 董秋生
2018年1月出版 / 定价：99.00元
PSN B-2012-261-1/1

西部蓝皮书
中国西部发展报告（2018）
著(编)者：璋勇 任保平　2018年8月出版 / 估价：99.00元
PSN B-2005-039-1/1

长江经济带产业蓝皮书
长江经济带产业发展报告（2018）
著(编)者：吴传清　2018年11月出版 / 估价：128.00元
PSN B-2017-666-1/1

长江经济带蓝皮书
长江经济带发展报告（2017~2018）
著(编)者：王振　2018年11月出版 / 估价：99.00元
PSN B-2016-575-1/1

长江中游城市群蓝皮书
长江中游城市群新型城镇化与产业协同发展报告（2018）
著(编)者：杨刚强　2018年11月出版 / 估价：99.00元
PSN B-2016-578-1/1

长三角蓝皮书
2017年创新融合发展的长三角
著(编)者：刘飞跃　2018年5月出版 / 估价：99.00元
PSN B-2005-038-1/1

长株潭城市群蓝皮书
长株潭城市群发展报告（2017）
著(编)者：张萍 朱有志　2018年6月出版 / 估价：99.00元
PSN B-2008-109-1/1

特色小镇蓝皮书
特色小镇智慧运营报告（2018）：顶层设计与智慧架构标准
著(编)者：陈劲　2018年1月出版 / 定价：79.00元
PSN B-2018-692-1/1

中部竞争力蓝皮书
中国中部经济社会竞争力报告（2018）
著(编)者：教育部人文社会科学重点研究基地南昌大学中国
中部经济社会发展研究中心
2018年12月出版 / 估价：99.00元
PSN B-2012-276-1/1

中部蓝皮书
中国中部地区发展报告（2018）
著(编)者：宋亚平　2018年12月出版 / 估价：99.00元
PSN B-2007-089-1/1

区域蓝皮书
中国区域经济发展报告（2017~2018）
著(编)者：赵弘　2018年5月出版 / 估价：99.00元
PSN B-2004-034-1/1

中三角蓝皮书
长江中游城市群发展报告（2018）
著(编)者：秦尊文　2018年9月出版 / 估价：99.00元
PSN B-2014-417-1/1

中原蓝皮书
中原经济区发展报告（2018）
著(编)者：李英杰　2018年6月出版 / 估价：99.00元
PSN B-2011-192-1/1

珠三角流通蓝皮书
珠三角商圈发展研究报告（2018）
著(编)者：王先庆 林至颖　2018年7月出版 / 估价：99.00元
PSN B-2012-292-1/1

社会政法类

北京蓝皮书
中国社区发展报告（2017~2018）
著(编)者：于燕燕　2018年9月出版 / 估价：99.00元
PSN B-2007-083-5/8

殡葬绿皮书
中国殡葬事业发展报告（2017~2018）
著(编)者：李伯森　2018年6月出版 / 估价：158.00元
PSN G-2010-180-1/1

城市管理蓝皮书
中国城市管理报告（2017-2018）
著(编)者：刘林 刘承水　2018年5月出版 / 估价：158.00元
PSN B-2013-336-1/1

城市生活质量蓝皮书
中国城市生活质量报告（2017）
著(编)者：张连城 张平 杨春学 郎丽华
2017年12月出版 / 定价：89.00元
PSN B-2013-326-1/1

城市政府能力蓝皮书
中国城市政府公共服务能力评估报告（2018）
著（编）者：何艳玲　2018年5月出版 / 估价：99.00元
PSN R-2013-338-1/1

创业蓝皮书
中国创业发展研究报告（2017~2018）
著（编）者：黄群慧　赵卫星　钟宏武
2018年11月出版 / 估价：99.00元
PSN B-2016-577-1/1

慈善蓝皮书
中国慈善发展报告（2018）
著（编）者：杨团　2018年6月出版 / 估价：99.00元
PSN B-2009-142-1/1

党建蓝皮书
党的建设研究报告No.2（2018）
著（编）者：崔建民　陈东平　2018年6月出版 / 估价：99.00元
PSN B-2016-523-1/1

地方法治蓝皮书
中国地方法治发展报告No.3（2018）
著（编）者：李林　田禾　2018年6月出版 / 估价：118.00元
PSN B-2015-442-1/1

电子政务蓝皮书
中国电子政务发展报告（2018）
著（编）者：李季　2018年8月出版 / 估价：99.00元
PSN B-2003-022-1/1

儿童蓝皮书
中国儿童参与状况报告（2017）
著（编）者：苑立新　2017年12月出版 / 定价：89.00元
PSN B-2017-682-1/1

法治蓝皮书
中国法治发展报告No.16（2018）
著（编）者：李林　田禾　2018年3月出版 / 定价：128.00元
PSN B-2004-027-1/3

法治蓝皮书
中国法院信息化发展报告No.2（2018）
著（编）者：李林　田禾　2018年2月出版 / 定价：118.00元
PSN B-2017-604-3/3

法治政府蓝皮书
中国法治政府发展报告（2017）
著（编）者：中国政法大学法治政府研究院
2018年3月出版 / 定价：158.00元
PSN B-2015-502-1/2

法治政府蓝皮书
中国法治政府评估报告（2018）
著（编）者：中国政法大学法治政府研究院
2018年9月出版 / 估价：168.00元
PSN B-2016-576-2/2

反腐倡廉蓝皮书
中国反腐倡廉建设报告No.8
著（编）者：张英伟　2018年12月出版 / 估价：99.00元
PSN B-2012-259-1/1

扶贫蓝皮书
中国扶贫开发报告（2018）
著（编）者：李培林　魏后凯　2018年12月出版 / 估价：128.00元
PSN B-2016-599-1/1

妇女发展蓝皮书
中国妇女发展报告No.6
著（编）者：王金玲　2018年9月出版 / 估价：158.00元
PSN B-2006-069-1/1

妇女教育蓝皮书
中国妇女教育发展报告No.3
著（编）者：张李玺　2018年10月出版 / 估价：99.00元
PSN B-2008-121-1/1

妇女绿皮书
2018年：中国性别平等与妇女发展报告
著（编）者：谭琳　2018年12月出版 / 估价：99.00元
PSN G-2006-073-1/1

公共安全蓝皮书
中国城市公共安全发展报告（2017~2018）
著（编）者：黄育华　杨文明　赵建辉
2018年6月出版 / 估价：99.00元
PSN B-2017-628-1/1

公共服务蓝皮书
中国城市基本公共服务力评价（2018）
著（编）者：钟君　刘志昌　吴正昱
2018年12月出版 / 估价：99.00元
PSN B-2011-214-1/1

公民科学素质蓝皮书
中国公民科学素质报告（2017~2018）
著（编）者：李群　陈雄　马宗文
2017年12月出版 / 定价：89.00元
PSN B-2014-379-1/1

公益蓝皮书
中国公益慈善发展报告（2016）
著（编）者：朱健刚　胡小军　2018年6月出版 / 估价：99.00元
PSN B-2012-283-1/1

国际人才蓝皮书
中国国际移民报告（2018）
著（编）者：王辉耀　2018年6月出版 / 估价：99.00元
PSN B-2012-304-3/4

国际人才蓝皮书
中国留学发展报告（2018）No.7
著（编）者：王辉耀　苗绿　2018年12月出版 / 估价：99.00元
PSN B-2012-244-2/4

海洋社会蓝皮书
中国海洋社会发展报告（2017）
著（编）者：崔凤　宋宁而　2018年3月出版 / 定价：99.00元
PSN B-2015-478-1/1

行政改革蓝皮书
中国行政体制改革报告No.7（2018）
著（编）者：魏礼群　2018年6月出版 / 估价：99.00元
PSN B-2011-231-1/1

华侨华人蓝皮书
华侨华人研究报告（2017）
著(编)者：张禹东 庄国土　2017年12月出版 / 定价：148.00元
PSN B-2011-204-1/1

互联网与国家治理蓝皮书
互联网与国家治理发展报告（2017）
著(编)者：张志安　2018年1月出版 / 定价：98.00元
PSN B-2017-671-1/1

环境管理蓝皮书
中国环境管理发展报告（2017）
著(编)者：李金惠　2017年12月出版 / 定价：98.00元
PSN B-2017-678-1/1

环境竞争力绿皮书
中国省域环境竞争力发展报告（2018）
著(编)者：李建平 李闽榕 王金南
2018年11月出版 / 估价：198.00元
PSN G-2010-165-1/1

环境绿皮书
中国环境发展报告（2017~2018）
著(编)者：李波　2018年6月出版 / 估价：99.00元
PSN G-2006-048-1/1

家庭蓝皮书
中国"创建幸福家庭活动"评估报告（2018）
著(编)者：国务院发展研究中心"创建幸福家庭活动评估"课题组
2018年12月出版 / 估价：99.00元
PSN B-2015-508-1/1

健康城市蓝皮书
中国健康城市建设研究报告（2018）
著(编)者：王鸿春 盛继洪　2018年12月出版 / 估价：99.00元
PSN B-2016-564-2/2

健康中国蓝皮书
社区首诊与健康中国分析报告（2018）
著(编)者：高和荣 杨叔禹 姜杰
2018年6月出版 / 估价：99.00元
PSN B-2017-611-1/1

教师蓝皮书
中国中小学教师发展报告（2017）
著(编)者：曾晓东 鱼霞
2018年6月出版 / 估价：99.00元
PSN B-2012-289-1/1

教育扶贫蓝皮书
中国教育扶贫报告（2018）
著(编)者：司树杰 王文静 李兴洲
2018年12月出版 / 估价：99.00元
PSN B-2016-590-1/1

教育蓝皮书
中国教育发展报告（2018）
著(编)者：杨东平　2018年3月出版 / 定价：89.00元
PSN B-2006-047-1/1

金融法治建设蓝皮书
中国金融法治建设年度报告（2015~2016）
著(编)者：朱小黄　2018年6月出版 / 估价：99.00元
PSN B-2017-633-1/1

京津冀教育蓝皮书
京津冀教育发展研究报告（2017~2018）
著(编)者：方中雄　2018年6月出版 / 估价：99.00元
PSN B-2017-608-1/1

就业蓝皮书
2018年中国本科生就业报告
著(编)者：麦可思研究院　2018年6月出版 / 估价：99.00元
PSN B-2009-146-1/2

就业蓝皮书
2018年中国高职高专生就业报告
著(编)者：麦可思研究院　2018年6月出版 / 估价：99.00元
PSN B-2015-472-2/2

科学教育蓝皮书
中国科学教育发展报告（2018）
著(编)者：王康友　2018年10月出版 / 估价：99.00元
PSN B-2015-487-1/1

劳动保障蓝皮书
中国劳动保障发展报告（2018）
著(编)者：刘燕斌　2018年9月出版 / 估价：158.00元
PSN B-2014-415-1/1

老龄蓝皮书
中国老年宜居环境发展报告（2017）
著(编)者：党俊武 周燕珉　2018年6月出版 / 估价：99.00元
PSN B-2013-320-1/1

连片特困区蓝皮书
中国连片特困区发展报告（2017~2018）
著(编)者：游俊 冷志明 丁建军
2018年6月出版 / 估价：99.00元
PSN B-2013-321-1/1

流动儿童蓝皮书
中国流动儿童教育发展报告（2017）
著(编)者：杨东平　2018年6月出版 / 估价：99.00元
PSN B-2017-600-1/1

民调蓝皮书
中国民生调查报告（2018）
著(编)者：谢耘耕　2018年12月出版 / 估价：99.00元
PSN B-2014-398-1/1

民族发展蓝皮书
中国民族发展报告（2018）
著(编)者：王延中　2018年10月出版 / 估价：188.00元
PSN B-2006-070-1/1

女性生活蓝皮书
中国女性生活状况报告No.12（2018）
著(编)者：韩湘景　2018年7月出版 / 估价：99.00元
PSN B-2006-071-1/1

汽车社会蓝皮书
中国汽车社会发展报告（2017~2018）
著(编)者：王俊秀　2018年6月出版 / 估价：99.00元
PSN B-2011-224-1/1

青年蓝皮书
中国青年发展报告（2018）No.3
著(编)者：廉思　2018年6月出版 / 估价：99.00元
PSN B-2013-333-1/1

青少年蓝皮书
中国未成年人互联网运用报告（2017~2018）
著(编)者：季为民　李文革　沈杰
2018年11月出版 / 估价：99.00元
PSN B-2010-156-1/1

人权蓝皮书
中国人权事业发展报告No.8（2018）
著(编)者：李君如　2018年9月出版 / 估价：99.00元
PSN B-2011-215-1/1

社会保障绿皮书
中国社会保障发展报告No.9（2018）
著(编)者：王延中　2018年6月出版 / 估价：99.00元
PSN G-2001-014-1/1

社会风险评估蓝皮书
风险评估与危机预警报告（2017~2018）
著(编)者：唐钧　2018年8月出版 / 估价：99.00元
PSN B-2012-293-1/1

社会工作蓝皮书
中国社会工作发展报告（2016~2017）
著(编)者：民政部社会工作研究中心
2018年8月出版 / 估价：99.00元
PSN B-2009-141-1/1

社会管理蓝皮书
中国社会管理创新报告No.6
著(编)者：连玉明　2018年11月出版 / 估价：99.00元
PSN B-2012-300-1/1

社会蓝皮书
2018年中国社会形势分析与预测
著(编)者：李培林　陈光金　张翼
2017年12月出版 / 定价：89.00元
PSN B-1998-002-1/1

社会体制蓝皮书
中国社会体制改革报告No.6（2018）
著(编)者：龚维斌　2018年3月出版 / 定价：98.00元
PSN B-2013-330-1/1

社会心态蓝皮书
中国社会心态研究报告（2018）
著(编)者：王俊秀　2018年12月出版 / 估价：99.00元
PSN B-2011-199-1/1

社会组织蓝皮书
中国社会组织报告（2017-2018）
著(编)者：黄晓勇　2018年6月出版 / 估价：99.00元
PSN B-2008-118-1/2

社会组织蓝皮书
中国社会组织评估发展报告（2018）
著(编)者：徐家良　2018年12月出版 / 估价：99.00元
PSN B-2013-366-2/2

生态城市绿皮书
中国生态城市建设发展报告（2018）
著(编)者：刘举科　孙伟平　胡文臻
2018年9月出版 / 估价：158.00元
PSN G-2012-269-1/1

生态文明绿皮书
中国省域生态文明建设评价报告（ECI 2018）
著(编)者：严耕　2018年12月出版 / 估价：99.00元
PSN G-2010-170-1/1

退休生活蓝皮书
中国城市居民退休生活质量指数报告（2017）
著(编)者：杨一帆　2018年6月出版 / 估价：99.00元
PSN B-2017-618-1/1

危机管理蓝皮书
中国危机管理报告（2018）
著(编)者：文学国　范正青
2018年8月出版 / 估价：99.00元
PSN B-2010-171-1/1

学会蓝皮书
2018年中国学会发展报告
著(编)者：麦可思研究院　2018年12月出版 / 估价：99.00元
PSN B-2016-597-1/1

医改蓝皮书
中国医药卫生体制改革报告（2017~2018）
著(编)者：文学国　房志武
2018年11月出版 / 估价：99.00元
PSN B-2014-432-1/1

应急管理蓝皮书
中国应急管理报告（2018）
著(编)者：宋英华　2018年9月出版 / 估价：99.00元
PSN B-2016-562-1/1

政府绩效评估蓝皮书
中国地方政府绩效评估报告 No.2
著(编)者：贠杰　2018年12月出版 / 估价：99.00元
PSN B-2017-672-1/1

政治参与蓝皮书
中国政治参与报告（2018）
著(编)者：房宁　2018年8月出版 / 估价：128.00元
PSN B-2011-200-1/1

政治文化蓝皮书
中国政治文化报告（2018）
著(编)者：邢元敏　魏大鹏　龚克
2018年8月出版 / 估价：128.00元
PSN B-2017-615-1/1

中国传统村落蓝皮书
中国传统村落保护现状报告（2018）
著(编)者：胡彬彬　李向军　王晓波
2018年12月出版 / 估价：99.00元
PSN B-2017-663-1/1

中国农村妇女发展蓝皮书
农村流动女性城市生活发展报告（2018）
著(编)者：谢丽华　2018年12月出版 / 估价：99.00元
PSN B-2014-434-1/1

宗教蓝皮书
中国宗教报告（2017）
著(编)者：邱永辉　2018年8月出版 / 估价：99.00元
PSN B-2008-117-1/1

产业经济类

保健蓝皮书
中国保健服务产业发展报告 No.2
著(编)者：中国保健协会　中共中央党校
2018年7月出版 / 估价：198.00元
PSN B-2012-272-3/3

保健蓝皮书
中国保健食品产业发展报告 No.2
著(编)者：中国保健协会
　　　中国社会科学院食品药品产业发展与监管研究中心
2018年8月出版 / 估价：198.00元
PSN B-2012-271-2/3

保健蓝皮书
中国保健用品产业发展报告 No.2
著(编)者：中国保健协会
　　　国务院国有资产监督管理委员会研究中心
2018年6月出版 / 估价：198.00元
PSN B-2012-270-1/3

保险蓝皮书
中国保险业竞争力报告（2018）
著(编)者：保监会　2018年12月出版 / 估价：99.00元
PSN B-2013-311-1/1

冰雪蓝皮书
中国冰上运动产业发展报告（2018）
著(编)者：孙承华 杨占武 刘戈 张鸿俊
2018年9月出版 / 估价：99.00元
PSN B-2017-648-3/3

冰雪蓝皮书
中国滑雪产业发展报告（2018）
著(编)者：孙承华 伍斌 魏庆华 张鸿俊
2018年9月出版 / 估价：99.00元
PSN B-2016-559-1/3

餐饮产业蓝皮书
中国餐饮产业发展报告（2018）
著(编)者：邢颖
2018年6月出版 / 估价：99.00元
PSN B-2009-151-1/1

茶业蓝皮书
中国茶产业发展报告（2018）
著(编)者：杨江帆 李闽榕
2018年10月出版 / 估价：99.00元
PSN B-2010-164-1/1

产业安全蓝皮书
中国文化产业安全报告（2018）
著(编)者：北京印刷学院文化产业安全研究院
2018年12月出版 / 估价：99.00元
PSN B-2014-378-12/14

产业安全蓝皮书
中国新媒体产业安全报告（2016~2017）
著(编)者：肖丽　2018年6月出版 / 估价：99.00元
PSN B-2015-500-14/14

产业安全蓝皮书
中国出版传媒产业安全报告（2017~2018）
著(编)者：北京印刷学院文化产业安全研究院
2018年6月出版 / 估价：99.00元
PSN B-2014-384-13/14

产业蓝皮书
中国产业竞争力报告（2018）No.8
著(编)者：张其仔　2018年12月出版 / 估价：168.00元
PSN B-2010-175-1/1

动力电池蓝皮书
中国新能源汽车动力电池产业发展报告（2018）
著(编)者：中国汽车技术研究中心
2018年8月出版 / 估价：99.00元
PSN B-2017-639-1/1

杜仲产业绿皮书
中国杜仲橡胶资源与产业发展报告（2017~2018）
著(编)者：杜红岩 胡文臻 俞锐
2018年6月出版 / 估价：99.00元
PSN G-2013-350-1/1

房地产蓝皮书
中国房地产发展报告No.15（2018）
著(编)者：李春华 王业强
2018年5月出版 / 估价：99.00元
PSN B-2004-028-1/1

服务外包蓝皮书
中国服务外包产业发展报告（2017~2018）
著(编)者：王晓红 刘德军
2018年6月出版 / 估价：99.00元
PSN B-2013-331-2/2

服务外包蓝皮书
中国服务外包竞争力报告（2017~2018）
著(编)者：刘春生 王力 黄育华
2018年12月出版 / 估价：99.00元
PSN B-2011-216-1/2

工业和信息化蓝皮书
世界信息技术产业发展报告（2017~2018）
著(编)者：尹丽波　2018年6月出版 / 估价：99.00元
PSN B-2015-449-2/6

工业和信息化蓝皮书
战略性新兴产业发展报告（2017~2018）
著(编)者：尹丽波　2018年6月出版 / 估价：99.00元
PSN B-2015-450-3/6

海洋经济蓝皮书
中国海洋经济发展报告（2015~2018）
著(编)者：殷克东　高金田　方胜民
2018年3月出版 / 定价：128.00元
PSN B-2018-697-1/1

康养蓝皮书
中国康养产业发展报告（2017）
著(编)者：何莽　2017年12月出版 / 定价：88.00元
PSN B-2017-685-1/1

客车蓝皮书
中国客车产业发展报告（2017~2018）
著(编)者：姚蔚　2018年10月出版 / 估价：99.00元
PSN B-2013-361-1/1

流通蓝皮书
中国商业发展报告（2018~2019）
著(编)者：王雪峰　林诗慧
2018年7月出版 / 估价：99.00元
PSN B-2009-152-1/2

能源蓝皮书
中国能源发展报告（2018）
著(编)者：崔民选　王军生　陈义和
2018年12月出版 / 估价：99.00元
PSN B-2006-049-1/1

农产品流通蓝皮书
中国农产品流通产业发展报告（2017）
著(编)者：贾敬敦　张东科　张玉玺　张鹏毅　周伟
2018年6月出版 / 估价：99.00元
PSN B-2012-288-1/1

汽车工业蓝皮书
中国汽车工业发展年度报告（2018）
著(编)者：中国汽车工业协会
　　　　　中国汽车技术研究中心
　　　　　丰田汽车公司
2018年5月出版 / 估价：168.00元
PSN B-2015-463-1/2

汽车工业蓝皮书
中国汽车零部件产业发展报告（2017~2018）
著(编)者：中国汽车工业协会
　　　　　中国汽车工程研究院深圳市沃特玛电池有限公司
2018年9月出版 / 估价：99.00元
PSN B-2016-515-2/2

汽车蓝皮书
中国汽车产业发展报告（2018）
著(编)者：中国汽车工程学会
　　　　　大众汽车集团（中国）
2018年11月出版 / 估价：99.00元
PSN B-2008-124-1/1

世界茶业蓝皮书
世界茶业发展报告（2018）
著(编)者：李闽榕　冯廷佺
2018年5月出版 / 估价：168.00元
PSN B-2017-619-1/1

世界能源蓝皮书
世界能源发展报告（2018）
著(编)者：黄晓勇　2018年6月出版 / 估价：168.00元
PSN B-2013-349-1/1

石油蓝皮书
中国石油产业发展报告（2018）
著(编)者：中国石油化工集团公司经济技术研究院
　　　　　中国国际石油化工联合有限责任公司
　　　　　中国社会科学院数量经济与技术经济研究所
2018年2月出版 / 定价：98.00元
PSN B-2018-690-1/1

体育蓝皮书
国家体育产业基地发展报告（2016~2017）
著(编)者：李颖川　2018年6月出版 / 估价：168.00元
PSN B-2017-609-5/5

体育蓝皮书
中国体育产业发展报告（2018）
著(编)者：阮伟　钟秉枢
2018年12月出版 / 估价：99.00元
PSN B-2010-179-1/5

文化金融蓝皮书
中国文化金融发展报告（2018）
著(编)者：杨涛　金巍
2018年6月出版 / 估价：99.00元
PSN B-2017-610-1/1

新能源汽车蓝皮书
中国新能源汽车产业发展报告（2018）
著(编)者：中国汽车技术研究中心
　　　　　日产（中国）投资有限公司
　　　　　东风汽车有限公司
2018年8月出版 / 估价：99.00元
PSN B-2013-347-1/1

薏仁米产业蓝皮书
中国薏仁米产业发展报告No.2（2018）
著(编)者：李发耀　石明　秦礼康
2018年8月出版 / 估价：99.00元
PSN B-2017-645-1/1

邮轮绿皮书
中国邮轮产业发展报告（2018）
著(编)者：汪泓　2018年10月出版 / 估价：99.00元
PSN B-2014-419-1/1

智能养老蓝皮书
中国智能养老产业发展报告（2018）
著(编)者：朱勇　2018年10月出版 / 估价：99.00元
PSN B-2015-488-1/1

中国节能汽车蓝皮书
中国节能汽车发展报告（2017~2018）
著(编)者：中国汽车工程研究院股份有限公司
2018年9月出版 / 估价：99.00元
PSN B-2016-565-1/1

中国陶瓷产业蓝皮书
中国陶瓷产业发展报告（2018）
著(编)者：左和平 黄速建
2018年10月出版 / 估价：99.00元
PSN B-2016-573-1/1

装备制造业蓝皮书
中国装备制造业发展报告（2018）
著(编)者：徐东华
2018年12月出版 / 估价：118.00元
PSN B-2015-505-1/1

行业及其他类

"三农"互联网金融蓝皮书
中国"三农"互联网金融发展报告（2018）
著(编)者：李勇坚 王弢
2018年8月出版 / 估价：99.00元
PSN B-2016-560-1/1

SUV蓝皮书
中国SUV市场发展报告（2017～2018）
著(编)者：靳军 2018年9月出版 / 估价：99.00元
PSN B-2016-571-1/1

冰雪蓝皮书
中国冬季奥运会发展报告（2018）
著(编)者：孙承华 伍斌 魏庆华 张鸿俊
2018年9月出版 / 估价：99.00元
PSN B-2017-647-2/3

彩票蓝皮书
中国彩票发展报告（2018）
著(编)者：益彩基金 2018年6月出版 / 估价：99.00元
PSN B-2015-462-1/1

测绘地理信息蓝皮书
测绘地理信息供给侧结构性改革研究报告（2018）
著(编)者：库热西·买合苏提
2018年12月出版 / 估价：168.00元
PSN B-2009-145-1/1

产权市场蓝皮书
中国产权市场发展报告（2017）
著(编)者：曹和平
2018年5月出版 / 估价：99.00元
PSN B-2009-147-1/1

城投蓝皮书
中国城投行业发展报告（2018）
著(编)者：华景斌
2018年11月出版 / 估价：300.00元
PSN B-2016-514-1/1

城市轨道交通蓝皮书
中国城市轨道交通运营发展报告（2017～2018）
著(编)者：崔学忠 贾文峥
2018年3月出版 / 定价：89.00元
PSN B-2018-694-1/1

大数据蓝皮书
中国大数据发展报告（No.2）
著(编)者：连玉明 2018年5月出版 / 估价：99.00元
PSN B-2017-620-1/1

大数据应用蓝皮书
中国大数据应用发展报告No.2（2018）
著(编)者：陈军君 2018年8月出版 / 估价：99.00元
PSN B-2017-644-1/1

对外投资与风险蓝皮书
中国对外直接投资与国家风险报告（2018）
著(编)者：中债资信评估有限责任公司
中国社会科学院世界经济与政治研究所
2018年6月出版 / 估价：189.00元
PSN B-2017-606-1/1

工业和信息化蓝皮书
人工智能发展报告（2017～2018）
著(编)者：尹丽波 2018年6月出版 / 估价：99.00元
PSN B-2015-448-1/6

工业和信息化蓝皮书
世界智慧城市发展报告（2017～2018）
著(编)者：尹丽波 2018年6月出版 / 估价：99.00元
PSN B-2017-624-6/6

工业和信息化蓝皮书
世界网络安全发展报告（2017～2018）
著(编)者：尹丽波 2018年6月出版 / 估价：99.00元
PSN B-2015-452-5/6

工业和信息化蓝皮书
世界信息化发展报告（2017～2018）
著(编)者：尹丽波 2018年6月出版 / 估价：99.00元
PSN B-2015-451-4/6

工业设计蓝皮书
中国工业设计发展报告（2018）
著(编)者：王晓红 于炜 张立群 2018年9月出版 / 估价：168.00元
PSN B-2014-420-1/1

公共关系蓝皮书
中国公共关系发展报告（2017）
著(编)者：柳斌杰 2018年1月出版 / 定价：89.00元
PSN B-2016-579-1/1

公共关系蓝皮书
中国公共关系发展报告（2018）
著(编)者：柳斌杰　2018年11月出版 / 估价：99.00元
PSN B-2016-579-1/1

管理蓝皮书
中国管理发展报告（2018）
著(编)者：张晓东　2018年10月出版 / 估价：99.00元
PSN B-2014-416-1/1

轨道交通蓝皮书
中国轨道交通行业发展报告（2017）
著(编)者：仲建华　李闽榕
2017年12月出版 / 定价：98.00元
PSN B-2017-674-1/1

海关发展蓝皮书
中国海关发展前沿报告（2018）
著(编)者：干春晖　2018年6月出版 / 估价：99.00元
PSN B-2017-616-1/1

互联网医疗蓝皮书
中国互联网健康医疗发展报告（2018）
著(编)者：芮晓武　2018年6月出版 / 估价：99.00元
PSN B-2016-567-1/1

黄金市场蓝皮书
中国商业银行黄金业务发展报告（2017～2018）
著(编)者：平安银行　2018年6月出版 / 估价：99.00元
PSN B-2016-524-1/1

会展蓝皮书
中外会展业动态评估研究报告（2018）
著(编)者：张敏　任中峰　聂鑫焱　牛盼强
2018年12月出版 / 估价：99.00元
PSN B-2013-327-1/1

基金会蓝皮书
中国基金会发展报告（2017~2018）
著(编)者：中国基金会发展报告课题组
2018年6月出版 / 估价：99.00元
PSN B-2013-368-1/1

基金会绿皮书
中国基金会发展独立研究报告（2018）
著(编)者：基金会中心网　中央民族大学基金会研究中心
2018年6月出版 / 估价：99.00元
PSN G-2011-213-1/1

基金会透明度蓝皮书
中国基金会透明度发展研究报告（2018）
著(编)者：基金会中心网
　　　　　清华大学廉政与治理研究中心
2018年9月出版 / 估价：99.00元
PSN B-2013-339-1/1

建筑装饰蓝皮书
中国建筑装饰行业发展报告（2018）
著(编)者：葛道顺　刘晓一
2018年10月出版 / 估价：198.00元
PSN B-2016-553-1/1

金融监管蓝皮书
中国金融监管报告（2018）
著(编)者：胡滨　2018年3月出版 / 定价：98.00元
PSN B-2012-281-1/1

金融蓝皮书
中国互联网金融行业分析与评估（2018～2019）
著(编)者：黄国平　伍旭川　2018年12月出版 / 估价：99.00元
PSN B-2016-585-7/7

金融科技蓝皮书
中国金融科技发展报告（2018）
著(编)者：李扬　孙国峰　2018年10月出版 / 估价：99.00元
PSN B-2014-374-1/1

金融信息服务蓝皮书
中国金融信息服务发展报告（2018）
著(编)者：李平　2018年5月出版 / 估价：99.00元
PSN B-2017-621-1/1

金蜜蜂企业社会责任蓝皮书
金蜜蜂中国企业社会责任报告研究（2017）
著(编)者：殷格非　于志宏　管竹笋
2018年1月出版 / 定价：99.00元
PSN B-2018-693-1/1

京津冀金融蓝皮书
京津冀金融发展报告（2018）
著(编)者：王爱俭　王璟怡　2018年10月出版 / 估价：99.00元
PSN B-2016-527-1/1

科普蓝皮书
国家科普能力发展报告（2018）
著(编)者：王康友　2018年5月出版 / 估价：138.00元
PSN B-2017-632-4/4

科普蓝皮书
中国基层科普发展报告（2017～2018）
著(编)者：赵立新　陈玲　2018年9月出版 / 估价：99.00元
PSN B-2016-568-3/4

科普蓝皮书
中国科普基础设施发展报告（2017～2018）
著(编)者：任福君　2018年6月出版 / 估价：99.00元
PSN B-2010-174-1/3

科普蓝皮书
中国科普人才发展报告（2017～2018）
著(编)者：郑念　任嵘嵘　2018年7月出版 / 估价：99.00元
PSN B-2016-512-2/4

科普能力蓝皮书
中国科普能力评价报告（2018～2019）
著(编)者：李富强　李群　2018年8月出版 / 估价：99.00元
PSN B-2016-555-1/1

临空经济蓝皮书
中国临空经济发展报告（2018）
著(编)者：连玉明　2018年9月出版 / 估价：99.00元
PSN B-2014-421-1/1

旅游安全蓝皮书
中国旅游安全报告（2018）
著(编)者：郑向敏 谢朝武　　2018年5月出版 / 估价：158.00元
PSN B-2012-280-1/1

旅游绿皮书
2017~2018年中国旅游发展分析与预测
著(编)者：宋瑞　2018年1月出版 / 定价：99.00元
PSN G-2002-018-1/1

煤炭蓝皮书
中国煤炭工业发展报告（2018）
著(编)者：岳福斌　2018年12月出版 / 估价：99.00元
PSN B-2008-123-1/1

民营企业社会责任蓝皮书
中国民营企业社会责任报告（2018）
著(编)者：中华全国工商业联合会
2018年12月出版 / 估价：99.00元
PSN B-2015-510-1/1

民营医院蓝皮书
中国民营医院发展报告（2017）
著(编)者：薛晓林　2017年12月出版 / 定价：89.00元
PSN B-2012-299-1/1

闽商蓝皮书
闽商发展报告（2018）
著(编)者：李闽榕 王日根 林琛
2018年12月出版 / 估价：99.00元
PSN B-2012-298-1/1

农业应对气候变化蓝皮书
中国农业气象灾害及其灾损评估报告（No.3）
著(编)者：矫梅燕　2018年6月出版 / 估价：118.00元
PSN B-2014-413-1/1

品牌蓝皮书
中国品牌战略发展报告（2018）
著(编)者：汪同三　2018年10月出版 / 估价：99.00元
PSN B-2016-580-1/1

企业扶贫蓝皮书
中国企业扶贫研究报告（2018）
著(编)者：钟宏武　2018年12月出版 / 估价：99.00元
PSN B-2016-593-1/1

企业公益蓝皮书
中国企业公益研究报告（2018）
著(编)者：钟宏武 汪杰 黄晓娟
2018年12月出版 / 估价：99.00元
PSN B-2015-501-1/1

企业国际化蓝皮书
中国企业全球化报告（2018）
著(编)者：王辉耀 苗绿　2018年11月出版 / 估价：99.00元
PSN B-2014-427-1/1

企业蓝皮书
中国企业绿色发展报告No.2（2018）
著(编)者：李红玉 朱光辉
2018年8月出版 / 估价：99.00元
PSN B-2015-481-2/2

企业社会责任蓝皮书
中资企业海外社会责任研究报告（2017~2018）
著(编)者：钟宏武 叶柳红 张蒽
2018年6月出版 / 估价：99.00元
PSN B-2017-603-2/2

企业社会责任蓝皮书
中国企业社会责任研究报告（2018）
著(编)者：黄群慧 钟宏武 张蒽 汪杰
2018年11月出版 / 估价：99.00元
PSN B-2009-149-1/2

汽车安全蓝皮书
中国汽车安全发展报告（2018）
著(编)者：中国汽车技术研究中心
2018年8月出版 / 估价：99.00元
PSN B-2014-385-1/1

汽车电子商务蓝皮书
中国汽车电子商务发展报告（2018）
著(编)者：中华全国工商业联合会汽车经销商商会
北方工业大学
北京易观智库网络科技有限公司
2018年10月出版 / 估价：158.00元
PSN B-2015-485-1/1

汽车知识产权蓝皮书
中国汽车产业知识产权发展报告（2018）
著(编)者：中国汽车工程研究院股份有限公司
中国汽车工程学会
重庆长安汽车股份有限公司
2018年12月出版 / 估价：99.00元
PSN B-2016-594-1/1

青少年体育蓝皮书
中国青少年体育发展报告（2017）
著(编)者：刘扶民 杨桦　2018年6月出版 / 估价：99.00元
PSN B-2015-482-1/1

区块链蓝皮书
中国区块链发展报告（2018）
著(编)者：李伟　2018年9月出版 / 估价：99.00元
PSN B-2017-649-1/1

群众体育蓝皮书
中国群众体育发展报告（2017）
著(编)者：刘国永 戴健　2018年5月出版 / 估价：99.00元
PSN B-2014-411-1/3

群众体育蓝皮书
中国社会体育指导员发展报告（2018）
著(编)者：刘国永 王欢　2018年6月出版 / 估价：99.00元
PSN B-2016-520-3/3

人力资源蓝皮书
中国人力资源发展报告（2018）
著(编)者：余兴安　2018年11月出版 / 估价：99.00元
PSN B-2012-287-1/1

融资租赁蓝皮书
中国融资租赁业发展报告（2017~2018）
著(编)者：李光荣 王力　2018年8月出版 / 估价：99.00元
PSN B-2015-443-1/1

商会蓝皮书
中国商会发展报告No.5（2017）
著（编）者：王钦敏　2018年7月出版 / 估价：99.00元
PSN B-2008-125 1/1

商务中心区蓝皮书
中国商务中心区发展报告No.4（2017～2018）
著（编）者：李国红 单菁菁　2018年9月出版 / 估价：99.00元
PSN B-2015-444-1/1

设计产业蓝皮书
中国创新设计发展报告（2018）
著（编）者：王晓红 张立群 于炜
2018年11月出版 / 估价：99.00元
PSN B-2016-581-2/2

社会责任管理蓝皮书
中国上市公司社会责任能力成熟度报告No.4（2018）
著（编）者：肖红军 王晓光 李伟阳
2018年12月出版 / 估价：99.00元
PSN B-2015-507-2/2

社会责任管理蓝皮书
中国企业公众透明度报告No.4（2017～2018）
著（编）者：黄速建 熊梦 王晓光 肖红军
2018年6月出版 / 估价：99.00元
PSN B-2015-440-1/2

食品药品蓝皮书
食品药品安全与监管政策研究报告（2016～2017）
著（编）者：唐民皓　2018年6月出版 / 估价：99.00元
PSN B-2009-129-1/1

输血服务蓝皮书
中国输血行业发展报告（2018）
著（编）者：孙俊　2018年12月出版 / 估价：99.00元
PSN B-2016-582-1/1

水利风景区蓝皮书
中国水利风景区发展报告（2018）
著（编）者：董建文 兰思仁
2018年10月出版 / 估价：99.00元
PSN B-2015-480-1/1

数字经济蓝皮书
全球数字经济竞争力发展报告（2017）
著（编）者：王振　2017年12月出版 / 定价：79.00元
PSN B-2017-673-1/1

私募市场蓝皮书
中国私募股权市场发展报告（2017～2018）
著（编）者：曹和平　2018年12月出版 / 估价：99.00元
PSN B-2010-162-1/1

碳排放权交易蓝皮书
中国碳排放权交易报告（2018）
著（编）者：孙永平　2018年11月出版 / 估价：99.00元
PSN B-2017-652-1/1

碳市场蓝皮书
中国碳市场报告（2018）
著（编）者：定金彪　2018年11月出版 / 估价：99.00元
PSN B-2014-430-1/1

体育蓝皮书
中国公共体育服务发展报告（2018）
著（编）者：戴健　2018年12月出版 / 估价：99.00元
PSN B-2013-367-2/5

土地市场蓝皮书
中国农村土地市场发展报告（2017～2018）
著（编）者：李光荣　2018年6月出版 / 估价：99.00元
PSN B-2016-526-1/1

土地整治蓝皮书
中国土地整治发展研究报告（No.5）
著（编）者：国土资源部土地整治中心
2018年7月出版 / 估价：99.00元
PSN B-2014-401-1/1

土地政策蓝皮书
中国土地政策研究报告（2018）
著（编）者：高延利 张建平 吴次芳
2018年1月出版 / 定价：98.00元
PSN B-2015-506-1/1

网络空间安全蓝皮书
中国网络空间安全发展报告（2018）
著（编）者：惠志斌 覃庆玲
2018年11月出版 / 估价：99.00元
PSN B-2015-466-1/1

文化志愿服务蓝皮书
中国文化志愿服务发展报告（2018）
著（编）者：张永新 良警宇　2018年11月出版 / 估价：128.00元
PSN B-2016-596-1/1

西部金融蓝皮书
中国西部金融发展报告（2017～2018）
著（编）者：李忠民　2018年8月出版 / 估价：99.00元
PSN B-2010-160-1/1

协会商会蓝皮书
中国行业协会商会发展报告（2017）
著（编）者：景朝阳 李勇　2018年6月出版 / 估价：99.00元
PSN B-2015-461-1/1

新三板蓝皮书
中国新三板市场发展报告（2018）
著（编）者：王力　2018年8月出版 / 估价：99.00元
PSN B-2016-533-1/1

信托市场蓝皮书
中国信托业市场报告（2017～2018）
著（编）者：用益金融信托研究院
2018年6月出版 / 估价：198.00元
PSN B-2014-371-1/1

信息化蓝皮书
中国信息化形势分析与预测（2017～2018）
著（编）者：周宏仁　2018年8月出版 / 估价：99.00元
PSN B-2010-168-1/1

信用蓝皮书
中国信用发展报告（2017～2018）
著（编）者：章政 田侃　2018年6月出版 / 估价：99.00元
PSN B-2013-328-1/1

休闲绿皮书
2017～2018年中国休闲发展报告
著(编)者：宋瑞　　2018年7月出版 / 估价：99.00元
PSN G-2010-158-1/1

休闲体育蓝皮书
中国休闲体育发展报告（2017～2018）
著(编)者：李相如 钟秉枢
2018年10月出版 / 估价：99.00元
PSN B-2016-516-1/1

养老金融蓝皮书
中国养老金融发展报告（2018）
著(编)者：董克用 姚余栋
2018年9月出版 / 估价：99.00元
PSN B-2016-583-1/1

遥感监测绿皮书
中国可持续发展遥感监测报告（2017）
著(编)者：顾行发 汪克强 潘教峰 李闽榕 徐东华 王琦安
2018年6月出版 / 估价：298.00元
PSN B-2017-629-1/1

药品流通蓝皮书
中国药品流通行业发展报告（2018）
著(编)者：佘鲁林 温再兴
2018年7月出版 / 估价：198.00元
PSN B-2014-429-1/1

医疗器械蓝皮书
中国医疗器械行业发展报告（2018）
著(编)者：王宝亭 耿鸿武
2018年10月出版 / 估价：99.00元
PSN B-2017-661-1/1

医院蓝皮书
中国医院竞争力报告（2017~2018）
著(编)者：庄一强　2018年3月出版 / 定价：108.00元
PSN B-2016-528-1/1

瑜伽蓝皮书
中国瑜伽业发展报告（2017~2018）
著(编)者：张永建 徐华锋 朱泰余
2018年6月出版 / 估价：198.00元
PSN B-2017-625-1/1

债券市场蓝皮书
中国债券市场发展报告（2017～2018）
著(编)者：杨农　　2018年10月出版 / 估价：99.00元
PSN B-2016-572-1/1

志愿服务蓝皮书
中国志愿服务发展报告（2018）
著(编)者：中国志愿服务联合会
2018年11月出版 / 估价：99.00元
PSN B-2017-664-1/1

中国上市公司蓝皮书
中国上市公司发展报告（2018）
著(编)者：张鹏 张平 黄胤英
2018年9月出版 / 估价：99.00元
PSN B-2014-414-1/1

中国新三板蓝皮书
中国新三板创新与发展报告（2018）
著(编)者：刘平安 闻召林
2018年8月出版 / 估价：158.00元
PSN B-2017-638-1/1

中国汽车品牌蓝皮书
中国乘用车品牌发展报告（2017）
著(编)者：《中国汽车报》社有限公司
　　　　　博世（中国）投资有限公司
　　　　　中国汽车技术研究中心数据资源中心
2018年1月出版 / 定价：89.00元
PSN B-2017-679-1/1

中医文化蓝皮书
北京中医药文化传播发展报告（2018）
著(编)者：毛嘉陵　2018年6月出版 / 估价：99.00元
PSN B-2015-468-1/2

中医文化蓝皮书
中国中医药文化传播发展报告（2018）
著(编)者：毛嘉陵　2018年7月出版 / 估价：99.00元
PSN B-2016-584-2/2

中医药蓝皮书
北京中医药知识产权发展报告No.2
著(编)者：汪洪 屠志涛　2018年6月出版 / 估价：168.00元
PSN B-2017-602-1/1

资本市场蓝皮书
中国场外交易市场发展报告（2016～2017）
著(编)者：高峦　2018年6月出版 / 估价：99.00元
PSN B-2009-153-1/1

资产管理蓝皮书
中国资产管理行业发展报告（2018）
著(编)者：郑智　2018年7月出版 / 估价：99.00元
PSN B-2014-407-2/2

资产证券化蓝皮书
中国资产证券化发展报告（2018）
著(编)者：沈炳熙 曹彤 李哲平
2018年4月出版 / 估价：98.00元
PSN B-2017-660-1/1

自贸区蓝皮书
中国自贸区发展报告（2018）
著(编)者：王力 黄育华
2018年6月出版 / 估价：99.00元
PSN B-2016-558-1/1

国际问题与全球治理类

"一带一路"跨境通道蓝皮书
"一带一路"跨境通道建设研究报（2017~2018）
著(编)者：余鑫 张秋生　2018年1月出版 / 定价：89.00元
PSN B-2016-557-1/1

"一带一路"蓝皮书
"一带一路"建设发展报告（2018）
著(编)者：李永全　2018年3月出版 / 定价：98.00元
PSN B-2016-552-1/1

"一带一路"投资安全蓝皮书
中国"一带一路"投资与安全研究报告（2018）
著(编)者：邹统钎 梁昊光　2018年4月出版 / 定价：98.00元
PSN B-2017-612-1/1

"一带一路"文化交流蓝皮书
中阿文化交流发展报告（2017）
著(编)者：王辉　2017年12月出版 / 定价：89.00元
PSN B-2017-655-1/1

G20国家创新竞争力黄皮书
二十国集团（G20）国家创新竞争力发展报告（2017~2018）
著(编)者：李建平 李闽榕 赵新力 周天勇
2018年7月出版 / 估价：168.00元
PSN Y-2011-229-1/1

阿拉伯黄皮书
阿拉伯发展报告（2016~2017）
著(编)者：罗林　2018年6月出版 / 估价：99.00元
PSN Y-2014-381-1/1

北部湾蓝皮书
泛北部湾合作发展报告（2017~2018）
著(编)者：吕余生　2018年12月出版 / 估价：99.00元
PSN B-2008-114-1/1

北极蓝皮书
北极地区发展报告（2017）
著(编)者：刘惠荣　2018年7月出版 / 估价：99.00元
PSN B-2017-634-1/1

大洋洲蓝皮书
大洋洲发展报告（2017~2018）
著(编)者：喻常森　2018年10月出版 / 估价：99.00元
PSN B-2013-341-1/1

东北亚区域合作蓝皮书
2017年"一带一路"倡议与东北亚区域合作
著(编)者：刘亚政 金美花
2018年5月出版 / 估价：99.00元
PSN B-2017-631-1/1

东盟黄皮书
东盟发展报告（2017）
著(编)者：杨晓强 庄国土　2018年6月出版 / 估价：99.00元
PSN Y-2012-303-1/1

东南亚蓝皮书
东南亚地区发展报告（2017~2018）
著(编)者：土勤　2018年12月出版 / 估价：99.00元
PSN B-2012-240-1/1

非洲黄皮书
非洲发展报告No.20（2017~2018）
著(编)者：张宏明　2018年7月出版 / 估价：99.00元
PSN Y-2012-239-1/1

非传统安全蓝皮书
中国非传统安全研究报告（2017~2018）
著(编)者：潇枫 罗中枢　2018年8月出版 / 估价：99.00元
PSN B-2012-273-1/1

国际安全蓝皮书
中国国际安全研究报告（2018）
著(编)者：刘慧　2018年7月出版 / 估价：99.00元
PSN B-2016-521-1/1

国际城市蓝皮书
国际城市发展报告（2018）
著(编)者：屠启宇　2018年2月出版 / 定价：89.00元
PSN B-2012-260-1/1

国际形势黄皮书
全球政治与安全报告（2018）
著(编)者：张宇燕　2018年1月出版 / 定价：99.00元
PSN Y-2001-016-1/1

公共外交蓝皮书
中国公共外交发展报告（2018）
著(编)者：赵启正 雷蔚真　2018年6月出版 / 估价：99.00元
PSN B-2015-457-1/1

海丝蓝皮书
21世纪海上丝绸之路研究报告（2017）
著(编)者：华侨大学海上丝绸之路研究院
2017年12月出版 / 定价：89.00元
PSN B-2017-684-1/1

金砖国家黄皮书
金砖国家综合创新竞争力发展报告（2018）
著(编)者：赵新力 李闽榕 黄茂兴
2018年8月出版 / 定价：128.00元
PSN Y-2017-643-1/1

拉美黄皮书
拉丁美洲和加勒比发展报告（2017~2018）
著(编)者：袁东振　2018年6月出版 / 估价：99.00元
PSN Y-1999-007-1/1

澜湄合作蓝皮书
澜沧江-湄公河合作发展报告（2018）
著(编)者：刘稚　2018年9月出版 / 估价：99.00元
PSN B-2011-196-1/1

欧洲蓝皮书
欧洲发展报告（2017～2018）
著(编)者：黄平 周弘 程卫东
2018年6月出版 / 估价：99.00元
PSN B-1999-009-1/1

葡语国家蓝皮书
葡语国家发展报告（2016～2017）
著(编)者：王成安 张敏 刘金兰
2018年6月出版 / 估价：99.00元
PSN B-2015-503-1/2

葡语国家蓝皮书
中国与葡语国家关系发展报告·巴西（2016）
著(编)者：张曙光
2018年8月出版 / 估价：99.00元
PSN B-2016-563-2/2

气候变化绿皮书
应对气候变化报告（2018）
著(编)者：王伟光 郑国光
2018年11月出版 / 估价：99.00元
PSN G-2009-144-1/1

全球环境竞争力绿皮书
全球环境竞争力报告（2018）
著(编)者：李建平 李闽榕 王金南
2018年12月出版 / 估价：198.00元
PSN G-2013-363-1/1

全球信息社会蓝皮书
全球信息社会发展报告（2018）
著(编)者：丁波涛 唐涛　2018年10月出版 / 估价：99.00元
PSN B-2017-665-1/1

日本经济蓝皮书
日本经济与中日经贸关系研究报告（2018）
著(编)者：张季风　2018年6月出版 / 估价：99.00元
PSN B-2008-102-1/1

上海合作组织黄皮书
上海合作组织发展报告（2018）
著(编)者：李进峰　2018年6月出版 / 估价：99.00元
PSN Y-2009-130-1/1

世界创新竞争力黄皮书
世界创新竞争力发展报告（2017）
著(编)者：李建平 李闽榕 赵新力
2018年6月出版 / 估价：168.00元
PSN Y-2013-318-1/1

世界经济黄皮书
2018年世界经济形势分析与预测
著(编)者：张宇燕　2018年1月出版 / 定价：99.00元
PSN Y-1999-006-1/1

世界能源互联互通蓝皮书
世界能源清洁发展与互联互通评估报告（2017）：欧洲篇
著(编)者：国网能源研究院
2018年1月出版 / 定价：128.00元
PSN B-2018-695-1/1

丝绸之路蓝皮书
丝绸之路经济带发展报告（2018）
著(编)者：任宗哲 白宽犁 谷孟宾
2018年1月出版 / 定价：89.00元
PSN B-2014-410-1/1

新兴经济体蓝皮书
金砖国家发展报告（2018）
著(编)者：林跃勤 周文
2018年8月出版 / 估价：99.00元
PSN B-2011-195-1/1

亚太蓝皮书
亚太地区发展报告（2018）
著(编)者：李向阳　2018年5月出版 / 估价：99.00元
PSN B-2001-015-1/1

印度洋地区蓝皮书
印度洋地区发展报告（2018）
著(编)者：汪戎　2018年6月出版 / 估价：99.00元
PSN B-2013-334-1/1

印度尼西亚经济蓝皮书
印度尼西亚经济发展报告（2017）：增长与机会
著(编)者：左志刚　2017年11月出版 / 定价：89.00元
PSN B-2017-675-1/1

渝新欧蓝皮书
渝新欧沿线国家发展报告（2018）
著(编)者：杨柏 黄森
2018年6月出版 / 估价：99.00元
PSN B-2017-626-1/1

中阿蓝皮书
中国-阿拉伯国家经贸发展报告（2018）
著(编)者：张廉 段庆林 王林聪 杨巧红
2018年12月出版 / 估价：99.00元
PSN B-2016-598-1/1

中东黄皮书
中东发展报告No.20（2017～2018）
著(编)者：杨光　2018年10月出版 / 估价：99.00元
PSN Y-1998-004-1/1

中亚黄皮书
中亚国家发展报告（2018）
著(编)者：孙力
2018年3月出版 / 定价：98.00元
PSN Y-2012-238-1/1

国别类

澳大利亚蓝皮书
澳大利亚发展报告（2017-2018）
著(编)者：孙有中 韩锋　2018年12月出版 / 估价：99.00元
PSN B-2016-587-1/1

巴西黄皮书
巴西发展报告（2017）
著(编)者：刘国枝　2018年5月出版 / 估价：99.00元
PSN Y-2017-614-1/1

德国蓝皮书
德国发展报告（2018）
著(编)者：郑春荣　2018年6月出版 / 估价：99.00元
PSN B-2012-278-1/1

俄罗斯黄皮书
俄罗斯发展报告（2018）
著(编)者：李永全　2018年6月出版 / 估价：99.00元
PSN Y-2006-061-1/1

韩国蓝皮书
韩国发展报告（2017）
著(编)者：牛林杰 刘宝全　2018年6月出版 / 估价：99.00元
PSN B-2010-155-1/1

加拿大蓝皮书
加拿大发展报告（2018）
著(编)者：唐小松　2018年9月出版 / 估价：99.00元
PSN B-2014-389-1/1

美国蓝皮书
美国研究报告（2018）
著(编)者：郑秉文 黄平　2018年5月出版 / 估价：99.00元
PSN B-2011-210-1/1

缅甸蓝皮书
缅甸国情报告（2017）
著(编)者：祝湘辉
2017年11月出版 / 定价：98.00元
PSN B-2013-343-1/1

日本蓝皮书
日本研究报告（2018）
著(编)者：杨伯江　2018年4月出版 / 定价：99.00元
PSN B-2002-020-1/1

土耳其蓝皮书
土耳其发展报告（2018）
著(编)者：郭长刚 刘义　2018年9月出版 / 估价：99.00元
PSN B-2014-412-1/1

伊朗蓝皮书
伊朗发展报告（2017~2018）
著(编)者：冀开运　2018年10月 / 估价：99.00元
PSN B-2016-574-1/1

以色列蓝皮书
以色列发展报告（2018）
著(编)者：张倩红　2018年8月出版 / 估价：99.00元
PSN B-2015-483-1/1

印度蓝皮书
印度国情报告（2017）
著(编)者：吕昭义　2018年6月出版 / 估价：99.00元
PSN B-2012-241-1/1

英国蓝皮书
英国发展报告（2017~2018）
著(编)者：王展鹏　2018年12月出版 / 估价：99.00元
PSN B-2015-486-1/1

越南蓝皮书
越南国情报告（2018）
著(编)者：谢林城　2018年11月出版 / 估价：99.00元
PSN B-2006-056-1/1

泰国蓝皮书
泰国研究报告（2018）
著(编)者：庄国土 张禹东 刘文正
2018年10月出版 / 估价：99.00元
PSN B-2016-556-1/1

文化传媒类

"三农"舆情蓝皮书
中国"三农"网络舆情报告（2017~2018）
著(编)者：农业部信息中心
2018年6月出版 / 估价：99.00元
PSN B-2017-640-1/1

传媒竞争力蓝皮书
中国传媒国际竞争力研究报告（2018）
著(编)者：李本乾 刘强 王大可
2018年8月出版 / 估价：99.00元
PSN B-2013-356-1/1

传媒蓝皮书
中国传媒产业发展报告（2018）
著(编)者：崔保国
2018年5月出版 / 估价：99.00元
PSN B-2005-035-1/1

传媒投资蓝皮书
中国传媒投资发展报告（2018）
著(编)者：张向东 谭云明
2018年6月出版 / 估价：148.00元
PSN B-2015-474-1/1

非物质文化遗产蓝皮书
中国非物质文化遗产发展报告（2018）
著(编)者：陈平　2018年6月出版 / 估价：128.00元
PSN B-2015-469-1/2

非物质文化遗产蓝皮书
中国非物质文化遗产保护发展报告（2018）
著(编)者：宋俊华　2018年10月出版 / 估价：128.00元
PSN B-2016-586-2/2

广电蓝皮书
中国广播电影电视发展报告（2018）
著(编)者：国家新闻出版广电总局发展研究中心
2018年7月出版 / 估价：99.00元
PSN B-2006-072-1/1

广告主蓝皮书
中国广告主营销传播趋势报告No.9
著(编)者：黄升民 杜国清 邵华冬 等
2018年10月出版 / 估价：158.00元
PSN B-2005-041-1/1

国际传播蓝皮书
中国国际传播发展报告（2018）
著(编)者：胡正荣 李继东 姬德强
2018年12月出版 / 估价：99.00元
PSN B-2014-408-1/1

国家形象蓝皮书
中国国家形象传播报告（2017）
著(编)者：张昆　2018年6月出版 / 估价：128.00元
PSN B-2017-605-1/1

互联网治理蓝皮书
中国网络社会治理研究报告（2018）
著(编)者：罗昕 支庭荣
2018年9月出版 / 估价：118.00元
PSN B-2017-653-1/1

纪录片蓝皮书
中国纪录片发展报告（2018）
著(编)者：何苏六　2018年10月出版 / 估价：99.00元
PSN B-2011-222-1/1

科学传播蓝皮书
中国科学传播报告（2016~2017）
著(编)者：詹正茂　2018年6月出版 / 估价：99.00元
PSN B-2008-120-1/1

两岸创意经济蓝皮书
两岸创意经济研究报告（2018）
著(编)者：罗昌智 董泽平
2018年10月出版 / 估价：99.00元
PSN B-2014-437-1/1

媒介与女性蓝皮书
中国媒介与女性发展报告（2017~2018）
著(编)者：刘利群　2018年5月出版 / 估价：99.00元
PSN B-2013-345-1/1

媒体融合蓝皮书
中国媒体融合发展报告（2017~2018）
著(编)者：梅宁华 支庭荣
2017年12月出版 / 定价：98.00元
PSN B-2015-479-1/1

全球传媒蓝皮书
全球传媒发展报告（2017~2018）
著(编)者：胡正荣 李继东　2018年6月出版 / 估价：99.00元
PSN B-2012-237-1/1

少数民族非遗蓝皮书
中国少数民族非物质文化遗产发展报告（2018）
著(编)者：肖远平（彝）柴立（满）
2018年10月出版 / 估价：118.00元
PSN B-2015-467-1/1

视听新媒体蓝皮书
中国视听新媒体发展报告（2018）
著(编)者：国家新闻出版广电总局发展研究中心
2018年7月出版 / 估价：118.00元
PSN B-2011-184-1/1

数字娱乐产业蓝皮书
中国动画产业发展报告（2018）
著(编)者：孙立军 孙平 牛兴侦
2018年10月出版 / 估价：99.00元
PSN B-2011-198-1/2

数字娱乐产业蓝皮书
中国游戏产业发展报告（2018）
著(编)者：孙立军 刘跃军　2018年10月出版 / 估价：99.00元
PSN B-2017-662-2/2

网络视听蓝皮书
中国互联网视听行业发展报告（2018）
著(编)者：陈鹏　2018年2月出版 / 定价：148.00元
PSN B-2018-688-1/1

文化创新蓝皮书
中国文化创新报告（2017·No.8）
著(编)者：傅才武　2018年6月出版 / 估价：99.00元
PSN B-2009-143-1/1

文化建设蓝皮书
中国文化发展报告（2018）
著(编)者：江畅 孙伟平 戴茂堂
2018年5月出版 / 估价：99.00元
PSN B-2014-392-1/1

文化科技蓝皮书
文化科技创新发展报告（2018）
著(编)者：于平 李凤亮　2018年10月出版 / 估价：99.00元
PSN B-2013-342-1/1

文化蓝皮书
中国公共文化服务发展报告（2017~2018）
著(编)者：刘新成 张永新 张旭
2018年12月出版 / 估价：99.00元
PSN B-2007-093-2/10

文化蓝皮书
中国少数民族文化发展报告（2017~2018）
著(编)者：武翠英 张晓明 任乌晶
2018年9月出版 / 估价：99.00元
PSN B-2013-369-9/10

文化蓝皮书
中国文化产业供需协调检测报告（2018）
著(编)者：王亚南　2018年3月出版 / 定价：99.00元
PSN B-2013-323-8/10

文化蓝皮书
中国文化消费需求景气评价报告（2018）
著(编)者：王亚南　2018年3月出版 / 定价：99.00元
P3N D 2011-236-4/10

文化蓝皮书
中国公共文化投入增长测评报告（2018）
著(编)者：王亚南　2018年3月出版 / 定价：99.00元
PSN B-2014-435-10/10

文化品牌蓝皮书
中国文化品牌发展报告（2018）
著(编)者：欧阳友权　2018年5月出版 / 估价：99.00元
PSN B-2012-277-1/1

文化遗产蓝皮书
中国文化遗产事业发展报告（2017~2018）
著(编)者：苏杨 张颖岚 卓杰 白海峰 陈晨 陈叙图
2018年8月出版 / 估价：99.00元
PSN B-2008-119-1/1

文学蓝皮书
中国文情报告（2017~2018）
著(编)者：白烨　2018年5月出版 / 估价：99.00元
PSN B-2011-221-1/1

新媒体蓝皮书
中国新媒体发展报告No.9（2018）
著(编)者：唐绪军　2018年7月出版 / 估价：99.00元
PSN B-2010-169-1/1

新媒体社会责任蓝皮书
中国新媒体社会责任研究报告（2018）
著(编)者：钟瑛　2018年12月出版 / 估价：99.00元
PSN B-2014-423-1/1

移动互联网蓝皮书
中国移动互联网发展报告（2018）
著(编)者：余清楚　2018年6月出版 / 估价：99.00元
PSN B-2012-282-1/1

影视蓝皮书
中国影视产业发展报告（2018）
著(编)者：司若 陈鹏 陈锐
2018年6月出版 / 估价：99.00元
PSN B-2016-529-1/1

舆情蓝皮书
中国社会舆情与危机管理报告（2018）
著(编)者：谢耘耕
2018年9月出版 / 估价：138.00元
PSN B-2011-235-1/1

中国大运河蓝皮书
中国大运河发展报告（2018）
著(编)者：吴欣　2018年2月出版 / 估价：128.00元
PSN B-2018-691-1/1

地方发展类-经济

澳门蓝皮书
澳门经济社会发展报告（2017~2018）
著(编)者：吴志良 郝雨凡
2018年7月出版 / 估价：99.00元
PSN B-2009-138-1/1

澳门绿皮书
澳门旅游休闲发展报告（2017~2018）
著(编)者：郝雨凡 林广志
2018年5月出版 / 估价：99.00元
PSN G-2017-617-1/1

北京蓝皮书
北京经济发展报告（2017~2018）
著(编)者：杨松　2018年6月出版 / 估价：99.00元
PSN B-2006-054-2/8

北京旅游绿皮书
北京旅游发展报告（2018）
著(编)者：北京旅游学会
2018年7月出版 / 估价：99.00元
PSN G-2012-301-1/1

北京体育蓝皮书
北京体育产业发展报告（2017~2018）
著(编)者：钟秉枢 陈杰 杨铁黎
2018年9月出版 / 估价：99.00元
PSN B-2015-475-1/1

滨海金融蓝皮书
滨海新区金融发展报告（2017）
著(编)者：王爱俭 李向前　2018年4月出版 / 估价：99.00元
PSN B-2014-424-1/1

城乡一体化蓝皮书
北京城乡一体化发展报告（2017~2018）
著(编)者：吴宝新 张宝秀 黄序
2018年5月出版 / 估价：99.00元
PSN B-2012-258-2/2

非公有制企业社会责任蓝皮书
北京非公有制企业社会责任报告（2018）
著(编)者：宋贵伦 冯培
2018年6月出版 / 估价：99.00元
PSN B-2017-613-1/1

福建旅游蓝皮书
福建省旅游产业发展现状研究（2017~2018）
著(编)者：陈敏华 黄远水　2018年12月出版 / 估价：128.00元
PSN B-2016-591-1/1

福建自贸区蓝皮书
中国(福建)自由贸易试验区发展报告(2017~2018)
著(编)者：黄茂兴　2018年6月出版 / 估价：118.00元
PSN B-2016-531-1/1

甘肃蓝皮书
甘肃经济发展分析与预测（2018）
著(编)者：安文华 罗哲　2018年1月出版 / 定价：99.00元
PSN B-2013-312-1/6

甘肃蓝皮书
甘肃商贸流通发展报告（2018）
著(编)者：张应华 王福生 王晓芳
2018年1月出版 / 定价：99.00元
PSN B-2016-522-6/6

甘肃蓝皮书
甘肃县域和农村发展报告（2018）
著(编)者：包东红 朱智文 王建兵
2018年1月出版 / 定价：99.00元
PSN B-2013-316-5/6

甘肃农业科技绿皮书
甘肃农业科技发展研究报告（2018）
著(编)者：魏胜文 乔德华 张东伟
2018年12月出版 / 估价：198.00元
PSN B-2016-592-1/1

甘肃气象保障蓝皮书
甘肃农业对气候变化的适应与风险评估报告（No.1）
著(编)者：鲍文中 周广胜
2017年12月出版 / 定价：108.00元
PSN B-2017-677-1/1

巩义蓝皮书
巩义经济社会发展报告（2018）
著(编)者：丁同民 朱军　2018年6月出版 / 估价：99.00元
PSN B-2016-532-1/1

广东外经贸蓝皮书
广东对外经济贸易发展研究报告（2017～2018）
著(编)者：陈万灵　2018年6月出版 / 估价：99.00元
PSN B-2012-286-1/1

广西北部湾经济区蓝皮书
广西北部湾经济区开放开发报告（2017～2018）
著(编)者：广西壮族自治区北部湾经济区和东盟开放合作办公室
　　　　　广西社会科学院
　　　　　广西北部湾发展研究院
2018年5月出版 / 估价：99.00元
PSN B-2010-181-1/1

广州蓝皮书
广州城市国际化发展报告（2018）
著(编)者：张跃国　2018年8月出版 / 估价：99.00元
PSN B-2012-246-11/14

广州蓝皮书
中国广州城市建设与管理发展报告（2018）
著(编)者：张其学 陈小钢 王宏伟　2018年8月出版 / 估价：99.00元
PSN B-2007-087-4/14

广州蓝皮书
广州创新型城市发展报告（2018）
著(编)者：尹涛　2018年6月出版 / 估价：99.00元
PSN B-2012-247-12/14

广州蓝皮书
广州经济发展报告（2018）
著(编)者：张跃国 尹涛　2018年7月出版 / 估价：99.00元
PSN B-2005-040-1/14

广州蓝皮书
2018年中国广州经济形势分析与预测
著(编)者：魏明海 谢博能 李华
2018年6月出版 / 估价：99.00元
PSN B-2011-185-9/14

广州蓝皮书
中国广州科技创新发展报告（2018）
著(编)者：于欣伟 陈爽 邓佑满　2018年8月出版 / 估价：99.00元
PSN B-2006-065-2/14

广州蓝皮书
广州农村发展报告（2018）
著(编)者：朱名宏　2018年7月出版 / 估价：99.00元
PSN B-2010-167-8/14

广州蓝皮书
广州汽车产业发展报告（2018）
著(编)者：杨再高 冯兴亚　2018年7月出版 / 估价：99.00元
PSN B-2006-066-3/14

广州蓝皮书
广州商贸业发展报告（2018）
著(编)者：张跃国 陈杰 荀振英
2018年7月出版 / 估价：99.00元
PSN B-2012-245-10/14

贵阳蓝皮书
贵阳城市创新发展报告No.3（白云篇）
著(编)者：连玉明　2018年5月出版 / 估价：99.00元
PSN B-2015-491-3/10

贵阳蓝皮书
贵阳城市创新发展报告No.3（观山湖篇）
著(编)者：连玉明　2018年5月出版 / 估价：99.00元
PSN B-2015-497-9/10

贵阳蓝皮书
贵阳城市创新发展报告No.3（花溪篇）
著(编)者：连玉明　2018年5月出版 / 估价：99.00元
PSN B-2015-490-2/10

贵阳蓝皮书
贵阳城市创新发展报告No.3（开阳篇）
著(编)者：连玉明　2018年5月出版 / 估价：99.00元
PSN B-2015-492-4/10

贵阳蓝皮书
贵阳城市创新发展报告No.3（南明篇）
著(编)者：连玉明　2018年5月出版 / 估价：99.00元
PSN B-2015-496-8/10

贵阳蓝皮书
贵阳城市创新发展报告No.3（清镇篇）
著(编)者：连玉明　2018年5月出版 / 估价：99.00元
PSN B-2015-489-1/10

贵阳蓝皮书
贵阳城市创新发展报告No.3（乌当篇）
著(编)者：连玉明　2018年5月出版 / 估价：99.00元
PSN B-2015-495-7/10

贵阳蓝皮书
贵阳城市创新发展报告No.3（息烽篇）
著(编)者：连玉明　2018年5月出版 / 估价：99.00元
PSN B-2015-493-5/10

贵阳蓝皮书
贵阳城市创新发展报告No.3（修文篇）
著(编)者：连玉明　2018年5月出版 / 估价：99.00元
PSN B-2015-494-6/10

贵阳蓝皮书
贵阳城市创新发展报告No.3（云岩篇）
著(编)者：连玉明　2018年5月出版 / 估价：99.00元
PSN B-2015-498-10/10

贵州房地产蓝皮书
贵州房地产发展报告No.5（2018）
著(编)者：武廷方　2018年7月出版 / 估价：99.00元
PSN B-2014-426-1/1

贵州蓝皮书
贵州册亨经济社会发展报告（2018）
著(编)者：黄德林　2018年6月出版 / 估价：99.00元
PSN B-2016-525-8/9

贵州蓝皮书
贵州地理标志产业发展报告（2018）
著(编)者：李发耀 黄其松　2018年8月出版 / 估价：99.00元
PSN B-2017-646-10/10

贵州蓝皮书
贵安新区发展报告（2017~2018）
著(编)者：马长青 吴大华　2018年6月出版 / 估价：99.00元
PSN B-2015-459-4/10

贵州蓝皮书
贵州国家级开放创新平台发展报告（2017~2018）
著(编)者：申晓庆 吴大华 季泓
2018年11月出版 / 估价：99.00元
PSN B-2016-518-7/10

贵州蓝皮书
贵州国有企业社会责任发展报告（2017~2018）
著(编)者：郭丽　2018年12月出版 / 估价：99.00元
PSN B-2015-511-6/10

贵州蓝皮书
贵州民航业发展报告（2017）
著(编)者：申振东 吴大华　2018年6月出版 / 估价：99.00元
PSN B-2015-471-5/10

贵州蓝皮书
贵州民营经济发展报告（2017）
著(编)者：杨静 吴大华　2018年6月出版 / 估价：99.00元
PSN B-2016-530-9/9

杭州都市圈蓝皮书
杭州都市圈发展报告（2018）
著(编)者：洪庆华 沈翔　2018年4月出版 / 定价：98.00元
PSN B-2012-302-1/1

河北经济蓝皮书
河北省经济发展报告（2018）
著(编)者：马树强 金浩 张贵　2018年6月出版 / 估价：99.00元
PSN B-2014-380-1/1

河北蓝皮书
河北经济社会发展报告（2018）
著(编)者：康振海　2018年1月出版 / 定价：99.00元
PSN B-2014-372-1/3

河北蓝皮书
京津冀协同发展报告（2018）
著(编)者：陈璐　2017年12月出版 / 定价：79.00元
PSN B-2017-601-2/3

河南经济蓝皮书
2018年河南经济形势分析与预测
著(编)者：王世炎　2018年3月出版 / 定价：89.00元
PSN B-2007-086-1/1

河南蓝皮书
河南城市发展报告（2018）
著(编)者：张占仓 王建国　2018年5月出版 / 估价：99.00元
PSN B-2009-131-3/9

河南蓝皮书
河南工业发展报告（2018）
著(编)者：张占仓　2018年5月出版 / 估价：99.00元
PSN B-2013-317-5/9

河南蓝皮书
河南金融发展报告（2018）
著(编)者：喻新安 谷建全
2018年6月出版 / 估价：99.00元
PSN B-2014-390-7/9

河南蓝皮书
河南经济发展报告（2018）
著(编)者：张占仓 完世伟
2018年6月出版 / 估价：99.00元
PSN B-2010-157-4/9

河南蓝皮书
河南能源发展报告（2018）
著(编)者：国网河南省电力公司经济技术研究院
　　　　河南省社会科学院
2018年6月出版 / 估价：99.00元
PSN B-2017-607-9/9

河南商务蓝皮书
河南商务发展报告（2018）
著(编)者：焦锦淼 穆荣国　2018年5月出版 / 估价：99.00元
PSN B-2014-399-1/1

河南双创蓝皮书
河南创新创业发展报告（2018）
著(编)者：喻新安 杨雪梅
2018年8月出版 / 估价：99.00元
PSN B-2017-641-1/1

黑龙江蓝皮书
黑龙江经济发展报告（2018）
著(编)者：朱宇　2018年1月出版 / 定价：89.00元
PSN B-2011-190-2/2

湖南城市蓝皮书
区域城市群整合
著(编)者：童中贤 韩未名　2018年12月出版 / 估价：99.00元
PSN B-2006-064-1/1

湖南蓝皮书
湖南城乡一体化发展报告（2018）
著(编)者：陈文胜 王文强 陆福兴
2018年8月出版 / 估价：99.00元
PSN B-2015-477-8/8

湖南蓝皮书
2018年湖南电子政务发展报告
著(编)者：梁志峰　2018年5月出版 / 估价：128.00元
PSN B-2014-394-6/8

湖南蓝皮书
2018年湖南经济发展报告
著(编)者：卞鹰　2018年5月出版 / 估价：128.00元
PSN B-2011-207-2/8

湖南蓝皮书
2016年湖南经济展望
著(编)者：梁志峰　2018年5月出版 / 估价：128.00元
PSN B-2011-206-1/8

湖南蓝皮书
2018年湖南县域经济社会发展报告
著(编)者：梁志峰　2018年5月出版 / 估价：128.00元
PSN B-2014-395-7/8

湖南县域绿皮书
湖南县域发展报告（No.5）
著(编)者：袁准 周小毛 黎仁寅
2018年6月出版 / 估价：99.00元
PSN G-2012-274-1/1

沪港蓝皮书
沪港发展报告（2018）
著(编)者：尤安山　2018年9月出版 / 估价：99.00元
PSN B-2013-362-1/1

吉林蓝皮书
2018年吉林经济社会形势分析与预测
著(编)者：邵汉明　2017年12月出版 / 定价：89.00元
PSN B-2013-319-1/1

吉林省城市竞争力蓝皮书
吉林省城市竞争力报告（2017~2018）
著(编)者：崔岳春 张磊
2018年3月出版 / 定价：89.00元
PSN B-2016-513-1/1

济源蓝皮书
济源经济社会发展报告（2018）
著(编)者：喻新安　2018年6月出版 / 估价：99.00元
PSN B-2014-387-1/1

江苏蓝皮书
2018年江苏经济发展分析与展望
著(编)者：王庆五 吴先满
2018年7月出版 / 估价：128.00元
PSN B-2017-635-1/3

江西蓝皮书
江西经济社会发展报告（2018）
著(编)者：陈石俊 龚建文　2018年10月出版 / 估价：128.00元
PSN B-2015-484-1/2

江西蓝皮书
江西设区市发展报告（2018）
著(编)者：姜玮 梁勇
2018年10月出版 / 估价：99.00元
PSN B-2016-517-2/2

经济特区蓝皮书
中国经济特区发展报告（2017）
著(编)者：陶一桃　2018年1月出版 / 估价：99.00元
PSN B-2009-139-1/1

辽宁蓝皮书
2018年辽宁经济社会形势分析与预测
著(编)者：梁启东 魏红江　2018年6月出版 / 估价：99.00元
PSN B-2006-053-1/1

民族经济蓝皮书
中国民族地区经济发展报告（2018）
著(编)者：李曦辉　2018年7月出版 / 估价：99.00元
PSN B-2017-630-1/1

南宁蓝皮书
南宁经济发展报告（2018）
著(编)者：胡建华　2018年9月出版 / 估价：99.00元
PSN B-2016-569-2/3

内蒙古蓝皮书
内蒙古精准扶贫研究报告（2018）
著(编)者：张志华　2018年1月出版 / 定价：89.00元
PSN B-2017-681-2/2

浦东新区蓝皮书
上海浦东经济发展报告（2018）
著(编)者：周小平 徐美芳
2018年1月出版 / 定价：89.00元
PSN B-2011-225-1/1

青海蓝皮书
2018年青海经济社会形势分析与预测
著(编)者：陈玮　2018年1月出版 / 定价：98.00元
PSN B-2012-275-1/2

青海科技绿皮书
青海科技发展报告（2017）
著(编)者：青海省科学技术信息研究所
2018年3月出版 / 定价：98.00元
PSN G-2018-701-1/1

山东蓝皮书
山东经济形势分析与预测（2018）
著(编)者：李广杰　2018年7月出版 / 估价：99.00元
PSN B-2014-404-1/5

山东蓝皮书
山东省普惠金融发展报告（2018）
著(编)者：齐鲁财富网
2018年9月出版 / 估价：99.00元
PSN B2017-676-5/5

山西蓝皮书
山西资源型经济转型发展报告（2018）
著(编)者：李志强　2018年7月出版 / 估价：99.00元
PSN B-2011-197-1/1

陕西蓝皮书
陕西经济发展报告（2018）
著(编)者：任宗哲 白宽犁 裴成荣
2018年1月出版 / 定价：89.00元
PSN B-2009-135-1/6

陕西蓝皮书
陕西精准脱贫研究报告（2018）
著(编)者：任宗哲 白宽犁 王建康
2018年4月出版 / 定价：89.00元
PSN B-2017-623-6/6

上海蓝皮书
上海经济发展报告（2018）
著(编)者：沈开艳　2018年2月出版 / 定价：89.00元
PSN B-2006-057-1/7

上海蓝皮书
上海资源环境发展报告（2018）
著(编)者：周冯琦 胡静　2018年2月出版 / 定价：89.00元
PSN B-2006-060-4/7

上海蓝皮书
上海奉贤经济发展分析与研判（2017~2018）
著(编)者：张兆安 朱平芳　2018年3月出版 / 定价：99.00元
PSN B-2018-698-8/8

上饶蓝皮书
上饶发展报告（2016~2017）
著(编)者：廖其志　2018年6月出版 / 估价：128.00元
PSN B-2014-377-1/1

深圳蓝皮书
深圳经济发展报告（2018）
著(编)者：张骁儒　2018年6月出版 / 估价：99.00元
PSN B-2008-112-3/7

四川蓝皮书
四川城镇化发展报告（2018）
著(编)者：侯水平 陈炜　2018年6月出版 / 估价：99.00元
PSN B-2015-456-7/7

四川蓝皮书
2018年四川经济形势分析与预测
著(编)者：杨钢　2018年1月出版 / 定价：158.00元
PSN B-2007-098-2/7

四川蓝皮书
四川企业社会责任研究报告（2017~2018）
著(编)者：侯水平 盛毅　2018年5月出版 / 估价：99.00元
PSN B-2014-386-4/7

四川蓝皮书
四川生态建设报告（2018）
著(编)者：李晟之　2018年5月出版 / 估价：99.00元
PSN B-2015-455-6/7

四川蓝皮书
四川特色小镇发展报告（2017）
著(编)者：吴志强　2017年11月出版 / 定价：89.00元
PSN B-2017-670-8/8

体育蓝皮书
上海体育产业发展报告（2017~2018）
著(编)者：张林 黄海燕
2018年10月出版 / 估价：99.00元
PSN B-2015-454-4/5

体育蓝皮书
长三角地区体育产业发展报（2017~2018）
著(编)者：张林　2018年6月出版 / 估价：99.00元
PSN B-2015-453-3/5

天津金融蓝皮书
天津金融发展报告（2018）
著(编)者：王爱俭 孔德昌
2018年5月出版 / 估价：99.00元
PSN B-2014-418-1/1

图们江区域合作蓝皮书
图们江区域合作发展报告（2018）
著(编)者：李铁　2018年6月出版 / 估价：99.00元
PSN B-2015-464-1/1

温州蓝皮书
2018年温州经济社会形势分析与预测
著(编)者：蒋儒标 王春光 金浩
2018年6月出版 / 估价：99.00元
PSN B-2008-105-1/1

西咸新区蓝皮书
西咸新区发展报告（2018）
著(编)者：李扬 王军
2018年6月出版 / 估价：99.00元
PSN B-2016-534-1/1

修武蓝皮书
修武经济社会发展报告（2018）
著(编)者：张占仓 袁凯声
2018年10月出版 / 估价：99.00元
PSN B-2017-651-1/1

偃师蓝皮书
偃师经济社会发展报告（2018）
著(编)者：张占仓 袁凯声 何武周
2018年7月出版 / 估价：99.00元
PSN B-2017-627-1/1

扬州蓝皮书
扬州经济社会发展报告（2018）
著(编)者：陈扬
2018年12月出版 / 估价：108.00元
PSN B-2011-191-1/1

长垣蓝皮书
长垣经济社会发展报告（2018）
著(编)者：张占仓 袁凯声 秦保建
2018年10月出版 / 估价：99.00元
PSN B-2017-654-1/1

遵义蓝皮书
遵义发展报告（2018）
著(编)者：邓彦 曾征 龚永育
2018年9月出版 / 估价：99.00元
PSN B-2014-433-1/1

地方发展类-社会

安徽蓝皮书
安徽社会发展报告（2018）
著(编)者: 程桦　2018年6月出版 / 估价: 99.00元
PSN B-2013-325-1/1

安徽社会建设蓝皮书
安徽社会建设分析报告（2017~2018）
著(编)者: 黄家海 蔡宪
2018年11月出版 / 估价: 99.00元
PSN B-2013-322-1/1

北京蓝皮书
北京公共服务发展报告（2017~2018）
著(编)者: 施昌奎　2018年6月出版 / 估价: 99.00元
PSN B-2008-103-7/8

北京蓝皮书
北京社会发展报告（2017~2018）
著(编)者: 李伟东
2018年7月出版 / 估价: 99.00元
PSN B-2006-055-3/8

北京蓝皮书
北京社会治理发展报告（2017~2018）
著(编)者: 殷星辰　2018年7月出版 / 估价: 99.00元
PSN B-2014-391-8/8

北京律师蓝皮书
北京律师发展报告No.4（2018）
著(编)者: 王隽　2018年12月出版 / 估价: 99.00元
PSN B-2011-217-1/1

北京人才蓝皮书
北京人才发展报告（2018）
著(编)者: 敏华　2018年12月出版 / 估价: 128.00元
PSN B-2011-201-1/1

北京社会心态蓝皮书
北京社会心态分析报告（2017~2018）
北京市社会心理服务促进中心
2018年10月出版 / 估价: 99.00元
PSN B-2014-422-1/1

北京社会组织管理蓝皮书
北京社会组织发展与管理（2018）
著(编)者: 黄江松
2018年6月出版 / 估价: 99.00元
PSN B-2015-446-1/1

北京养老产业蓝皮书
北京居家养老发展报告（2018）
著(编)者: 陆杰华 周明明
2018年8月出版 / 估价: 99.00元
PSN B-2015-465-1/1

法治蓝皮书
四川依法治省年度报告No.4（2018）
著(编)者: 李林 杨天宗 田禾
2018年3月出版 / 定价: 118.00元
PSN B-2015-447-2/3

福建妇女发展蓝皮书
福建省妇女发展报告（2018）
著(编)者: 刘群英　2018年11月出版 / 估价: 99.00元
PSN B-2011-220-1/1

甘肃蓝皮书
甘肃社会发展分析与预测（2018）
著(编)者: 安文华 谢增虎 包晓霞
2018年1月出版 / 定价: 99.00元
PSN B-2013-313-2/6

广东蓝皮书
广东全面深化改革研究报告（2018）
著(编)者: 周林生 涂成林
2018年12月出版 / 估价: 99.00元
PSN B-2015-504-3/3

广东蓝皮书
广东社会工作发展报告（2018）
著(编)者: 罗观翠　2018年6月出版 / 估价: 99.00元
PSN B-2014-402-2/3

广州蓝皮书
广州青年发展报告（2018）
著(编)者: 徐柳 张强
2018年8月出版 / 估价: 99.00元
PSN B-2013-352-13/14

广州蓝皮书
广州社会保障发展报告（2018）
著(编)者: 张跃国　2018年8月出版 / 估价: 99.00元
PSN B-2014-425-14/14

广州蓝皮书
2018年中国广州社会形势分析与预测
著(编)者: 张强 郭志勇 何镜清
2018年6月出版 / 估价: 99.00元
PSN B-2008-110-5/14

贵州蓝皮书
贵州法治发展报告（2018）
著(编)者: 吴大华　2018年5月出版 / 估价: 99.00元
PSN B-2012-254-2/10

贵州蓝皮书
贵州人才发展报告（2017）
著(编)者: 于杰 吴大华
2018年9月出版 / 估价: 99.00元
PSN B-2014-382-3/10

贵州蓝皮书
贵州社会发展报告（2018）
著(编)者: 王兴骥　2018年6月出版 / 估价: 99.00元
PSN B-2010-166-1/10

杭州蓝皮书
杭州妇女发展报告（2018）
著(编)者: 魏颖
2018年10月出版 / 估价: 99.00元
PSN B-2014-403-1/1

河北蓝皮书
河北法治发展报告（2018）
著(编)者：康振海　2018年6月出版 / 估价：99.00元
PSN B-2017-622-3/3

河北食品药品安全蓝皮书
河北食品药品安全研究报告（2018）
著(编)者：丁锦霞
2018年10月出版 / 估价：99.00元
PSN B-2015-473-1/1

河南蓝皮书
河南法治发展报告（2018）
著(编)者：张林海　2018年7月出版 / 估价：99.00元
PSN B-2014-376-6/9

河南蓝皮书
2018年河南社会形势分析与预测
著(编)者：牛苏林　2018年5月出版 / 估价：99.00元
PSN B-2005-043-1/9

河南民办教育蓝皮书
河南民办教育发展报告（2018）
著(编)者：胡大白　2018年9月出版 / 估价：99.00元
PSN B-2017-642-1/1

黑龙江蓝皮书
黑龙江社会发展报告（2018）
著(编)者：王爱丽　2018年1月出版 / 定价：89.00元
PSN B-2011-189-1/2

湖南蓝皮书
2018年湖南两型社会与生态文明建设报告
著(编)者：卞鹰　2018年5月出版 / 估价：128.00元
PSN B-2011-208-3/8

湖南蓝皮书
2018年湖南社会发展报告
著(编)者：卞鹰　2018年5月出版 / 估价：128.00元
PSN B-2014-393-5/8

健康城市蓝皮书
北京健康城市建设研究报告（2018）
著(编)者：王鸿春 盛继洪
2018年9月出版 / 估价：99.00元
PSN B-2015-460-1/2

江苏法治蓝皮书
江苏法治发展报告No.6（2017）
著(编)者：蔡道通 龚廷泰
2018年8月出版 / 估价：99.00元
PSN B-2012-290-1/1

江苏蓝皮书
2018年江苏社会发展分析与展望
著(编)者：王庆五 刘旺洪
2018年8月出版 / 估价：128.00元
PSN B-2017-636-2/3

民族教育蓝皮书
中国民族教育发展报告（2017·内蒙古卷）
著(编)者：陈中永
2017年12月出版 / 定价：198.00元
PSN B-2017-669-1/1

南宁蓝皮书
南宁法治发展报告（2018）
著(编)者：杨维超　2018年12月出版 / 估价：99.00元
PSN B-2015-509-1/3

南宁蓝皮书
南宁社会发展报告（2018）
著(编)者：胡建华　2018年10月出版 / 估价：99.00元
PSN B-2016-570-3/3

内蒙古蓝皮书
内蒙古反腐倡廉建设报告 No.2
著(编)者：张志华　2018年6月出版 / 估价：99.00元
PSN B-2013-365-1/1

青海蓝皮书
2018年青海人才发展报告
著(编)者：王宇燕　2018年9月出版 / 估价：99.00元
PSN B-2017-650-2/2

青海生态文明建设蓝皮书
青海生态文明建设报告（2018）
著(编)者：张西明 高华　2018年12月出版 / 估价：99.00元
PSN B-2016-595-1/1

人口与健康蓝皮书
深圳人口与健康发展报告（2018）
著(编)者：陆杰华 傅崇辉
2018年11月出版 / 估价：99.00元
PSN B-2011-228-1/1

山东蓝皮书
山东社会形势分析与预测（2018）
著(编)者：李善峰　2018年6月出版 / 估价：99.00元
PSN B-2014-405-2/5

陕西蓝皮书
陕西社会发展报告（2018）
著(编)者：任宗哲 白宽犁 牛昉
2018年1月出版 / 定价：89.00元
PSN B-2009-136-2/6

上海蓝皮书
上海法治发展报告（2018）
著(编)者：叶必丰　2018年9月出版 / 估价：99.00元
PSN B-2012-296-6/7

上海蓝皮书
上海社会发展报告（2018）
著(编)者：杨雄 周海旺
2018年2月出版 / 定价：89.00元
PSN B-2006-058-2/7

社会建设蓝皮书
2018年北京社会建设分析报告
著(编)者：宋贵伦 冯虹　2018年9月出版 / 估价：99.00元
PSN B-2010-173-1/1

深圳蓝皮书
深圳法治发展报告（2018）
著(编)者：张骁儒　2018年6月出版 / 估价：99.00元
PSN B-2015-470-6/7

深圳蓝皮书
深圳劳动关系发展报告（2018）
著(编)者：汤庭芬　2018年8月出版 / 估价：99.00元
PSN B-2007-097-2/7

深圳蓝皮书
深圳社会治理与发展报告（2018）
著(编)者：张骁儒　2018年6月出版 / 估价：99.00元
PSN B-2008-113-4/7

生态安全绿皮书
甘肃国家生态安全屏障建设发展报告（2018）
著(编)者：刘举科 喜文华
2018年10月出版 / 估价：99.00元
PSN G-2017-659-1/1

顺义社会建设蓝皮书
北京市顺义区社会建设发展报告（2018）
著(编)者：王学武　2018年9月出版 / 估价：99.00元
PSN B-2017-658-1/1

四川蓝皮书
四川法治发展报告（2018）
著(编)者：郑泰安　2018年6月出版 / 估价：99.00元
PSN B-2015-441-5/7

四川蓝皮书
四川社会发展报告（2018）
著(编)者：李羚　2018年6月出版 / 估价：99.00元
PSN B-2008-127-3/7

四川社会工作与管理蓝皮书
四川省社会工作人力资源发展报告（2017）
著(编)者：边慧敏　2017年12月出版 / 定价：89.00元
PSN B-2017-683-1/1

云南社会治理蓝皮书
云南社会治理年度报告（2017）
著(编)者：晏雄 韩全芳
2018年5月出版 / 估价：99.00元
PSN B-2017-667-1/1

地方发展类-文化

北京传媒蓝皮书
北京新闻出版广电发展报告（2017～2018）
著(编)者：王志　2018年11月出版 / 估价：99.00元
PSN B-2016-588-1/1

北京蓝皮书
北京文化发展报告（2017～2018）
著(编)者：李建盛　2018年5月出版 / 估价：99.00元
PSN B-2007-082-4/8

创意城市蓝皮书
北京文化创意产业发展报告（2018）
著(编)者：郭万超 张京成　2018年12月出版 / 估价：99.00元
PSN B-2012-263-1/7

创意城市蓝皮书
天津文化创意产业发展报告（2017～2018）
著(编)者：谢思全　2018年6月出版 / 估价：99.00元
PSN B-2016-536-7/7

创意城市蓝皮书
武汉文化创意产业发展报告（2018）
著(编)者：黄永林 陈汉桥　2018年12月出版 / 估价：99.00元
PSN B-2013-354-4/7

创意上海蓝皮书
上海文化创意产业发展报告（2017～2018）
著(编)者：王慧敏 王兴全　2018年8月出版 / 估价：99.00元
PSN B-2016-561-1/1

非物质文化遗产蓝皮书
广州市非物质文化遗产保护发展报告（2018）
著(编)者：宋俊华　2018年12月出版 / 估价：99.00元
PSN B-2016-589-1/1

甘肃蓝皮书
甘肃文化发展分析与预测（2018）
著(编)者：马廷旭 戚晓萍　2018年1月出版 / 定价：99.00元
PSN B-2013-314-3/6

甘肃蓝皮书
甘肃舆情分析与预测（2018）
著(编)者：王俊莲 张谦元　2018年1月出版 / 定价：99.00元
PSN B-2013-315-4/6

广州蓝皮书
中国广州文化发展报告（2018）
著(编)者：屈哨兵 陆志强　2018年6月出版 / 估价：99.00元
PSN B-2009-134-7/14

广州蓝皮书
广州文化创意产业发展报告（2018）
著(编)者：徐咏虹　2018年7月出版 / 估价：99.00元
PSN B-2008-111-6/14

海淀蓝皮书
海淀区文化和科技融合发展报告（2018）
著(编)者：陈名杰 孟景伟　2018年5月出版 / 估价：99.00元
PSN B-2013-329-1/1

河南蓝皮书
河南文化发展报告（2018）
著(编)者：卫绍生　2018年7月出版 / 估价：99.00元
PSN B-2008-106-2/9

湖北文化产业蓝皮书
湖北省文化产业发展报告（2018）
著(编)者：黄晓华　2018年9月出版 / 估价：99.00元
PSN B-2017-656-1/1

湖北文化蓝皮书
湖北文化发展报告（2017~2018）
著(编)者：湖北大学高等人文研究院
　　　　中华文化发展湖北省协同创新中心
2018年10月出版 / 估价：99.00元
PSN B-2016-566-1/1

江苏蓝皮书
2018年江苏文化发展分析与展望
著(编)者：王庆五 樊和平　2018年9月出版 / 估价：128.00元
PSN B-2017-637-3/3

江西文化蓝皮书
江西非物质文化遗产发展报告（2018）
著(编)者：张圣才 傅安平　2018年12月出版 / 估价：128.00元
PSN B-2015-499-1/1

洛阳蓝皮书
洛阳文化发展报告（2018）
著(编)者：刘福兴 陈启明　2018年7月出版 / 估价：99.00元
PSN B-2015-476-1/1

南京蓝皮书
南京文化发展报告（2018）
著(编)者：中共南京市委宣传部
2018年12月出版 / 估价：99.00元
PSN B-2014-439-1/1

宁波文化蓝皮书
宁波"一人一艺"全民艺术普及发展报告（2017）
著(编)者：张爱琴　2018年11月出版 / 估价：128.00元
PSN B-2017-668-1/1

山东蓝皮书
山东文化发展报告（2018）
著(编)者：涂可国　2018年5月出版 / 估价：99.00元
PSN B-2014-406-3/5

陕西蓝皮书
陕西文化发展报告（2018）
著(编)者：任宗哲 白宽犁 王长寿
2018年1月出版 / 定价：89.00元
PSN B-2009-137-3/6

上海蓝皮书
上海传媒发展报告（2018）
著(编)者：强荧 焦雨虹　2018年2月出版 / 定价：89.00元
PSN B-2012-295-5/7

上海蓝皮书
上海文学发展报告（2018）
著(编)者：陈圣来　2018年6月出版 / 估价：99.00元
PSN B-2012-297-7/7

上海蓝皮书
上海文化发展报告（2018）
著(编)者：荣跃明　2018年6月出版 / 估价：99.00元
PSN B-2006-059-3/7

深圳蓝皮书
深圳文化发展报告（2018）
著(编)者：张骁儒　2018年7月出版 / 估价：99.00元
PSN B-2016-554-7/7

四川蓝皮书
四川文化产业发展报告（2018）
著(编)者：向宝云 张立伟　2018年6月出版 / 估价：99.00元
PSN B-2006-074-1/7

郑州蓝皮书
2018年郑州文化发展报告
著(编)者：王哲　2018年9月出版 / 估价：99.00元
PSN B-2008-107-1/1

❖ 皮书起源 ❖

"皮书"起源于十七、十八世纪的英国，主要指官方或社会组织正式发表的重要文件或报告，多以"白皮书"命名。在中国，"皮书"这一概念被社会广泛接受，并被成功运作、发展成为一种全新的出版形态，则源于中国社会科学院社会科学文献出版社。

❖ 皮书定义 ❖

皮书是对中国与世界发展状况和热点问题进行年度监测，以专业的角度、专家的视野和实证研究方法，针对某一领域或区域现状与发展态势展开分析和预测，具备原创性、实证性、专业性、连续性、前沿性、时效性等特点的公开出版物，由一系列权威研究报告组成。

❖ 皮书作者 ❖

皮书系列的作者以中国社会科学院、著名高校、地方社会科学院的研究人员为主，多为国内一流研究机构的权威专家学者，他们的看法和观点代表了学界对中国与世界的现实和未来最高水平的解读与分析。

❖ 皮书荣誉 ❖

皮书系列已成为社会科学文献出版社的著名图书品牌和中国社会科学院的知名学术品牌。2016年，皮书系列正式列入"十三五"国家重点出版规划项目；2013~2018年，重点皮书列入中国社会科学院承担的国家哲学社会科学创新工程项目；2018年，59种院外皮书使用"中国社会科学院创新工程学术出版项目"标识。

中国皮书网

（网址：www.pishu.cn）

发布皮书研创资讯，传播皮书精彩内容
引领皮书出版潮流，打造皮书服务平台

栏目设置

关于皮书：何谓皮书、皮书分类、皮书大事记、皮书荣誉、
皮书出版第一人、皮书编辑部

最新资讯：通知公告、新闻动态、媒体聚焦、网站专题、视频直播、下载专区

皮书研创：皮书规范、皮书选题、皮书出版、皮书研究、研创团队

皮书评奖评价：指标体系、皮书评价、皮书评奖

互动专区：皮书说、社科数托邦、皮书微博、留言板

所获荣誉

2008年、2011年，中国皮书网均在全国新闻出版业网站荣誉评选中获得"最具商业价值网站"称号；

2012年，获得"出版业网站百强"称号。

网库合一

2014年，中国皮书网与皮书数据库端口合一，实现资源共享。

权威报告·一手数据·特色资源

皮书数据库
ANNUAL REPORT(YEARBOOK)
DATABASE

当代中国经济与社会发展高端智库平台

所获荣誉

- 2016年，入选"'十三五'国家重点电子出版物出版规划骨干工程"
- 2015年，荣获"搜索中国正能量 点赞2015""创新中国科技创新奖"
- 2013年，荣获"中国出版政府奖·网络出版物奖"提名奖
- 连续多年荣获中国数字出版博览会"数字出版·优秀品牌"奖

成为会员

通过网址www.pishu.com.cn或使用手机扫描二维码进入皮书数据库网站，进行手机号码验证或邮箱验证即可成为皮书数据库会员（建议通过手机号码快速验证注册）。

会员福利

- 使用手机号码首次注册的会员，账号自动充值100元体验金，可直接购买和查看数据库内容（仅限使用手机号码快速注册）。
- 已注册用户购书后可免费获赠100元皮书数据库充值卡。刮开充值卡涂层获取充值密码，登录并进入"会员中心"—"在线充值"—"充值卡充值"，充值成功后即可购买和查看数据库内容。

数据库服务热线：400-008-6695　　　　图书销售热线：010-59367070/7028
数据库服务QQ：2475522410　　　　　　图书服务QQ：1265056568
数据库服务邮箱：database@ssap.cn　　　图书服务邮箱：duzhe@ssap.cn